8

Schlüssel zur
Mathematik

Schleswig-Holstein

Unter Beratung von
Anke Engelbrecht
Christina Tippel
Melanie Trusch

Teile dieses Unterrichtswerkes basieren auf Inhalten bereits erschienener Lehrwerke.
Diese wurden herausgegeben von Reinhold Koullen † und Udo Wennekers
sowie erarbeitet von:

Helga Berkemeier, Ilona Gabriel, Wolfgang Hecht, Barbara Hoppert, Ines Knospe, Reinhold Koullen †,
Jeannine Kreuz, Frank Nix, Doris Ostrow, Hans-Helmut Paffen, Günther Reufsteck, Jutta Schaefer,
Gabriele Schenk, Willi Schmitz, Ingeborg Schönthaler, Christine Sprehe, Herbert Strohmayer, Diana Tibo,
Martina Verhoeven, Udo Wennekers, Ralf Wimmers, Rainer Zillgens

Unter Beratung von: Anke Engelbrecht, Christina Tippel, Melanie Trusch

Redaktion: Marcus Rademacher

Illustration: Roland Beier

Grafik: Christian Böhning, Ulrich Sengebusch †

Umschlaggestaltung und Layoutkonzept:
Syberg | Kirstin Eichenberg und Torsten Symank

Layout und technische Umsetzung:
CMS – Cross Media Solutions GmbH

Begleitmaterialien zum Lehrwerk			
für Schülerinnen und Schüler		**für Lehrerinnen und Lehrer**	
Arbeitsheft	978-3-06-006587-5	Lösungsheft	978-3-06-006589-9
Arbeitsheft Basis	978-3-06-006588-2	Handreichungen	978-3-06-006592-9

www.cornelsen.de

Alle Drucke dieser Auflage sind inhaltlich unverändert
und können im Unterricht nebeneinander verwendet werden.

Druck: Mohn Media Mohndruck, Gütersloh

1. Auflage, 1. Druck 2017
ISBN 978-3-06-006586-8 (Schülerbuch)
ISBN 978-3-06-006593-6 (E-Book)

PEFC zertifiziert
Dieses Produkt stammt aus nachhaltig
bewirtschafteten Wäldern und kontrollierten
Quellen.

PEFC
PEFC/04-31-1033

www.pefc.de

Inhalt

Rallye durch dein Mathe-Buch

Auf diesen zwei Seiten findest du einige Hinweise zu deinem neuen Mathematikbuch.
Löse die Rätsel (ä, ö, ü und ß sind erlaubt).
Das Lösungswort verrät dir, was das Bild auf dem Umschlag zeigt.

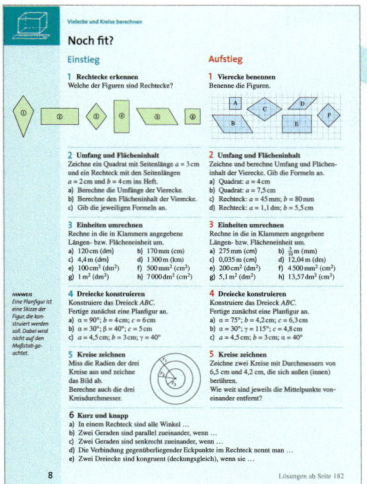

■ **Noch fit?**
Mit dem Einstiegstest kannst du dein bisher erworbenes Wissen testen. Deine Ergebnisse kannst du mit den Lösungen im Anhang vergleichen.
Rätsel zum Noch fit? im Kapitel Rechnen mit Klammern:
Woraus bauen Jule und Jakob das Kantenmodell eines Quaders?

_ _ _ _ 8

■ **Entdecken**
Jede Lerneinheit beginnt mit einführenden Aufgaben, die zum Ausprobieren und Entdecken anregen.
Rätsel zum Entdecken zum Thema Volumen von Prismen:
Was soll mit der „Trapez-Plus-Verpackung" gering gehalten werden? _ 9 _ _ _ _ _ _ _ _ _

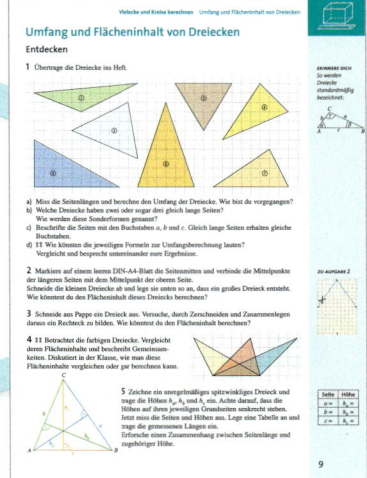

■ **Verstehen**
Der neue Unterrichtsstoff wird anhand von Merksätzen und Beispielen erklärt.
Rätsel zum Verstehen zum Thema Prozentrechnung:
Was steckt hinter der Abkürzung IUCN?

_ _ _ _ _ _ _ _ _ _ 1 _ 5 _ _ _ _ _ _

■ **Üben und anwenden**
Die Aufgaben trainieren den neu gelernten Unterrichtsstoff.
Rätsel zum Üben und anwenden zum Thema Pfadregel und Summenregel:
Worauf wird in Aufgabe 7 geschlossen?

_ _ _ _ _ 7 _

In der Randspalte stehen zusätzliche Informationen, Aufgaben und Lösungshinweise.

Mittelschwere Aufgaben haben eine schwarze Aufgabennummer.

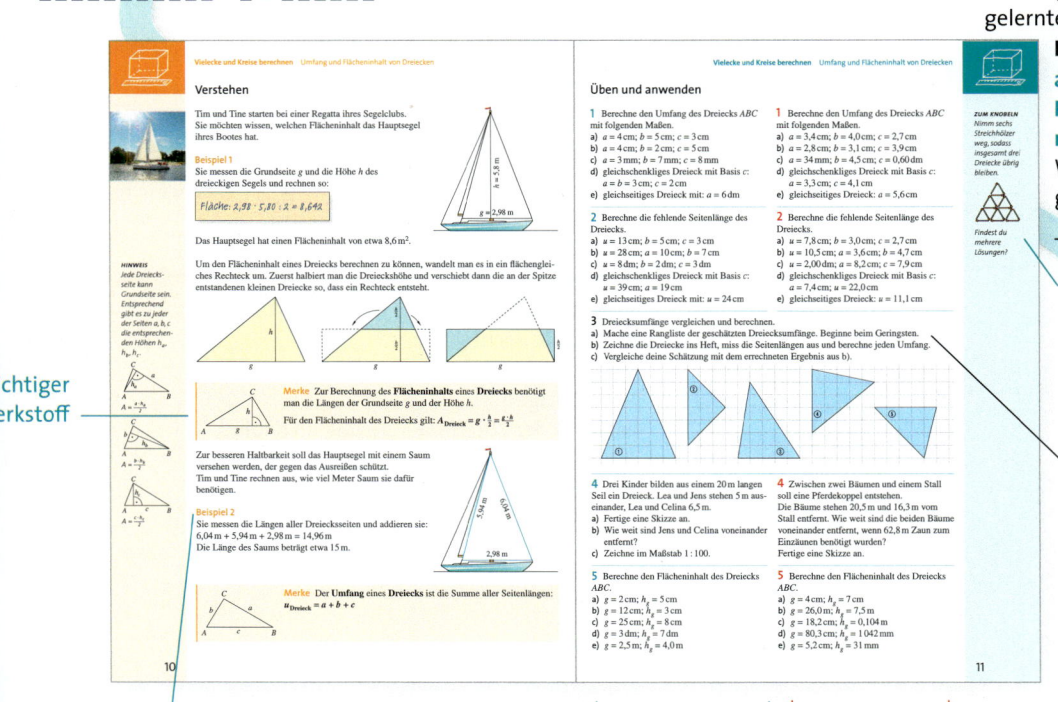

wichtiger Merkstoff

Beispiel

Die linke Spalte enthält leichtere Aufgaben.

Die rechte Spalte enthält schwierigere Aufgaben.

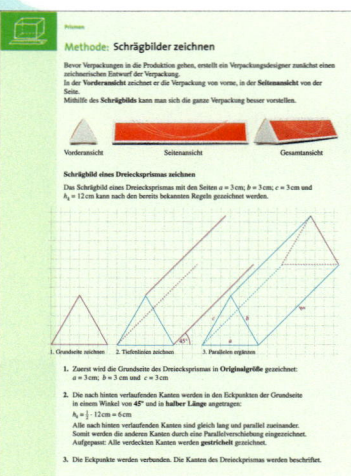

Die Symbole in den oberen Ecken stehen für bestimmte Bereiche in der Mathematik:

Zahlen und Variablen

Geometrie

Funktionen

Daten und Zufall

■ Methode und Thema
Auf den Methodenseiten werden die wichtigsten mathematischen Methoden vorgestellt und geübt. Die Themenseiten zeigen mathematische Inhalte aus verschiedenen Lebensbereichen.
Rätsel zur Methode Umfang und Flächeninhalt von Vielecken:
Was soll neu gestrichen werden?

_ _ _ _ _ 3 _ _ _ _

■ Klar so weit?
Mit dem Zwischentest kannst du überprüfen, ob du den neuen Unterrichtsstoff verstanden hast. Deine Ergebnisse kannst du mit den Lösungen im Anhang vergleichen.
Rätsel zum Klar so weit? im Kapitel Lineare Gleichungen:
Was für ein Tier ist „Mäuschen"?

_ _ _ _ 6

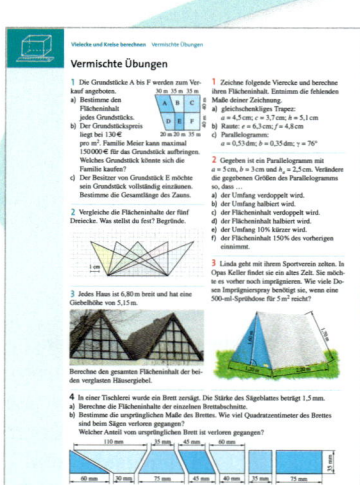

■ Vermischte Übungen
Die Seiten enthalten Aufgaben zu allen Lerneinheiten eines Kapitels.
Rätsel zu den Vermischten Übungen im Kapitel Zuordnungen und Funktionen:
Wer zahlt 13 € für einen Besuch im Kletterpark in Aufgabe 13?

_ _ _ _ _ _ 4 _ _ _

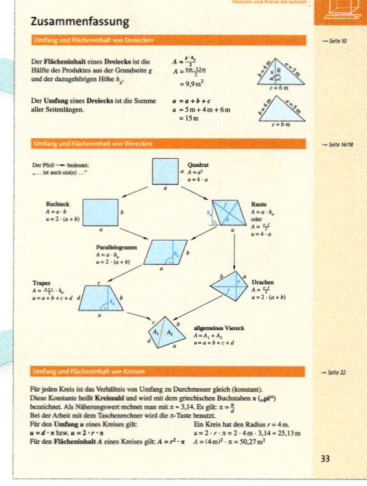

■ Zusammenfassung
Die Zusammenfassung am Ende eines Kapitels enthält die wichtigsten Merksätze zum Nachschlagen.
Rätsel zu der Zusammenfassung im Kapitel Zweistufige Zufallsexperimente:
Nenne einen anderen Begriff für Pfadregel?

_ _ _ _ _ _ _ 10 _ _ _ _

■ Teste dich!
Überprüfe zur Vorbereitung auf die Klassenarbeit dein Können. Die Lösungen zum Abschlusstest findest du im Anhang.
Rätsel zum Teste dich! im Kapitel Lineare Gleichungen:
Was kauft Lena in Aufgabe 7?

_ _ _ 2 _ _ _ _ _ _

Wie lautet das Lösungswort?
☐ ☐ ☐ ☐ ☐ ☐ ☐ ☐ ☐ ☐
1 2 3 4 5 6 7 8 9 10

Vielecke und Kreise berechnen

Kräftiger Wind strafft die Segel und lässt das Schiff übers Wasser gleiten.
Die Stärke des Antriebs hängt außer vom Wind vor allem von den Segeln ab,
insbesondere von deren Größe.
Meist finden wir drei- und viereckige Segelformen.
Bei einer Segelwettfahrt, der Regatta, wetteifern nur Boote miteinander,
die gleich große Segelflächen haben.

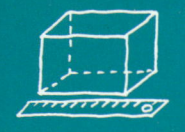

Noch fit?

Einstieg

1 Rechtecke erkennen
Welche der Figuren sind Rechtecke?

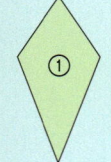 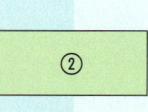   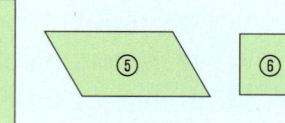

2 Umfang und Flächeninhalt
Zeichne ein Quadrat mit Seitenlänge $a = 3\,\text{cm}$ und ein Rechteck mit den Seitenlängen $a = 2\,\text{cm}$ und $b = 4\,\text{cm}$ ins Heft.
a) Berechne die Umfänge der Vierecke.
b) Berechne den Flächeninhalt der Vierecke.
c) Gib die jeweiligen Formeln an.

3 Einheiten umrechnen
Rechne in die in Klammern angegebene Längen- bzw. Flächeneinheit um.
a) 120 cm (dm)   b) 170 mm (cm)
c) 4,4 m (dm)   d) 1 300 m (km)
e) 100 cm² (dm²)   f) 500 mm² (cm²)
g) 1 m² (dm²)   h) 7 000 dm² (cm²)

4 Dreiecke konstruieren
Konstruiere das Dreieck ABC.
Fertige zunächst eine Planfigur an.
a) $\alpha = 90°$; $b = 4\,\text{cm}$; $c = 6\,\text{cm}$
b) $\alpha = 30°$; $\beta = 40°$; $c = 5\,\text{cm}$
c) $a = 4,5\,\text{cm}$; $b = 3\,\text{cm}$; $\gamma = 40°$

5 Kreise zeichnen
Miss die Radien der drei Kreise aus und zeichne das Bild ab.
Berechne auch die drei Kreisdurchmesser.

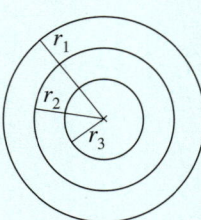

6 Kurz und knapp
a) In einem Rechteck sind alle Winkel …
b) Zwei Geraden sind parallel zueinander, wenn …
c) Zwei Geraden sind senkrecht zueinander, wenn …
d) Die Verbindung gegenüberliegender Eckpunkte im Rechteck nennt man …
e) Zwei Dreiecke sind kongruent (deckungsgleich), wenn sie …

Aufstieg

1 Vierecke benennen
Benenne die Figuren.

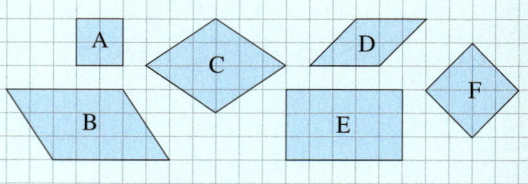

2 Umfang und Flächeninhalt
Zeichne und berechne Umfang und Flächeninhalt der Vierecke. Gib die Formeln an.
a) Quadrat: $a = 4\,\text{cm}$
b) Quadrat: $a = 7,5\,\text{cm}$
c) Rechteck: $a = 45\,\text{mm}$; $b = 80\,\text{mm}$
d) Rechteck: $a = 1,1\,\text{dm}$; $b = 5,5\,\text{cm}$

3 Einheiten umrechnen
Rechne in die in Klammern angegebene Längen- bzw. Flächeneinheit um.
a) 275 mm (cm)   b) $\frac{3}{10}$ m (mm)
c) 0,035 m (cm)   d) 12,04 m (dm)
e) 200 cm² (dm²)   f) 4 500 mm² (cm²)
g) 5,1 m² (dm²)   h) 13,57 dm² (cm²)

4 Dreiecke konstruieren
Konstruiere das Dreieck ABC.
Fertige zunächst eine Planfigur an.
a) $\alpha = 75°$; $b = 4,2\,\text{cm}$; $c = 6,3\,\text{cm}$
b) $\alpha = 30°$; $\gamma = 115°$; $c = 4,8\,\text{cm}$
c) $a = 4,5\,\text{cm}$; $b = 3\,\text{cm}$; $\alpha = 40°$

5 Kreise zeichnen
Zeichne zwei Kreise mit Durchmessern von 6,5 cm und 4,2 cm, die sich außen (innen) berühren.
Wie weit sind jeweils die Mittelpunkte voneinander entfernt?

HINWEIS
Eine Planfigur ist eine Skizze der Figur, die konstruiert werden soll. Dabei wird nicht auf den Maßstab geachtet.

Lösungen ab Seite 182

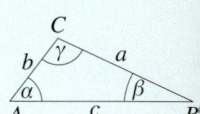

Umfang und Flächeninhalt von Dreiecken

Entdecken

1 Übertrage die Dreiecke ins Heft.

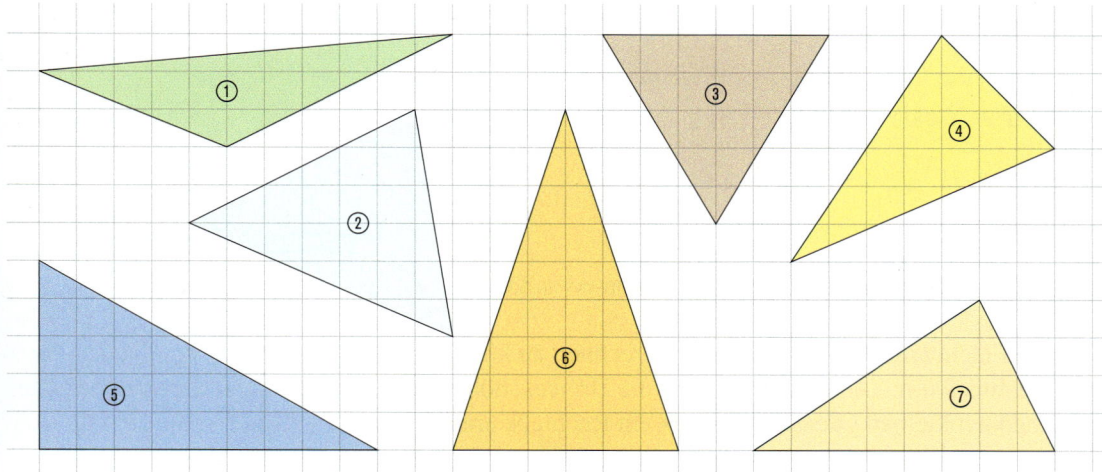

ERINNERE DICH
So werden
Dreiecke
standardmäßig
bezeichnet:

a) Miss die Seitenlängen und berechne den Umfang der Dreiecke. Wie bist du vorgegangen?
b) Welche Dreiecke haben zwei oder sogar drei gleich lange Seiten?
   Wie werden diese Sonderformen genannt?
c) Beschrifte die Seiten mit den Buchstaben a, b und c. Gleich lange Seiten erhalten gleiche
   Buchstaben.
d) 👥 Wie könnten die jeweiligen Formeln zur Umfangsberechnung lauten?
   Vergleicht und besprecht untereinander eure Ergebnisse.

2 Markiere auf einem leeren DIN-A4-Blatt die Seitenmitten und verbinde die Mittelpunkte
der längeren Seiten mit dem Mittelpunkt der oberen Seite.
Schneide die kleinen Dreiecke ab und lege sie unten so an, dass ein großes Dreieck entsteht.
Wie könntest du den Flächeninhalt dieses Dreiecks berechnen?

ZU AUFGABE 2

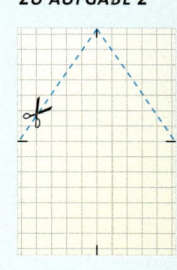

3 Schneide aus Pappe ein Dreieck aus. Versuche, durch Zerschneiden und Zusammenlegen
daraus ein Rechteck zu bilden. Wie könntest du den Flächeninhalt berechnen?

4 👥 Betrachtet die farbigen Dreiecke. Vergleicht
deren Flächeninhalte und beschreibt Gemeinsamkeiten. Diskutiert in der Klasse, wie man diese
Flächeninhalte vergleichen oder gar berechnen kann.

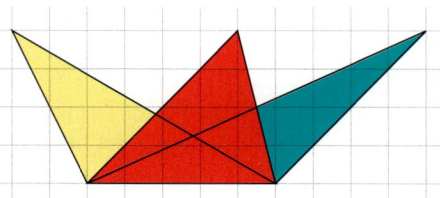

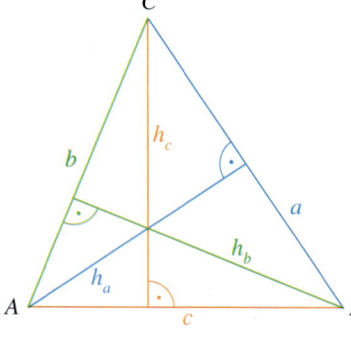

5 Zeichne ein unregelmäßiges spitzwinkliges Dreieck und
trage die Höhen h_a, h_b und h_c ein. Achte darauf, dass die
Höhen auf ihren jeweiligen Grundseiten senkrecht stehen.
Jetzt miss die Seiten und Höhen aus. Lege eine Tabelle an und
trage die gemessenen Längen ein.
Erforsche einen Zusammenhang zwischen Seitenlänge und
zugehöriger Höhe.

Seite	Höhe
$a =$	$h_a =$
$b =$	$h_b =$
$c =$	$h_c =$

Verstehen

Tim und Tine starten bei einer Regatta ihres Segelclubs. Sie möchten wissen, welchen Flächeninhalt das Hauptsegel ihres Bootes hat.

Beispiel 1

Sie messen die Grundseite g und die Höhe h des dreieckigen Segels und rechnen so:

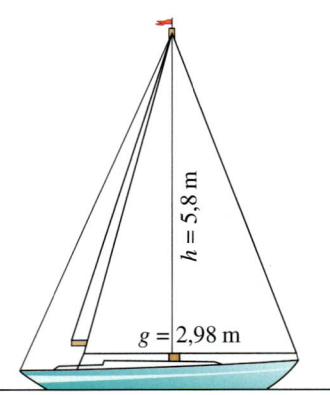

> Fläche: $2,98 \cdot 5,80 : 2 = 8,642$

Das Hauptsegel hat einen Flächeninhalt von etwa $8,6 \, \text{m}^2$.

Um den Flächeninhalt eines Dreiecks berechnen zu können, wandelt man es in ein flächengleiches Rechteck um. Zuerst halbiert man die Dreieckshöhe und verschiebt dann die an der Spitze entstandenen kleinen Dreiecke so, dass ein Rechteck entsteht.

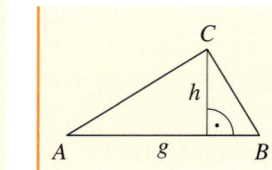

$A = \frac{a \cdot h_a}{2}$

$A = \frac{b \cdot h_b}{2}$

$A = \frac{c \cdot h_c}{2}$

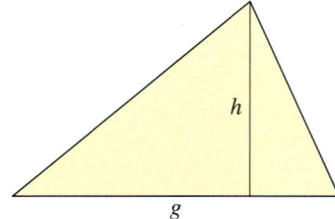

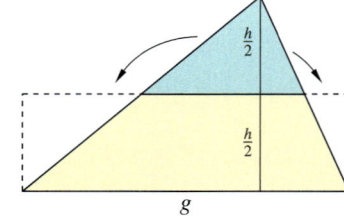

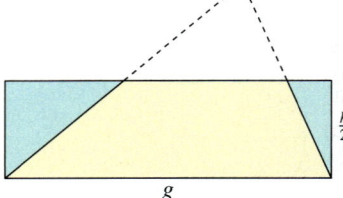

Merke Zur Berechnung des **Flächeninhalts** eines **Dreiecks** benötigt man die Längen der Grundseite g und der Höhe h.

Für den Flächeninhalt des Dreiecks gilt: $A_{\text{Dreieck}} = g \cdot \frac{h}{2} = \frac{g \cdot h}{2}$

Zur besseren Haltbarkeit soll das Hauptsegel mit einem Saum versehen werden, der gegen das Ausreißen schützt.
Tim und Tine rechnen aus, wie viel Meter Saum sie dafür benötigen.

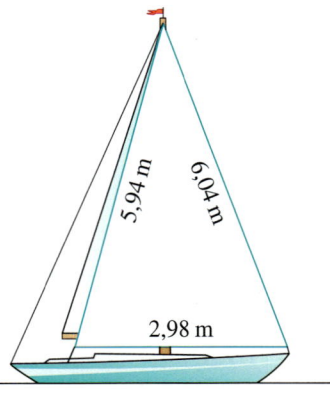

Beispiel 2

Sie messen die Längen aller Dreiecksseiten und addieren sie:
$6,04 \, \text{m} + 5,94 \, \text{m} + 2,98 \, \text{m} = 14,96 \, \text{m}$
Die Länge des Saums beträgt etwa $15 \, \text{m}$.

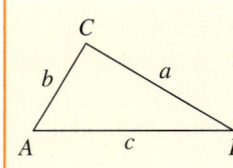

Merke Der **Umfang** eines **Dreiecks** ist die Summe aller Seitenlängen:
$u_{\text{Dreieck}} = a + b + c$

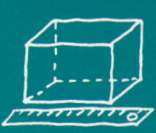

Üben und anwenden

1 Berechne den Umfang des Dreiecks *ABC* mit folgenden Maßen.
a) $a = 4\,cm$; $b = 5\,cm$; $c = 3\,cm$
b) $a = 4\,cm$; $b = 2\,cm$; $c = 5\,cm$
c) $a = 3\,mm$; $b = 7\,mm$; $c = 8\,mm$
d) gleichschenkliges Dreieck mit Basis *c*:
    $a = b = 3\,cm$; $c = 2\,cm$
e) gleichseitiges Dreieck mit: $a = 6\,dm$

1 Berechne den Umfang des Dreiecks *ABC* mit folgenden Maßen.
a) $a = 3{,}4\,cm$; $b = 4{,}0\,cm$; $c = 2{,}7\,cm$
b) $a = 2{,}8\,cm$; $b = 3{,}1\,cm$; $c = 3{,}9\,cm$
c) $a = 34\,mm$; $b = 4{,}5\,cm$; $c = 0{,}60\,dm$
d) gleichschenkliges Dreieck mit Basis *c*:
    $a = 3{,}3\,cm$; $c = 4{,}1\,cm$
e) gleichseitiges Dreieck: $a = 5{,}6\,cm$

ZUM KNOBELN
Nimm sechs Streichhölzer weg, sodass insgesamt drei Dreiecke übrig bleiben.

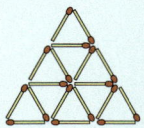

Findest du mehrere Lösungen?

2 Berechne die fehlende Seitenlänge des Dreiecks.
a) $u = 13\,cm$; $b = 5\,cm$; $c = 3\,cm$
b) $u = 28\,cm$; $a = 10\,cm$; $b = 7\,cm$
c) $u = 8\,dm$; $b = 2\,dm$; $c = 3\,dm$
d) gleichschenkliges Dreieck mit Basis *c*:
    $u = 39\,cm$; $a = 19\,cm$
e) gleichseitiges Dreieck mit: $u = 24\,cm$

2 Berechne die fehlende Seitenlänge des Dreiecks.
a) $u = 7{,}8\,cm$; $b = 3{,}0\,cm$; $c = 2{,}7\,cm$
b) $u = 10{,}5\,cm$; $a = 3{,}6\,cm$; $b = 4{,}7\,cm$
c) $u = 2{,}00\,dm$; $a = 8{,}2\,cm$; $c = 7{,}9\,cm$
d) gleichschenkliges Dreieck mit Basis *c*:
    $a = 7{,}4\,cm$; $u = 22{,}0\,cm$
e) gleichseitiges Dreieck: $u = 11{,}1\,cm$

3 Dreiecksumfänge vergleichen und berechnen.
a) Mache eine Rangliste der geschätzten Dreiecksumfänge. Beginne beim Geringsten.
b) Zeichne die Dreiecke ins Heft, miss die Seitenlängen aus und berechne jeden Umfang.
c) Vergleiche deine Schätzung mit dem errechneten Ergebnis aus b).

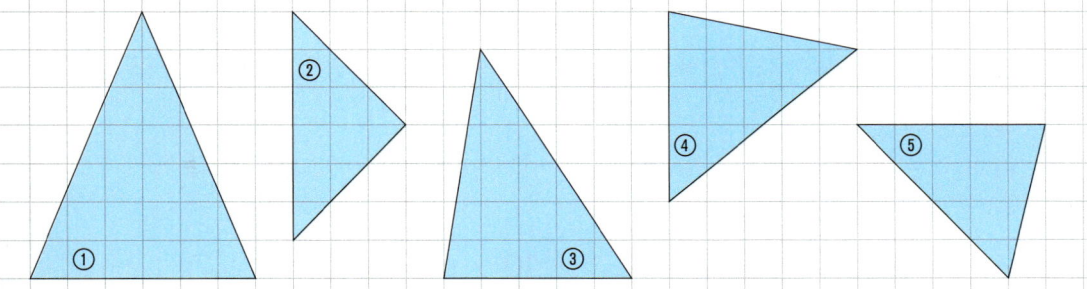

4 Drei Kinder bilden aus einem 20 m langen Seil ein Dreieck. Lea und Jens stehen 5 m auseinander, Lea und Celina 6,5 m.
a) Fertige eine Skizze an.
b) Wie weit sind Jens und Celina voneinander entfernt?
c) Zeichne im Maßstab 1 : 100.

4 Zwischen zwei Bäumen und einem Stall soll eine Pferdekoppel entstehen.
Die Bäume stehen 20,5 m und 16,3 m vom Stall entfernt. Wie weit sind die beiden Bäume voneinander entfernt, wenn 62,8 m Zaun zum Einzäunen benötigt wurden?
Fertige eine Skizze an.

5 Berechne den Flächeninhalt des Dreiecks *ABC*.
a) $g = 2\,cm$; $h_g = 5\,cm$
b) $g = 12\,cm$; $h_g = 3\,cm$
c) $g = 25\,cm$; $h_g = 8\,cm$
d) $g = 3\,dm$; $h_g = 7\,dm$
e) $g = 2{,}5\,m$; $h_g = 4{,}0\,m$

5 Berechne den Flächeninhalt des Dreiecks *ABC*.
a) $g = 4\,cm$; $h_g = 7\,cm$
b) $g = 26{,}0\,m$; $h_g = 7{,}5\,m$
c) $g = 18{,}2\,cm$; $h_g = 0{,}104\,m$
d) $g = 80{,}3\,cm$; $h_g = 1\,042\,mm$
e) $g = 5{,}2\,cm$; $h_g = 31\,mm$

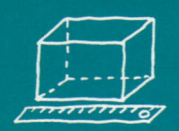

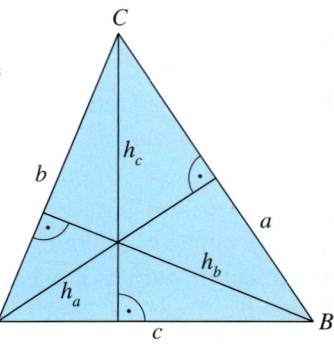

6 Miss alle Seitenlängen und Höhen aus, um das Dreieck mithilfe dieser Werte abzuzeichnen.

a) Berechne die Terme $\frac{a \cdot h_a}{2}$, $\frac{b \cdot h_b}{2}$ und $\frac{c \cdot h_c}{2}$.

b) Vergleiche die drei Ergebnisse. Was fällt dir auf?

c) Suche eine Begründung für deine Erkenntnisse und formuliere sie in einem Satz für ein beliebiges Dreieck.

d) Stelle das Ergebnis der Klasse vor.

---

7 Berechne den Flächeninhalt des Dreiecks.

a) $c = 6\,\text{cm}$; $h_c = 4\,\text{cm}$
b) $b = 7\,\text{cm}$; $h_b = 2\,\text{cm}$
c) $a = 8\,\text{cm}$; $h_a = 3\,\text{cm}$
d) $a = 9\,\text{cm}$; $h_a = 12\,\text{cm}$

7 Berechne den Flächeninhalt des Dreiecks.

a) $c = 3,5\,\text{cm}$; $h_c = 2,1\,\text{cm}$
b) $a = 4,6\,\text{cm}$; $h_a = 3,6\,\text{cm}$
c) $b = 5,8\,\text{cm}$; $h_b = 6,6\,\text{cm}$
d) $h_a = 8,3\,\text{cm}$; $a = 2,9\,\text{cm}$

ZU AUFGABE 9

$A_{\text{Rechteck}} = a \cdot b$

$A_{\triangle_1} = A_{\triangle_2}$

8 Ein Dreieck hat die Maße: $a = 17,5\,\text{cm}$; $h_a = 9,6\,\text{cm}$; $b = 12,3\,\text{cm}$; $h_c = 12,6\,\text{cm}$.

a) Berechne den Dreiecksflächeninhalt.

b) Wie groß ist die Höhe auf b?
Tipp: Gehe von der Dreiecksfläche bei a) aus und errechne h_b.

c) Berechne nun die Seite c. Verfahre ähnlich wie in b).

8 Ergänze fehlende Größen des Dreiecks.

	a)	b)	c)	d)
a	8 m			5,6 cm
h_a		7,0 cm	512 cm	
b	10 m		59 dm	63 mm
h_b		42 cm	350 cm	
A	24 m²	17,85 cm²		16,8 cm²

---

9 Betrachte die Bildfolge in der Randspalte. Für welche Sonderform von Dreiecken gilt die Formel $A_{\text{Dreieck}} = \frac{a \cdot b}{2}$? Wo befinden sich dabei Grundseite und Höhe? Berechne die Flächeninhalte der Dreiecke:

① $a = 6\,\text{cm}$; $b = 8\,\text{cm}$; $c = 10\,\text{cm}$; $\gamma = 90°$
② $a = 5\,\text{cm}$; $b = 13\,\text{cm}$; $c = 12\,\text{cm}$; $\beta = 90°$
③ $a = 25\,\text{cm}$; $b = 7\,\text{cm}$; $c = 24\,\text{cm}$; $\alpha = 90°$
④ $a = 3\,\text{cm}$; $b = 4\,\text{cm}$; $c = 5\,\text{cm}$; $\gamma = 90°$

---

10 Zeichne die Dreiecke ins Koordinatensystem (1 LE $\triangleq$ 1 cm) und berechne ihre Flächeninhalte. Bestimme die Grundseite.

a) $A(-5|3)$; $B(1|3)$; $C(-4|8)$
b) $D(-4|-5)$; $E(7|-4)$; $F(-4|-1)$
c) $G(5|0)$; $H(6|6)$; $I(1|6)$

10 Zeichne die Dreiecke ins Koordinatensystem (1 LE $\triangleq$ 1 cm) und berechne ihre Flächeninhalte. Bestimme die Grundseite.

a) $A(-6|1,5)$; $B(0|1,5)$; $C(-5|0)$
b) $D(-5|-4)$; $E(1|0,5)$; $F(-5|-1)$
c) $G(5|0)$; $H(5|6)$; $I(3,5|6)$

---

11 Ermittle die Flächeninhalte der Dreiecke. Miss die benötigten Größen in der Zeichnung.

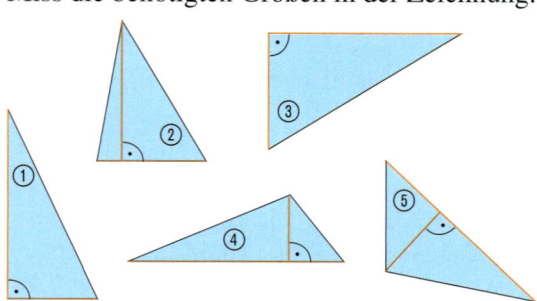

11 Berechne den Flächeninhalt der grünen Fläche. Beschreibe deine Vorgehensweise.

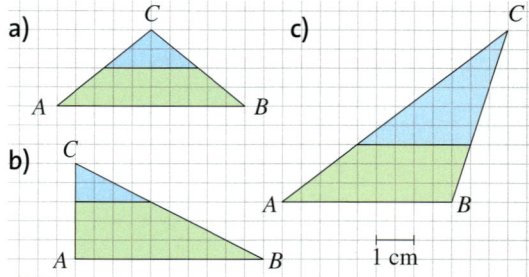

Umfang und Flächeninhalt von Parallelogrammen

Entdecken

1 Miss die Seitenlängen der folgenden Vierecke und berechne ihren Umfang.

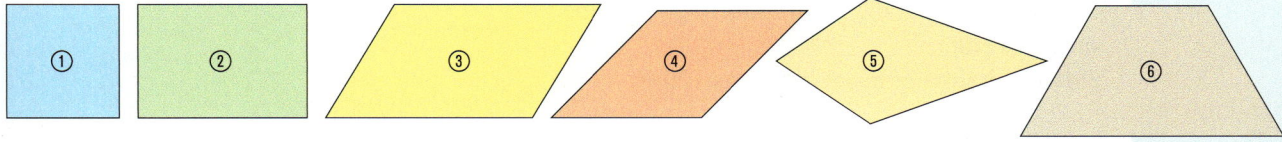

a) Wie bist du bei der Berechnung vorgegangen?
b) Zeichne die Vierecke ins Heft und beschrifte sie.
   Bezeichne dabei gleich lange Seiten mit derselben Variablen.
c) Wie könnten die jeweiligen Umfangsformeln lauten? Stelle die Formeln auf.
   Vergleicht und besprecht untereinander eure Ergebnisse.

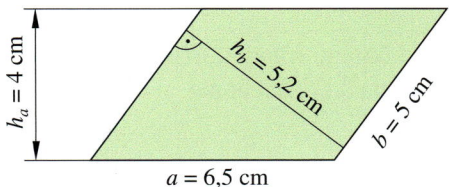

2 Jedes Parallelogramm hat zwei verschiedene Höhen, je nachdem, welche Seite man als Grundseite betrachtet.
Multipliziere jede Seite mit ihrer zugehörigen Höhe. Was fällt dir auf?
Überprüfe, ob das auch für andere Parallelogramme gilt.

3 Nadine hat einen Stapel Notizzettel.
Die Fläche vorn ist 5 cm breit und 4 cm hoch.
Sie verschiebt den Stapel seitlich. Es entsteht als vordere Fläche ein Parallelogramm, das immer noch eine Höhe von 4 cm besitzt.
Alle Seiten des Parallelogramms sind nun aber alle 5 cm lang. Vergleiche die Flächeninhalte der vorderen Fläche des Stapels, wenn er gerade steht und wenn er seitlich verschoben ist. Was fällt dir auf?

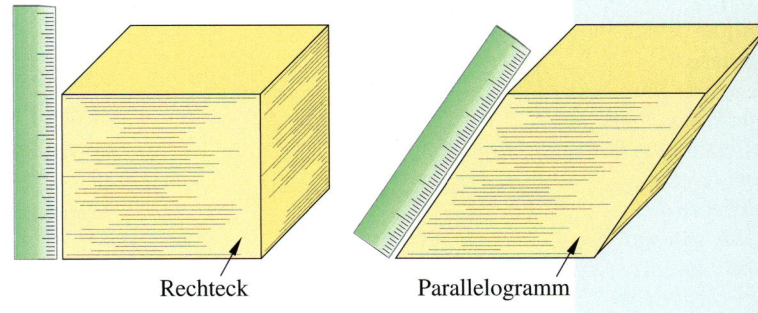

Rechteck   Parallelogramm

4 👥 Zeichnet das Parallelogramm ab, schneidet es aus und überlegt zusammen wie das nebenstehende Parallelogramm in ein flächengleiches Rechteck umgewandelt werden kann.

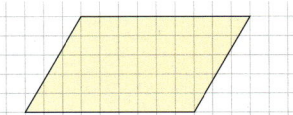

5 Parallelogramme lassen sich auf unterschiedliche Art verändern und vergleichen.
a) Vergleiche die drei Parallelogramme bezüglich Umfang, Höhe und Flächeninhalt.
b) Schätze nun Umfang und Flächeninhalt dieser vier Parallelogramme.
   Hast du eine Vermutung?
   Kannst du deine Vermutung begründen?

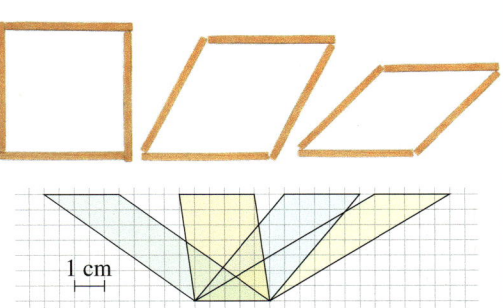

1 cm

Verstehen

Beim Fußballspielen am Haus landet Sörens Ball genau im mittleren Glaselement des Seitengeländers, sodass dieses zerbricht.
Nun muss die parallelogrammförmige Scheibe ersetzt werden.
Pro Quadratmeter kostet das Glas 120 €.

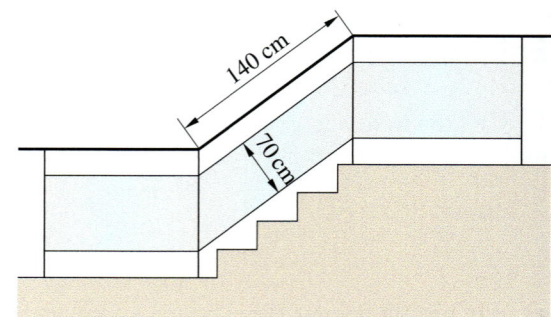

Beispiel 1

Eine Handwerksfirma, die die Reparatur ausführt, berechnet die Unkosten.
Flächeninhalt der Scheibe: $1{,}40\,\text{m} \cdot 0{,}70\,\text{m} = 0{,}98\,\text{m}^2$
Kosten der Scheibe: $120\,€ \cdot 0{,}98 = 117{,}60\,€$

Der Glasschaden beläuft sich auf 117,60 €.

Um den Flächeninhalt eines Parallelogramms berechnen zu können, wandelt man es in ein Rechteck um. Dazu trennt man eine dreieckige Teilfläche ab und verschiebt sie.
Dann berechnet man den Flächeninhalt des Rechtecks.

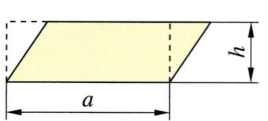 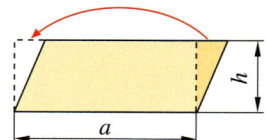 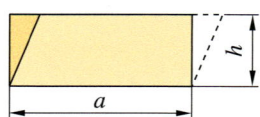

HINWEIS
Jede Seite eines Parallelogramms kann Grundseite sein. Folglich gibt es zu den Grundseiten a und b die entsprechenden Höhen h_a und h_b.

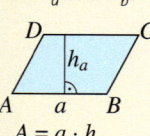

$A = a \cdot h_a$

$A = b \cdot h_b$

Merke Der **Flächeninhalt** eines **Parallelogramms** ist das Produkt aus Grundseite a und der senkrecht darauf stehenden Höhe h.

$$A_{\text{Parallelogramm}} = a \cdot h$$

Die neue Glasscheibe muss ringsum durch Aluprofile eingefasst werden. Solche Profilstangen kosten pro laufenden Meter 6,50 €. Auch diese Kosten müssen berechnet werden.

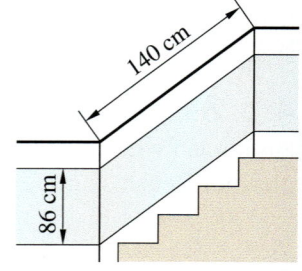

Beispiel 2

Umfang der Scheibe: $2 \cdot 1{,}40\,\text{m} + 2 \cdot 0{,}86\,\text{m} = 4{,}52\,\text{m}$
Kosten der Aluprofile: $4{,}52\,\text{m} \cdot 6{,}50\,€ = 29{,}38\,€$

Die Einfassung der Glasscheibe kostet 29,38 €.

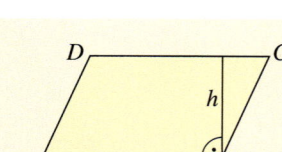

Merke Der **Umfang** eines **Vierecks** ist die Summe der vier Seitenlängen.
Beim **Parallelogramm** berechnet man den Umfang nach der Formel:

$$
\begin{aligned}
u_{\text{Parallelogramm}} &= a + b + a + b \\
&= 2 \cdot a + 2 \cdot b \\
&= 2\,(a + b)
\end{aligned}
$$

Üben und anwenden

1 Zu welcher Vierecksart gehören die folgenden Figuren? Wie viele Seiten musst du jeweils mindestens kennen, um ihren Umfang zu bestimmen? Bestimme den Umfang der Figuren.

   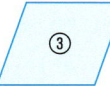      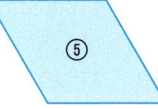

2 Berechne die Fläche des Parallelogramms.
a) $a = 3\,\text{cm}$; $h_a = 12\,\text{cm}$
b) $a = 13\,\text{cm}$; $h_a = 13\,\text{cm}$
c) $b = 64\,\text{cm}$; $h_b = 34\,\text{cm}$
d) $b = 3,1\,\text{cm}$; $h_b = 2,4\,\text{cm}$

3 Bestimme die Fläche des Parallelogramms. Ein Kästchen entspricht 1 cm.

a)
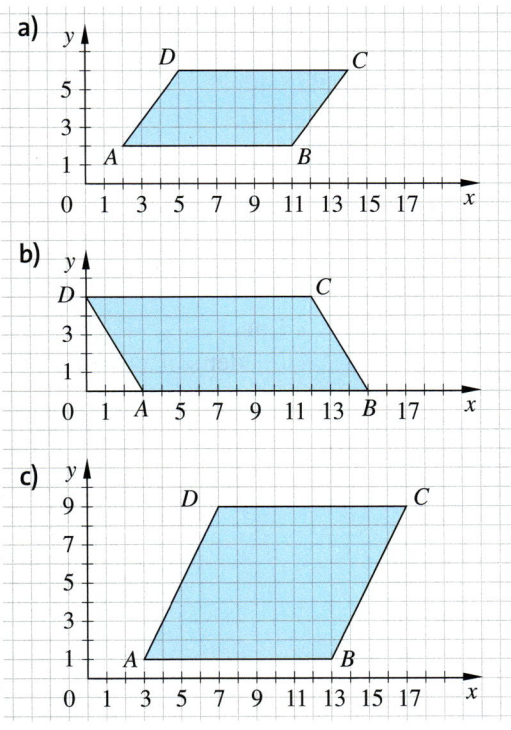

b)

c)

4 Zeichne das Parallelogramm mit den Angaben $a = 4,2\,\text{cm}$, $b = 3,1\,\text{cm}$ und $\alpha = 55°$. Berechne Umfang und Flächeninhalt.

2 Übertrage ins Heft und berechne die fehlenden Größen der Parallelogramme.

	a (in m)	b (in m)	h_a (in m)	u (in m)	A (in m²)
a)	2,6	1,6	1,4		
b)	5,3	2,2			18,55
c)		4,1	2,4	18,2	
d)	3,7			12,6	6,29

3 Zeichne die folgenden Parallelogramme in ein Koordinatensystem in dein Heft. Wähle dazu 1 LE = 1 cm.
Bestimme nun jeweils die Höhe, die Fläche und den Umfang der Parallelogramme.

a) A(1|0); B(5|0)
    C(4|5); D(8|5)

b) E(10|5); F(14|2)
    G(13|2); H(9|5)

c)
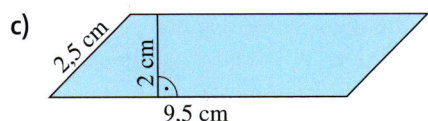
9,5 cm

4 Ein Parallelogramm hat den angegebenen Flächeninhalt. Gib jeweils zwei Möglichkeiten für g und h_g an. Zeichne sie.
a) $A = 45\,\text{cm}^2$
b) $A = 66\,\text{cm}^2$
c) $A = 0,21\,\text{dm}^2$
d) $A = 1\,400\,\text{mm}^2$

KURZ GESAGT
Statt Flächeninhalt sagt man oft verkürzt nur **Fläche***.*

5 Berechne den Flächeninhalt jedes Parallelogramms. Was fällt dir auf?

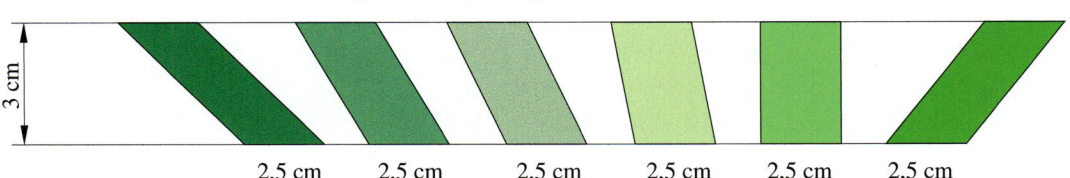
3 cm
2,5 cm   2,5 cm   2,5 cm   2,5 cm   2,5 cm   2,5 cm

6 In jedes Parallelogramm kann man zwei verschiedene Höhen einzeichnen. Berechne den Flächeninhalt aus der Höhe h_a und der Seite a sowie aus der Höhe h_b und der Seite b.

a)
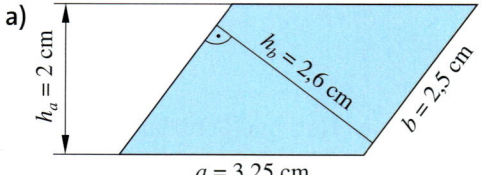

b)
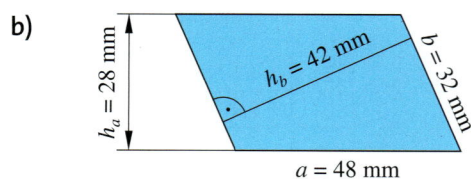

6 Berechne die Flächeninhalte der drei Parallelogramme. Dazu brauchst du jeweils nur zwei Angaben.
Berechne im Aufgabenteil a) und b) die 2. Höhe und im Aufgabenteil c) die 2. Seite.

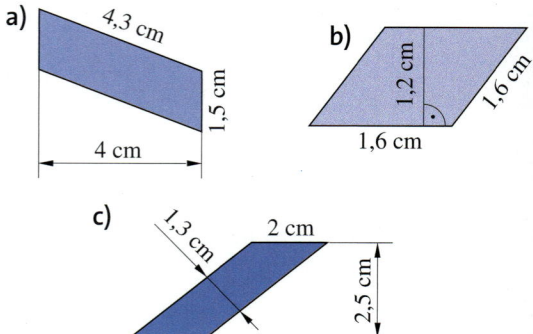

7 Trage die Punkte in ein Koordinatensystem ein und berechne den Flächeninhalt des Parallelogramms $ABCD$. (1 LE $\cong$ 1 cm)
a) $A(0|0)$; $B(6|0)$; $C(9|5)$; $D(3|5)$
b) $A(2|1)$; $B(7|1)$; $C(9|7)$; $D(4|7)$
c) $A(2|4)$; $B(0|0)$; $C(8|0)$; $D(10|4)$
d) $A(1,5|3,5)$; $B(0,5|0)$; $C(6,5|1,5)$; $D(7,5|5)$

7 Zeichne Parallelogramme in ein Koordinatensystem, bei denen du den 4. Eckpunkt erst ergänzen musst. Berechne dann Umfang und Fläche. (1 LE $\cong$ 1 cm)
a) $A(6|1)$; $B(0|5)$; $C(-1|-2)$; $D(\;|\;)$
b) $E(-1|-4)$; $F(-4|1)$; $G(-6|1)$; $H(\;|\;)$
c) $I(3|4)$; $J(3|7)$; $K(-3|3)$; $L(\;|\;)$

8 Drei Parkbuchten in der Altstadt sollen Kopfsteinpflaster erhalten. Mit einer Tonne der entsprechenden Steine können etwa $3\,m^2$ gepflastert werden. Wie hoch sind die Materialkosten für das Kopfsteinpflaster, wenn eine Tonne 75 € kostet?

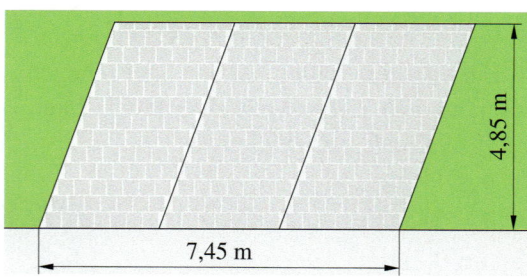

8 Ein Baugrundstück hat an der Straße eine Breite von 12 m und eine Tiefe von 22 m. Ein Zaun, der um das gesamte Grundstück führt, ist 74 m lang. Zeichne das Grundstück im Maßstab 1 : 100 und berechne seine Fläche.

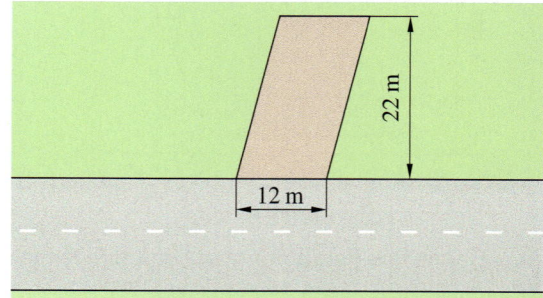

9 Zu den bekanntesten optischen Täuschungen gehört das Sander Parallelogramm.
a) Betrachte die Figur und schätze die Längen der beiden Diagonalen d_1 und d_2.
b) Miss die Diagonalenlängen aus. Was fällt dir auf? Hast du eine Erklärung für die anfängliche Fehlschätzung?
c) Konstruiere selbst ein solches Bild in beliebiger Größe. Beginne mit der Grundseite.

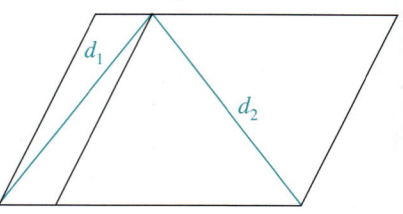

Umfang und Flächeninhalt von Drachen und Trapezen

Entdecken

1 In Gruppen- und Besprechungsräumen werden häufig Trapeztische eingesetzt.
Deren Tischfläche stellt ein gleichschenkliges Trapez dar.

a) Welche Vorteile haben Trapeztische gegenüber rechteckigen Tischen?

b) Zeichne alle Möglichkeiten, wie man zwei Trapeztische zusammenstellen kann, in dein Heft.

c) Hast du bei einer Figur aus b) eine Idee, wie man den
Flächeninhalt zweier gleicher Trapeze berechnen kann?

d) Beschreibe, wie du in c) vorgegangen bist.
Hast du mehrere Lösungswege gefunden?

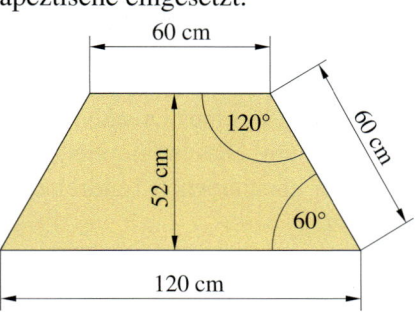

TIPP
*Nutzt eure
Kenntnisse zur
Flächenberech-
nung bei Recht-
ecken, Parallelo-
grammen und
Dreiecken.*

2 Schneide aus Pappe ein ungleichschenkliges Trapez aus und markiere den Mittelpunkt M der
Seite b.

a) Lege dieses Trapez als Schablone auf eine Heftseite und
zeichne es exakt ab.

b) Drehe die Schablone nun um 180° um den Punkt M und
zeichne das Trapez noch einmal ab.

c) Welche Gesamtfigur entsteht?
Wie lang sind die einzelnen Seiten der Gesamtfigur?

d) Ziehe durch Punkt M eine Parallele zur oberen und unteren Seite.
Wie lang ist diese Mittelparallele?

3 👥 Nehmt drei DIN-A4-Blätter.

a) Faltet aus jedem Blatt einen anderen Drachen. Geht wie folgt vor.
Beachtet dabei die Bilder in der Randspalte.
① Faltet das Blatt längs in der Mitte und öffnet es wieder.
② Faltet das Blatt quer, egal auf welcher Höhe.
③ Verbindet nun die entstandenen Knickpunkte auf den Blatträndern über Eck durch Falt-
linien miteinander. Legt das Blatt wieder aufgeklappt vor euch hin.

b) Auf dem Blatt Papier ist jetzt ein Drachen zu erkennen. Wie groß könnte der jeweilige
Flächeninhalt eurer drei Drachen sein? Stellt Vermutungen auf.
Tauscht eure Ideen aus.

c) Wie könnt ihr mit der Falttechnik eine Raute falten?
Bestimmt auch ihren Flächeninhalt.

ZU AUFGABE 3

①

②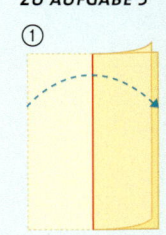

③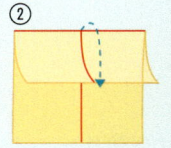

4 Drachenbasteln will gelernt sein. Zeichne und benenne die jeweils entstandenen Vierecke.

a) Armin nimmt zwei gleich lange Leisten,
markiert deren Mittelpunkte und klebt sie
dort rechtwinklig zusammen.

b) Benito nimmt zwei verschieden lange
Leisten, markiert deren Mittelpunkte und
klebt sie rechtwinklig zusammen.

c) Claudio nimmt zwei verschieden lange
Leisten, markiert den Mittelpunkt der
kürzeren und befestigt sie rechtwinklig im oberen Drittel der längeren Leiste.

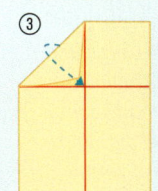

Verstehen

Karol bastelt einen Flugdrachen. Er nimmt zwei Leisten, zieht ein Garn rings um die Enden der Leisten und bespannt die Konstruktion mit bunter Folie.
Jule hat einen gekauften Drachen in Trapezform. Nun wollen beide wissen, welcher Drachen größer ist.

Um die Fläche eines Drachen berechnen zu können, wandelt man ihn in ein flächengleiches Rechteck um. Dies ist möglich, da die Diagonalen den Drachen in vier Teildreiecke teilen. Zwei der entstandenen Teildreiecke trennt man ab und verschiebt sie so, dass ein Rechteck entsteht.

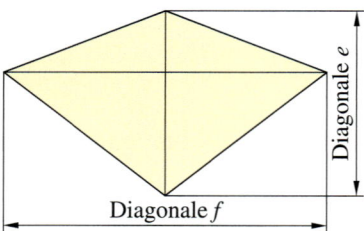

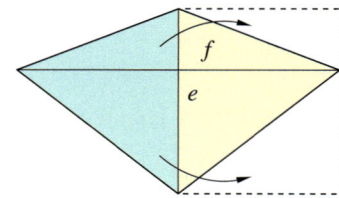

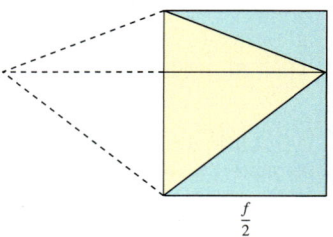

BEACHTE
Die Raute ist ein besonderer Drachen mit vier gleich langen Seiten; daher gilt dieselbe Flächenformel wie beim Drachen.

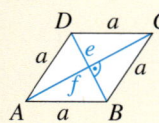

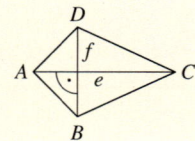

Merke Der **Flächeninhalt** eines **Drachenvierecks** (kurz: Drachen) ist das halbe Produkt der Diagonalen e und f.

$$A_{\text{Drachenviereck}} = e \cdot \frac{f}{2} = \frac{e \cdot f}{2}$$

Beispiel 1

Karols Drachen hat Diagonalen von $90\,\text{cm}$ und $60\,\text{cm}$. Wie groß ist seine Fläche?
$$A = \frac{e \cdot f}{2} = \frac{90\,\text{cm} \cdot 60\,\text{cm}}{2} = 2700\,\text{cm}^2$$
Karols Drachen hat eine Fläche von $2700\,\text{cm}^2$.

Auch ein Trapez wird durch Abtrennung und Verschiebung von Teilflächen in ein Rechteck umgewandelt. Dann kann man die Fläche des Rechtecks bestimmen.

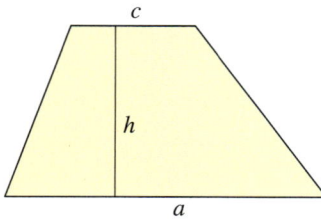

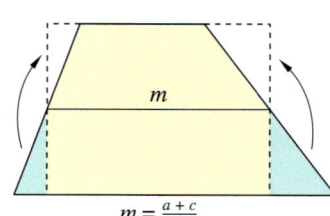

$$m = \frac{a+c}{2}$$

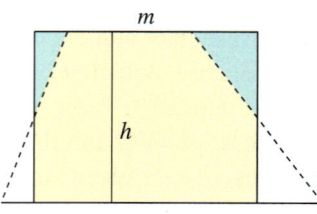

HINWEIS
Im Trapez ist die Länge der Mittellinie m genau so groß wie die Hälfte der Summe beider paralleler Seiten a und c:
$m = \frac{a+c}{2}$

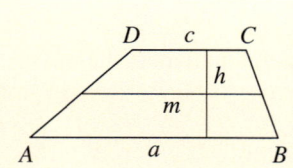

Merke Der **Flächeninhalt** eines **Trapezes** wird berechnet, indem man die Hälfte der Summe der parallelen Seiten a und c mit der Höhe h multipliziert.

$$A_{\text{Trapez}} = \frac{a+c}{2} \cdot h = m \cdot h$$

Beispiel 2

Jules trapezförmiger Drachen hat parallele Seiten von $80\,\text{cm}$ und $20\,\text{cm}$ sowie eine Höhe von $60\,\text{cm}$. Wie groß ist seine Fläche?
$$A = \frac{a+c}{2} \cdot h_a = \frac{80\,\text{cm} + 20\,\text{cm}}{2} \cdot 60\,\text{cm} = 3\,000\,\text{cm}^2$$
Jules Drachen hat eine Fläche von $3\,000\,\text{cm}^2$ und ist somit um $300\,\text{cm}^2$ größer als Karols Drachen.

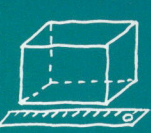

Üben und anwenden

1 Berechne den Flächeninhalt des abgebildeten Drachenvierecks.

a)

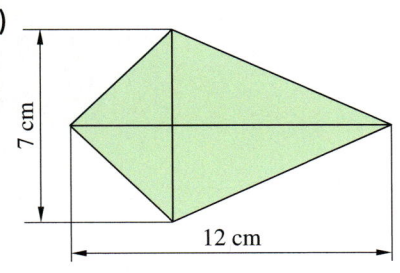

7 cm
12 cm

b)

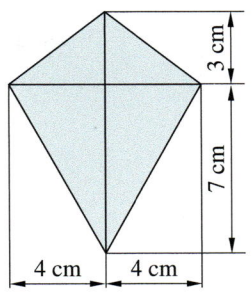

3 cm
7 cm
4 cm   4 cm

c)

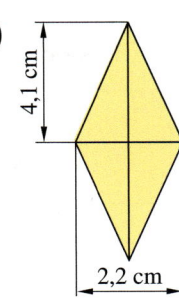

4,1 cm
2,2 cm

---

2 Berechne jeweils den Flächeninhalt des Drachenvierecks.
Entnimm die Maße der Tabelle.

Diagonale	a)	b)	c)	d)
e	6 dm	60 cm	1,2 m	6,3 cm
f	5 dm	40 cm	4 m	2,8 cm

2 Übertrage die Tabelle und berechne die fehlenden Größen des Drachens.

	a)	b)	c)	d)
a	6 cm		5,2 m	
f		4 cm		75 cm
A	15 cm²	14 cm²	15,6 m²	21 dm²

---

3 Vergleiche die Flächeninhalte der Drachen. Was stellst du fest? Begründe.

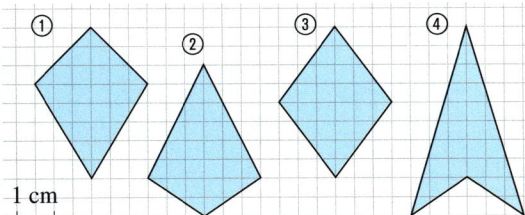

① ② ③ ④
1 cm

3 Gib den Flächeninhalt der gesamten gelben Fläche an.

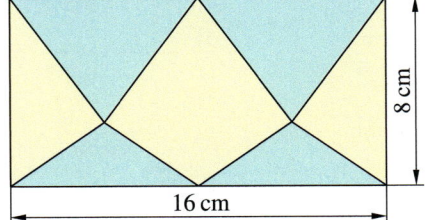

8 cm
16 cm

ZU AUFGABE 3
Eine Diagonale eines Drachens kann auch außerhalb liegen.

---

4 Zeichne die Drachen in ein Koordinatensystem (1 LE ≙ 1 cm). Bestimme notwendige Größen und berechne Fläche und Umfang.
a) $A(2|0)$; $B(10|5)$; $C(2|10)$; $D(0|5)$
b) $A(4|1)$; $B(8|7)$; $C(4|11)$; $D(0|7)$
c) $A(5|0)$; $B(10|3)$; $C(5|8)$; $D(0|3)$
d) $A(0|3)$; $B(3|0)$; $C(6|3)$; $D(3|8)$

4 Zeichne das Drachenviereck nach den angegebenen Maßen.
Berechne den Flächeninhalt.
a) $a = 7$ cm; $b = 4,5$ cm; $\alpha = 65°$
b) $a = 2,5$ cm; $b = 4$ cm; $\beta = 125°$
c) $a = 3,4$ cm; $e = 5$ cm; $\alpha = 58°$
d) $a = 3,6$ cm; $b = 5,1$ cm; $e = 4,4$ cm

---

5 Die Diagonalen eines Drachens und einer Raute sind gleich lang.
Sind dann auch Fläche und Umfang gleich?
Zeichne die Vierecke ab, miss die erforderlichen Strecken aus und berechne.
Begründe dein Ergebnis.

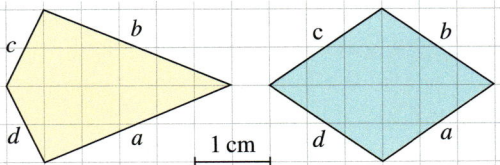

c   b   c   b
d   a   d   a
1 cm

6 Zeichne zwei gleich große Rauten beliebiger Größe in dein Heft.
Miss die notwendigen Strecken und berechne bei der ersten Figur den Flächeninhalt nach der Formel für Drachenvierecke, bei der zweiten Figur nach der Formel für Parallelogramme.
Was fällt dir auf?

SCHON GEWUSST?
Die Raute ist zugleich Drachen und Parallelogramm.

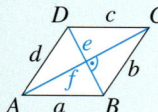

7 Ermittle den Flächeninhalt der gelben Fläche und erkläre deinen Lösungsweg.

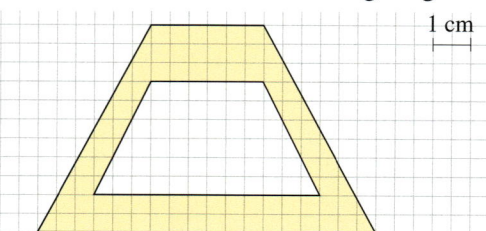

7 Berechne den Flächeninhalt der farbigen Fläche. Wie bist du vorgegangen?

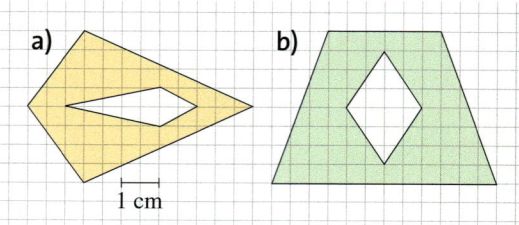

8 Übertrage die Tabelle ins Heft und berechne die fehlenden Größen eines Trapezes.

	a	c	m	h_a	A_{Trapez}
a)	12 cm	8 cm		5 cm	
b)	6,5 m		5 m	3,4 m	
c)		9 dm	12 dm		66 dm²
d)	14 mm			4 mm	46 mm²

ZU AUFGABE 9

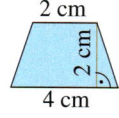

9 Zeichne ein gleichschenkliges Trapez mit den angegebenen Maßen.
Berechne anschließend den Flächeninhalt.
a) $a = 5$ cm; $c = 4$ cm; $h_a = 3$ cm; $a \parallel c$
b) $a = 3,5$ cm; $c = 5,6$ cm; $h_a = 4,8$ cm; $a \parallel c$
c)   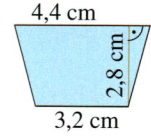   d)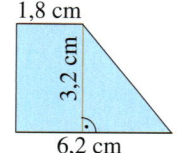

9 Berechne den Flächeninhalt der Trapeze. Zeichne die Trapeze auch ins Heft.
a) $a = 74$ mm; $c = 26$ mm; $h_a = 45$ mm; $a \parallel c$
b) $a = 30$ mm; $c = 3,3$ cm; $h_a = 33$ mm; $a \parallel c$
c)   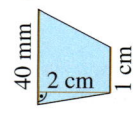   d)

10 Die Scheibe in einem Giebelfenster ist trapezförmig und hat die gegebenen Maße.
a) Berechne den Flächeninhalt der Glasscheibe.
b) Wie teuer ist die Scheibe bei einem

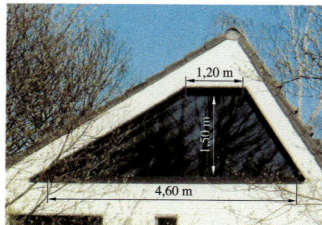

Quadratmeterpreis von 142 € und einem Formzuschlag von 20 %? Warum nimmt die Glaserei einen Formzuschlag?
c) Zeichne das Trapez mit einem geeigneten Maßstab in dein Heft.
Welches Problem stellst du fest, wenn du ein nicht-gleichschenkliges Trapez zeichnen willst?
d) Zeichne das Fenster als gleichschenkliges Trapez in dein Heft.
Betimme den Umfang durch messen.

10 Ein Hausdach muss neu gedeckt werden. Der Besitzer möchte sich Kostenvoranschläge einholen.
Dafür benötigt er die Größe der Dachfläche.
a) Berechne die Dachfläche.

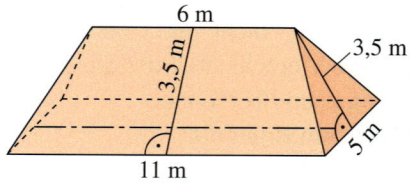

b) Wie teuer ist das Dach bei einem Preis für Dachziegel von 7 € pro m²? Plane 2 % Verschnitt ein?

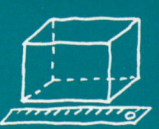

Umfang und Flächeninhalt von Kreisen

Entdecken

1 Beschreibe, wie man mit den nachfolgenden Messgeräten und Methoden den Durchmesser oder Umfang von kreisförmigen Gegenständen bestimmen kann.

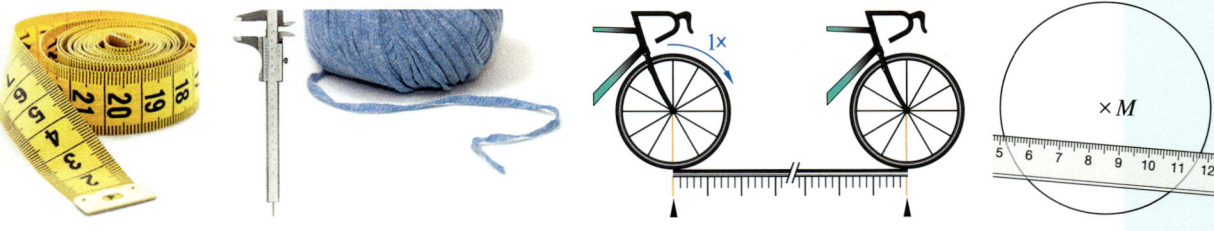

2 👥 Messt in Partnerarbeit Durchmesser und Umfang von Geldmünzen aus und legt dazu eine Tabelle an.

	Durchmesser d	Umfang u	Verhältnis u : d
1-ct-Münze			
2-ct-Münze			
...			

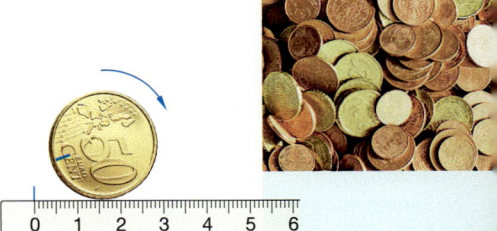

Betrachtet die Zahlen: Findet ihr einen rechnerischen Zusammenhang zwischen Durchmesser und Umfang?

3 Schätze anhand der Zeichnungen die Fläche des Kreises in Abhängigkeit vom Radius r. Nimm z. B. $r = 1{,}5$ cm an.
Tipp: Berechne bei b) zunächst die Fläche des äußeren (grünen) Quadrats. Jetzt kannst du die Fläche des inneren (blauen) Quadrats bestimmen, da dieses nur halb so groß ist wie das äußere.
👥 Diskutiert und vergleicht eure Ergebnisse.

a)

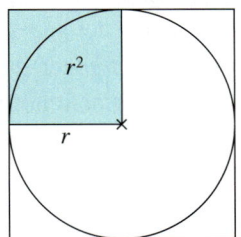

b)

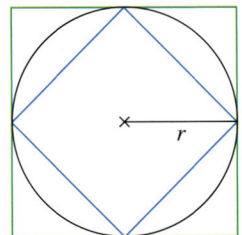

4 👥 Die Kreisfläche kann man näherungsweise bestimmen, indem man Kästchen auszählt. Dabei werden die ganzen Kästchen voll (×), die vom Kreis zerschnittenen Kästchen halb (/) gerechnet. Zeichne einen Kreis mit einem Radius von 10 Kästchen und arbeite ähnlich wie in der nebenstehenden Zeichnung. Ihr vereinfacht die Aufgabe, indem ihr eine Vierergruppe bildet und jeder einen Viertelkreis auszählt.
Auf wie viele geltende Kästchen kommt ihr? Vergleicht mit den anderen Gruppen.

Verstehen

HINWEIS
Palisaden sind Pfähle aus Holz oder Beton, die zur Beetbegrenzung genutzt werden.

ZUR INFORMATION
Die Zahl π ist eine nicht abbrechende, nichtperiodische Dezimalzahl. Die meisten Taschenrechner besitzen eine π-Taste mit dem Näherungswert 3,141592654 .

Für den Schulgarten wird die Anlage eines kreisrunden Beetes von 3 m Durchmesser geplant. Ringsum sollen 8 cm breite Palisaden das Beet abgrenzen. Wie viele Palisaden werden benötigt? Claudia schlägt vor, ein Seil um das ausgegrabene Beet zu legen und damit den Umfang zu messen. „Das ist zu ungenau und nicht nötig", sagt Jerry, „der Umfang ist genau 3,14 mal so lang wie der Durchmesser. Das brauchen wir nur ausrechen".

Für jeden Kreis ist das Verhältnis von Umfang zu Durchmesser gleich (konstant). Diese Konstante heißt **Kreiszahl** und wird mit dem griechischen Buchstaben π („pi") bezeichnet. Als Näherungswert rechnet man mit $\pi \approx 3{,}14$. Es gilt: $\pi = \frac{u}{d}$

Merke Der **Umfang** u eines Kreises lässt sich mithilfe des Durchmessers d oder des Radius r berechnen:

Es gilt: $u = d \cdot \pi$ bzw. $u = 2 \cdot r \cdot \pi$

Beispiel 1

Der Kreisumfang wird so berechnet: $u = d \cdot \pi = 3\,\text{m} \cdot 3{,}14 \approx 9{,}42\,\text{m}$
Die Anzahl der Palisaden von je 0,08 m bestimmt man durch diese Rechnung:
$9{,}42\,\text{m} : 0{,}08\,\text{m} = 117{,}75$
Es werden etwa 118 Palisaden benötigt.

Pro m² kann man etwa 5 Blumensetzlinge pflanzen. Um die benötigte Anzahl an Pflanzen zu bestimmen, muss man zunächst die Fläche des kreisförmigen Beetes kennen. Dazu zerlegt man den Kreis in gleichgroße Kreisausschnitte und setzt diese so zusammen, dass annäherungsweise ein Rechteck entsteht.

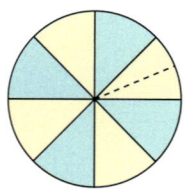 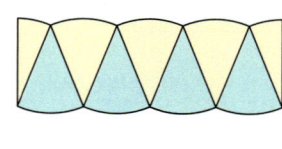 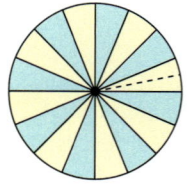 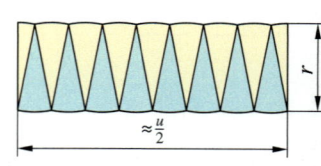

Den Flächeninhalt des letzten Rechtecks berechnet man so: $A = \text{Länge} \cdot \text{Breite} = r \cdot \frac{u}{2}$
Nach der Umfangsformel des Kreises gilt: $u = 2 \cdot r \cdot \pi$, folglich: $\frac{u}{2} = r \cdot \pi$
Eingesetzt in die Rechteckformel gilt demnach für den Kreis: $A = r \cdot r \cdot \pi = r^2 \cdot \pi$

Merke Den Flächeninhalt A eines Kreises kann man mithilfe des Radius r berechnen:

Es gilt: $A = r^2 \cdot \pi$

Beispiel 2

Der Radius des Beetes beträgt 1,5 m.
$A = (1{,}5\,\text{m})^2 \cdot \pi \approx 7{,}07\,\text{m}^2$
$7{,}07 \cdot 5 \approx 35{,}35$
Es werden etwa 35 Pflanzen benötigt.

Üben und anwenden

1 Berechne den Umfang des Kreises mit dem Radius bzw. Durchmesser.

a) $r = 5\,cm$ **b)** $d = 8\,cm$
c) $r = 2{,}7\,cm$ **d)** $d = 4{,}9\,cm$
e) $r = 0{,}6\,cm$ **f)** $d = 12{,}5\,cm$

1 Berechne den Umfang des Kreises, runde das Ergebnis auf eine Kommastelle.

a) $r = 7\,cm$ **b)** $d = 4{,}9\,cm$
c) $r = 3{,}7\,mm$ **d)** $d = 0{,}9\,m$
e) $r = 0{,}8\,km$ **f)** $d = 35{,}7\,dm$

2 Ordne Radius und Umfang einander zu.

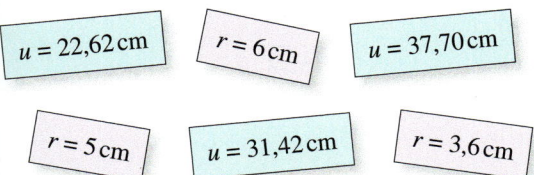

$u = 22{,}62\,cm$ $r = 6\,cm$ $u = 37{,}70\,cm$

$r = 5\,cm$ $u = 31{,}42\,cm$ $r = 3{,}6\,cm$

2 Berechne den Umfang des Kreises. Gib jeweils Radius bzw. Durchmesser an.

a) 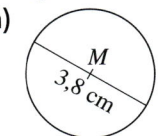   **b)**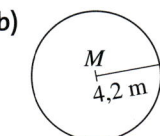

M $3{,}8\,cm$ M $4{,}2\,m$

3 Luisa reitet im Kreis auf einem Pferd an einer 5 m langen Longe.

a) Wie viele Meter legt das Pferd bei einer Runde zurück?

b) Wie viele Meter ist das Pferd nach 20 Runden gelaufen?

3 Ein Reitpferd wird an einer 8 m langen Longe geführt und läuft 50 Runden.

a) Welche Strecke legt es zurück?

b) Wie viele Runden müsste das Pferd mindestens laufen, um 850 m zurückzulegen?

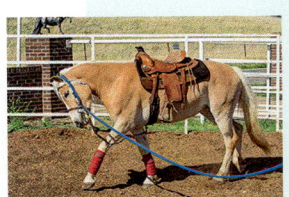

4 Aus dem Kreisumfang kann man Durchmesser und Radius berechnen, indem man die Umfangsformel umstellt (siehe Randspalte).

a) $u = 11\,cm$ **b)** $u = 8{,}6\,dm$
c) $u = 5\,m$ **d)** $u = 255\,m$
e) $u = 9\,dm$ **f)** $u = 390\,km$

4 Übertrage die Tabelle in dein Heft und ergänze sie.

	r	d	u
a)	3 cm		
b)	4,8 dm		
c)		3 m	
d)			175,9 m
e)			22 mm
f)	5,9 km		

HINWEIS ZU AUFGABE 4
Es gilt: $d = \frac{u}{\pi}$
$r = d : 2$

5 Hier seht ihr ein Hochrad. Der Radius des Vorderrads beträgt 1,10 m, der des Hinterrads 35 cm.

a) Berechne den Umfang des Vorderrads.

b) Berechne den Umfang des Hinterrads.

c) Wie oft dreht sich das Hinterrad bei einer Umdrehung des Vorderrades?

d) Wie oft drehen sich beide Räder bei einer Fahrstrecke von 550 m?

5 Mit einem Fahrrad wird eine Strecke von 10 km gefahren.
Wie viele Umdrehungen macht ein Rad mit dem gegebenen Durchmesser auf dieser Strecke?

a) 70 cm   **b)** 65 cm
c) 60 cm   **d)** 40,6 cm

6 Das London Eye ist mit einer Höhe von 135 Meter und einem Durchmesser von 120 Meter das derzeit höchste Riesenrad Europas.
Es besitzt 32 aus Glas geformte Gondeln.
Das Rad dreht sich mit einer Geschwindigkeit von $0{,}26\,\frac{m}{s}$.

a) Bestimme die Strecke, die das Rad in einer Umdrehung zurücklegt.

b) Wie lange dauert eine Umdrehung?

c) Welchen Abstand haben die Aufhängungen der Gondeln voneinander?

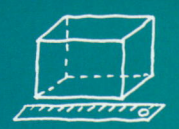

HINWEIS
*Wenn der Durchmesser d gegeben ist, dann berechne immer zuerst den Radius r, bevor du den Flächeninhalt berechnest.
Es gilt: r = d : 2*

7 Welchen Flächeninhalt haben die Kreise?
a) $r = 4\,\text{cm}$ b) $r = 9\,\text{cm}$
c) $r = 2,5\,\text{m}$ d) $r = 3,7\,\text{mm}$
e) $d = 3\,\text{km}$ f) $d = 5,7\,\text{cm}$

7 Wie groß ist die jeweilige Kreisfläche?
a) $r = 5,5\,\text{cm}$ b) $d = 1,8\,\text{dm}$
c) $r = 2,7\,\text{m}$ d) $d = 4,9\,\text{mm}$
e) $r = 1,9\,\text{km}$ f) $d = 12,5\,\text{cm}$

8 Berechne den Flächeninhalt der Kreise.
a)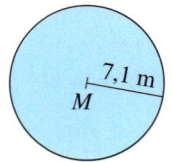
b)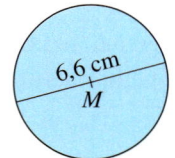

8 Ergänze die Tabelle im Heft.

	r	d	u	A
a)	2,51 mm			19,8 mm
b)			1,1 km	
c)		5,8 cm		
d)	608 dm			

9 Betrachte die Abbildung.
a) Zeichne das Dreieck ABC mit $a = 6\,\text{cm}$, $b = 10\,\text{cm}$ und $c = 8\,\text{cm}$.
Ergänze dann die Halbkreise.
b) Berechne die Flächeninhalte der drei Halbkreise.
c) Zeichne ein beliebiges rechtwinkliges Dreieck mit anliegenden Halbkreisen.
Miss die Größe des Durchmessers der Halbkreise und bestimme deren Flächeninhalte.
Was fällt dir auf?

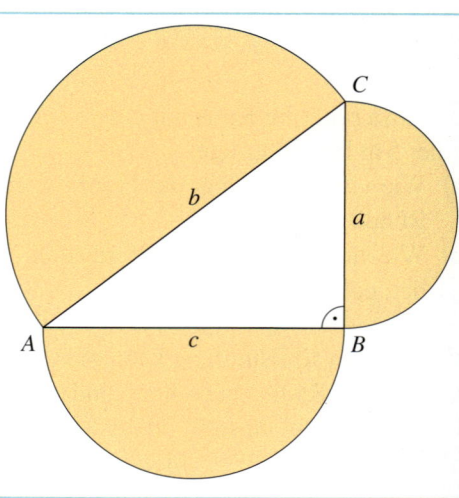

SCHON GEWUSST?
Radioteleskope dienen zum Empfang elektromagnetischer Strahlung aus dem Weltall. Mit ihnen können weit entfernte Himmelkörper erforscht werden.

10 „Unser WLAN-Router hat eine maximale Reichweite von 55 m und deckt eine Fläche von einem Hektar ab", behauptet der Hersteller in der Werbung.
Überprüfe die Aussage auf ihren Wahrheitsgehalt. ($1\,\text{ha} = 10\,000\,\text{m}^2$)

10 Berechne die Fläche der Kreisteile.

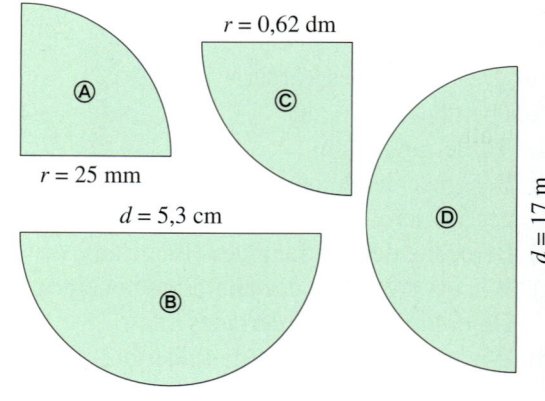

11 Das erste Radioteleskop in Deutschland wurde 1956 in der Eifel errichtet (Randspalte). Der Schirm hat einen Durchmesser von 25 m.
Das größte Radioteleskop der Welt wurde 2016 in China fertiggestellt. Sein Durchmesser beträgt 500 m.
a) Vergleiche die Fläche der beiden Teleskope miteinander.
b) Um das Wievielfache ist die Fläche des neuen Teleskopes größer?
c) Vergleiche die Fläche des neuen Teleskops mit einem Fußballfeld ($60\,\text{m} \times 90\,\text{m}$).

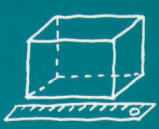

12 Ein kreisrundes Blumenbeet wird bepflanzt.
Pro m² sollen 20 Pflanzen eingesetzt werden. Wie viele Pflanzen werden für den folgenden
Radius benötigt?

a) 60 cm   **b)** 1 m   **c)** 1,2 m
d) 8 dm   **e)** 75 cm   **f)** 1,35 m

---

13 Berechne Umfang und Flächeninhalt der
drei Kreise

① Der Radius ist 2 cm
② Der Radius ist 4 cm
③ Der Radius ist 8 cm
Vergleiche die Radien, Umfänge und Flächeninhalte.
Was fällt dir auf?

13 Berechne die Länge und den Flächeninhalt des grünen Bandes.

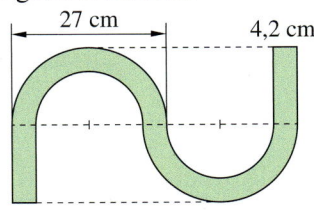

*HINWEIS ZU **13***
*Ein **Kreisring** ist
die Fläche zwi-
schen zwei Krei-
sen mit dem
gleichen Mittel-
punkt.
Es gilt:*
$A = \pi (r_a^2 - r_i^2)$
r_a *und* r_i *bezeichnen den Radius
des Außen- bzw.
Innenkreises.*

---

14 Eine Pizzeria bietet Pizzen von 20 cm und
30 cm Durchmesser an. Die größere Pizza ist
doppelt so teuer. Hat sie auch den doppelten
Flächeninhalt?

14 Nina behauptet: „Der Flächeninhalt von
zwei Pizzen mit 33 cm Durchmesser ist insgesamt größer als der von drei Pizzen mit 26 cm
Durchmesser." Überprüfe, ob Nina Recht hat.

---

15 Die Uhren vom Big Ben
in London gehören zu den
größten der Welt.
Die Minutenzeiger haben
eine Länge von 4,3 Metern,
die Stundenzeiger messen
2,74 Meter.
a) Welche Strecken legen
die beiden Zeigerspitzen
einer Uhr pro Tag zurück?
b) Wie groß ist die Grundfläche des Ziffer-
blattes, wenn sein Radius 20 cm größer ist
als die Länge des großen Zeigers?

15 Um einen Fußballplatz soll eine Laufbahn
errichtet werden.

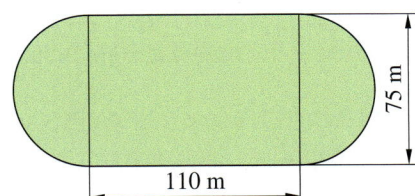

a) Bestimme die Länge der Innenbahn des
Fußballplatzes.
b) Welche Abmessungen kann ein Fußballplatz mit einer 400 m langen Innenbahn
haben?

---

16 Windkraftanlagen wandeln die Wind-
energie in elektrische Energie um.
Je länger die Rotoren sind, umso mehr Energie
kann mit dem Windrad erzeugt werden.
Entnimm der Grafik rechts die entsprechenden
Maße und bestimme für alle fünf Größen der
Windräder die folgenden Fragen:
a) Welche Strecke legt die Spitze eines Flügels
pro Umdrehung zurück?
b) Welche Fläche überstreicht ein Flügel bei
einer Umdrehung?

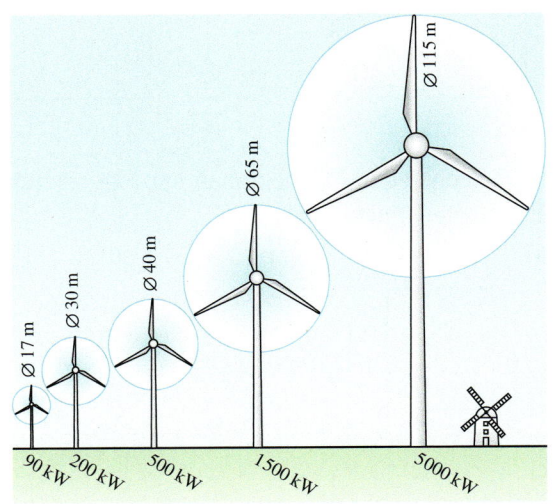

25

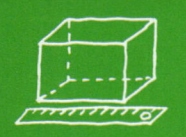

Thema: Umfang und Flächeninhalt von Vielecken

Die Giebelwand des Hauses von Familie Eckner soll neu gestrichen werden.
Um die notwendige Menge an Farbe zu bestellen, benötigt man die Flächen des Giebels. Hierbei werden die Fensterflächen nicht berücksichtigt.

Aus den Bauplänen entnehmen die Söhne Jens und Lars die Maße des achsensymmetrischen Giebels.
Allerdings zerlegen sie die Giebelfläche auf verschiedene Weise.

Beispiel 1

Jens zerlegt die Giebelfläche in ein Rechteck und ein Dreieck.
Seine Rechnung:
$A_1 = 7\,\text{m} \cdot 8\,\text{m} = 56\,\text{m}^2$
$A_2 = \frac{7\,\text{m} \cdot 6\,\text{m}}{2} = 21\,\text{m}^2$
$A_{\text{Giebel}} = A_1 + A_2 = 77\,\text{m}^2$

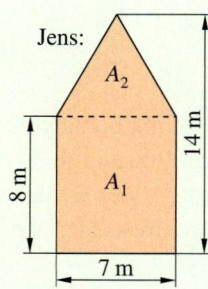

Beispiel 2

Lars zerlegt die Giebelfläche in zwei kongruente Trapeze.
Seine Rechnung:
$A_1 = \frac{14\,\text{m} + 8\,\text{m}}{2} \cdot \frac{7\,\text{m}}{2} = 38,5\,\text{m}^2$
$A_2 = A_1$
$A_{\text{Giebel}} = 2 \cdot A_1 = 77\,\text{m}^2$

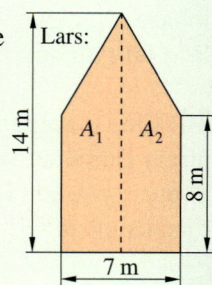

In beiden Rechnungen beträgt die Giebelfläche beträgt $77\,\text{m}^2$.

Bei der Zerlegung von Vielecken gibt es unterschiedliche Vorgehensweisen.
In allen Fällen sollte man darauf achten, dass die Teilflächen leicht zu errechnen sind.

1 Dasselbe Vieleck wurde auf drei verschiedene Arten zerlegt, um seine Fläche zu berechnen. Welche Zerlegung ist nach deiner Meinung die günstigste?
👥 Argumentiert untereinander und begründet eure Meinung.
Rechnet dann die einzelnen Flächen aus.

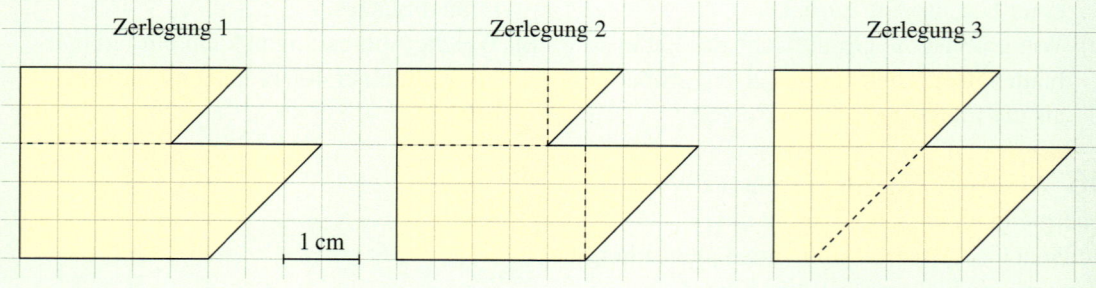

2 Berechne den Flächeninhalt der Figur durch geschicktes Zerlegen in Teilfiguren oder durch Ergänzen (Maße in cm).

a)
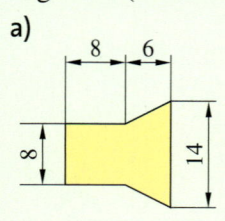

b)
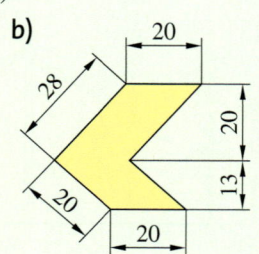

c)
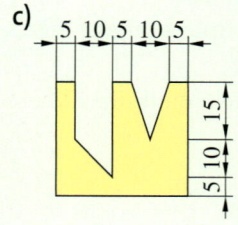

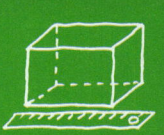

3 Beim Vermessen von Grundstücken, die nicht rechteckig sind, wird das Flurstück sinnvoll zerlegt. Zeichne im Maßstab 1 : 1000 die orangefarbende Fläche ab ($\alpha = 56°$; $\beta = 115°$; $\gamma = 165°$). Zerlege sie sinnvoll und berechne ihren Flächeninhalt.

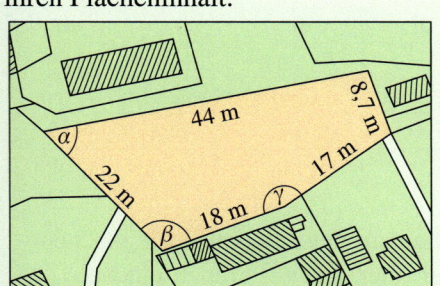

4 Übertrage die abgebildeten Figuren in dein Heft.
Ergänze sie zu einem Rechteck und berechne daraus den Flächeninhalt der Ausgangsfigur.

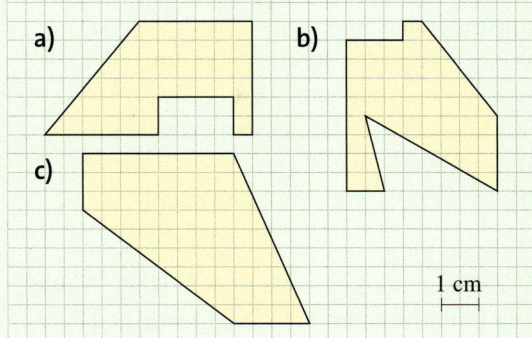

5 Zeichne die Figuren in ein Koordinatensystem (1 LE ≙ 1 cm). Zerlege sie geeignet und berechne den Flächeninhalt.
a) $A(-5|1)$; $B(-2|-1)$; $C(3|-1)$; $D(3|4)$; $E(-2|1)$
b) $A(0|-4)$; $B(4|-3)$; $C(8|0)$; $D(8|3)$; $E(4|3)$; $F(4|0)$

6 Mit dynamischer Geometrie-Software (DGS) kannst du Vielecke mit beliebiger Eckenzahl konstruieren und ausdrucken. Unterscheide dabei zwischen regelmäßigen und allgemeinen Vielecken.

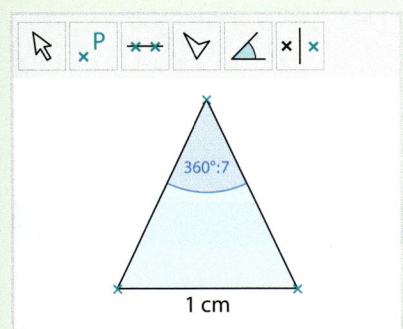

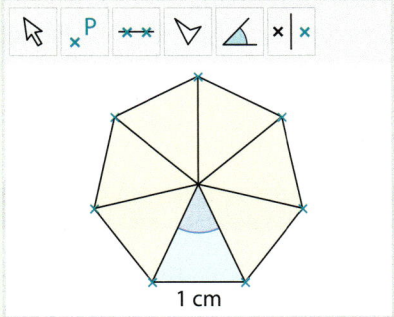

a) Konstruiere das obenstehende regelmäßige Siebeneck und drucke es aus. Zerlege es in berechenbare Dreiecke und Vierecke und berechne die Gesamtfläche.
b) Mache dasselbe für ein regelmäßiges Neuneck.
c) Wähle selbst ein weiteres regelmäßiges Vieleck und berechne es.
d) Unregelmäßige Vielecke kann man auf ähnliche Weise zeichnen.
Zeichne zwei solche Vielecke, zerlege sie und berechne ihren Flächeninhalt.

Beispiel 3

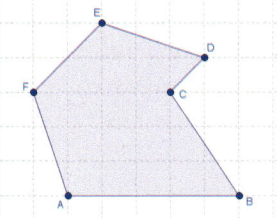

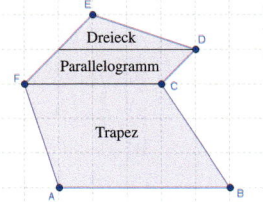

27

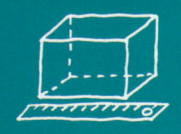

Klar so weit?

→ Seite 10

Umfang und Flächeninhalt von Dreiecken

1 Berechne den Umfang des Dreiecks *ABC* mit folgenden Angaben.
a) $a = 12\,cm$; $b = 8\,cm$; $c = 18\,cm$
b) $a = 5\,m$; $b = 15\,m$; $c = 11\,m$
c) gleichseitiges Dreieck mit $a = 23\,mm$
d) $a = 7,4\,cm$; $b = 2,2\,cm$; $c = 9,5\,cm$
e) $a = 51\,mm$; $b = 5\,cm$; $c = 10\,cm$

1 Ergänze die fehlende Größe im Dreieck *ABC* im Heft.

	a)	b)	c)	d)
a	51 cm	35 mm		73 mm
b	9,2 cm		10,42 m	4,8 cm
c	45,8 cm	2,9 cm	2,15 m	
u		80 mm	21,61 m	1,9 dm

2 Zeichne die Dreiecke in dein Heft. Wähle eine Grundseite und die dazugehörige Höhe. Ermittle den Flächeninhalt *A*.

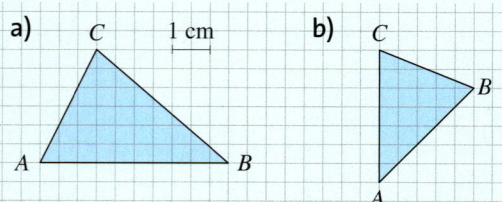

2 Berechne aus der Zeichnung die Flächeninhalte der roten und der grünen Fläche. Ein Kästchen entspricht 1 cm.

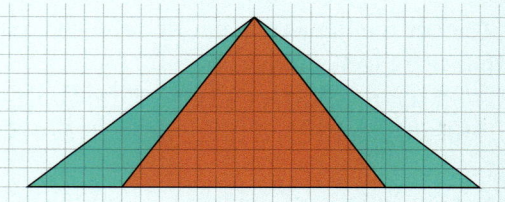

3 Zeichne die Dreiecke in ein Koordinatensystem, miss die benötigten Größen und berechne Umfang und Flächeninhalt. 1 LE ≙ 1 cm
a) $A(1|-1)$; $B(6|4)$; $C(1|5)$
b) $D(-1|-2)$; $E(3|-6)$; $F(-1|2)$

3 Konstruiere die Dreiecke, miss die benötigten Größen und berechne Umfang und Flächeninhalt.
a) $b = 6,4\,cm$; $c = 4,8\,cm$; $\alpha = 112°$
b) $a = 4,1\,cm$; $b = 6,2\,cm$; $\gamma = 90°$

→ Seite 14

Umfang und Flächeninhalt von Parallelogrammen

HINWEIS
Bei manchen Parallelogrammen verläuft die Höhe außerhalb der Fläche.

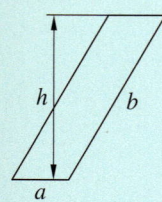

4 Zähle die Kästchen und berechne die Flächeninhalte. Beachte den Maßstab.

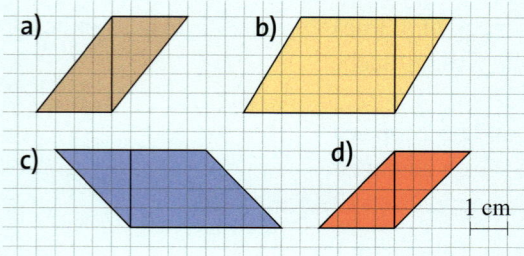

4 Zeichne die Figuren ab und berechne ihre Flächeninhalte.

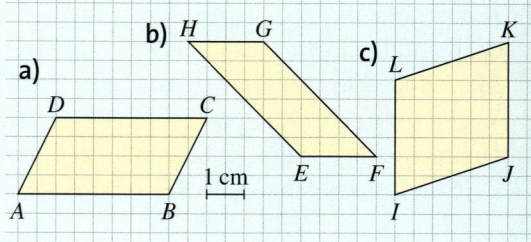

5 Konstruiere die Parallelogramme und berechne ihren Umfang und ihre Fläche. Fehlende Angaben musst du messen.
a) $a = 7,2\,cm$; $b = 4,3\,cm$; $\beta = 78°$
b) $b = 6,6\,cm$; $\gamma = 55°$; $c = 3,8\,cm$
c) $a = 3,9\,cm$; $\alpha = 77°$; $b = 2,6\,cm$

5 Konstruiere die Parallelogramme und berechne Umfang und Flächeninhalt. Fehlende Angaben musst du messen.
a) $a = 4,7\,cm$; $b = 6,3\,cm$; $\alpha = 118°$
b) $a = 6,1\,cm$; $b = 39\,mm$; $\beta = 45°$
c) $a = 5,4\,cm$; $h_a = 3,7\,cm$; $\alpha = 70°$

Umfang und Flächeninhalt von Drachen und Trapezen

→ Seite 18

6 Berechne die Flächeninhalte.

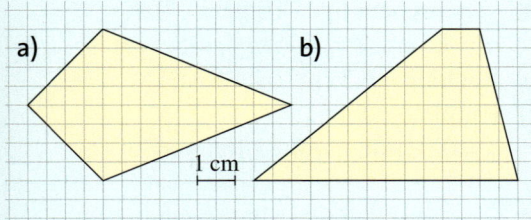

a)

b)

1 cm

6 Berechne die blauen und gelben Flächen.

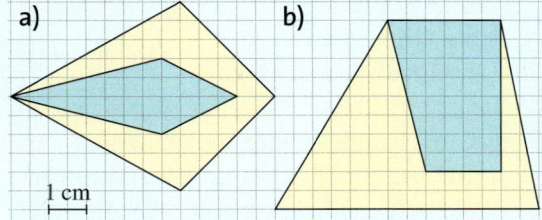

a)

b)

1 cm

7 Berechne den Flächeninhalt bzw. die fehlende Diagonale der Drachen.
a) $e = 4,9\,cm$; $f = 3,6\,cm$
b) $e = 3,5\,m$; $A = 21\,m^2$
c) $f = 17,5\,dm$; $A = 23,8\,dm^2$

7 Berechne die jeweils fehlenden Größen der Drachen.

	a	b	u	e	f	A
a)	3,8 cm	1,9 cm		5 cm	3 cm	
b)	4 m		19 m	8 m		20 m²
c)		28 mm	10 cm		32,5 mm	6,5 cm²

8 Zeichne den Querschnitt des trapezförmigen Bahndammes maßstabsgetreu ins Heft. Berechne Umfang und Fläche.

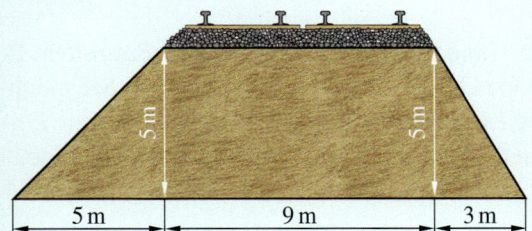

5 m

5 m

5 m   9 m   3 m

8 Zeichne das Trapez in ein Koordinatensystem (1 LE ≙ 1 cm). Bestimme die notwendigen Größen und berechne den Flächeninhalt.
a) $A(1|1)$; $B(6|1)$; $C(5|6)$; $D(3|6)$
b) $A(2|0)$; $B(7|0)$; $C(8|6)$; $D(1|6)$
c) $A(0|0)$; $B(6,5|0)$; $C(3,5|7,5)$; $D(0|7,5)$
d) $A(0|0)$; $B(4,5|2)$; $C(4,5|6)$; $D(0|8)$

Umfang und Flächeninhalt von Kreisen

→ Seite 22

9 Zeichne einen Kreis mit 10 cm Durchmesser und berechne Umfang und Flächeninhalt.

9 Zeichne einen Kreis mit einem Umfang von 27 cm und berechne seinen Flächeninhalt.

10 Welcher Punkt ist Endpunkt der Linie des abgerollten Kreisumfangs? Begründe.

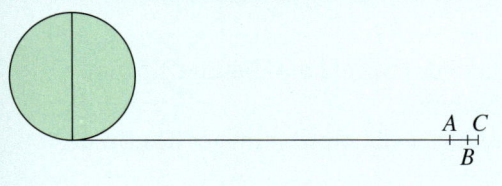

A C
B

10 Zeichne zu folgenden Umfangslinien die entsprechenden Kreise.

a) ├─────────────┤

b) ├───────────────────┤

c) ├──────────┤

11 Welche Fläche kann der Rasensprenger mindestens bzw. höchstens bewässern?

Reichweite 6–24 m

11 Ein quadratisches Feld von 100 m Seitenlänge wird von einem Kreissprenger bewässert, der genau in der Mitte des Quadrates steht und 50 m weit reicht.
Wie viel Prozent des Feldes werden durch den Sprenger erreicht?

Vermischte Übungen

1 Die Grundstücke A bis F werden zum Verkauf angeboten.

30 m 35 m 35 m

<table>
<tr><td>A</td><td>B</td><td>C</td><td rowspan="1">40 m</td></tr>
<tr><td>D</td><td>E</td><td>F</td><td>40 m</td></tr>
</table>

20 m 20 m 35 m

a) Bestimme den Flächeninhalt jedes Grundstücks.
b) Der Grundstückspreis liegt bei 130 € pro m². Familie Meier kann maximal 150 000 € für das Grundstück aufbringen. Welches Grundstück könnte sich die Familie kaufen?
c) Der Besitzer von Grundstück E möchte sein Grundstück vollständig einzäunen. Bestimme die Gesamtlänge des Zauns.

2 Vergleiche die Flächeninhalte der fünf Dreiecke. Was stellst du fest? Begründe.

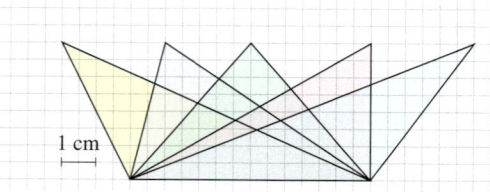

1 cm

3 Jedes Haus ist 6,80 m breit und hat eine Giebelhöhe von 5,15 m.

Berechne den gesamten Flächeninhalt der beiden verglasten Häusergiebel.

1 Zeichne folgende Vierecke und berechne ihren Flächeninhalt. Entnimm die fehlenden Maße deiner Zeichnung.
a) gleichschenkliges Trapez:
 $a = 4,5$ cm; $c = 3,7$ cm; $h = 5,1$ cm
b) Raute: $e = 6,3$ cm; $f = 4,8$ cm
c) Parallelogramm:
 $a = 0,53$ dm; $b = 0,35$ dm; $\gamma = 76°$

2 Gegeben ist ein Parallelogramm mit $a = 5$ cm, $b = 3$ cm und $h_a = 2,5$ cm. Verändere die gegebenen Größen des Parallelogramms so, dass …
a) der Umfang verdoppelt wird.
b) der Umfang halbiert wird.
c) der Flächeninhalt verdoppelt wird.
d) der Flächeninhalt halbiert wird.
e) der Umfang 10 % kürzer wird.
f) der Flächeninhalt 150 % des vorherigen einnimmt.

3 Linda geht mit ihrem Sportverein zelten. In Opas Keller findet sie ein altes Zelt. Sie möchte es vorher noch imprägnieren. Wie viele Dosen Imprägnierspray benötigt sie, wenn eine 500-ml-Sprühdose für 5 m² reicht?

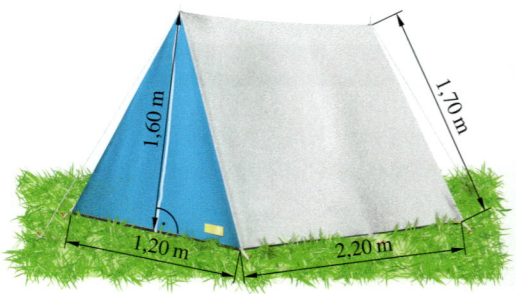

1,60 m 1,70 m 1,20 m 2,20 m

ZUM KNOBELN
Kannst du die Fläche eines Quadrats auch mit derselben Formel wie bei einem Trapez berechnen?

4 In einer Tischlerei wurde ein Brett zersägt. Die Stärke des Sägeblattes beträgt 1,5 mm.
a) Berechne die Flächeninhalte der einzelnen Brettabschnitte.
b) Bestimme die ursprünglichen Maße des Brettes. Wie viel Quadratzentimeter des Brettes sind beim Sägen verloren gegangen? Welcher Anteil vom ursprünglichen Brett ist verloren gegangen?

110 mm 35 mm 45 mm 60 mm

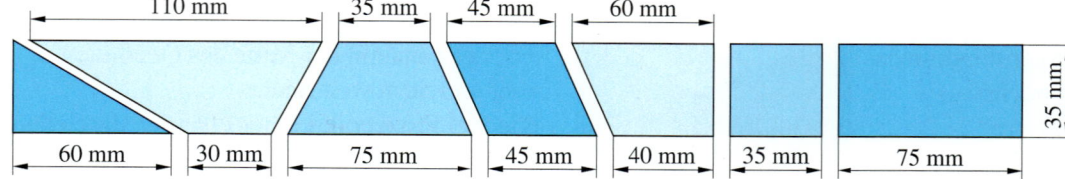

60 mm 30 mm 75 mm 45 mm 40 mm 35 mm 75 mm 35 mm

5 Berechne die Flächeninhalte der Drachen und vergleiche die Ergebnisse miteinander.

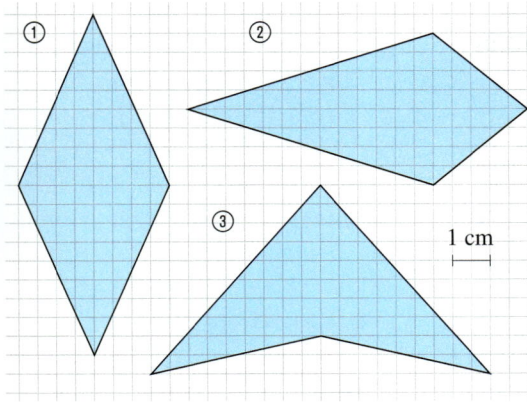

① ② ③ 1 cm

6 Konstruiere folgende allgemeine Vierecke. Fertige zunächst eine Planfigur an. Berechne den Flächeninhalt durch Zerlegung in Dreiecke. Entnimm fehlende Maße deiner Zeichnung.
a) $a = 4{,}5\,\text{cm}$; $b = 3{,}1\,\text{cm}$; $c = 3{,}8\,\text{cm}$; $d = 2{,}6\,\text{cm}$; $\alpha = 55°$
b) $b = 4{,}6\,\text{cm}$; $c = 1{,}9\,\text{cm}$; $d = 5{,}2\,\text{cm}$; $\beta = 135°$; $\gamma = 76°$

7 Ein Fünfeck $ABCDE$ hat in einem Koordinatensystem (1 LE ≙ 1 cm) die Eckpunkte A $(0|2)$; $B(4|0)$; $C(6|2)$; $D(5|6)$ und $E(1|5)$.
a) Zeichne das Fünfeck.
b) Zerlege das Fünfeck geeignet in Dreiecke und berechne den Flächeninhalt.

8 Aus einer quadratischen Holzplatte mit 140 cm Kantenlänge soll eine möglichst große runde Tischplatte ausgesägt werden.
a) Berechne die Größe und den Umfang der runden Holzplatte.
b) Wie viel Prozent des Ausgangsmaterials beträgt der Holzabfall?

9 Für einen kreisrunden Tisch mit einem Durchmesser von 1,50 m wird eine Tischdecke angefertigt. Sie soll ringsherum 30 cm überhängen.
a) Fertige eine Skizze der Situation an.
b) Berechne den Flächeninhalt der Decke.
c) Wie viel Meter Borte wird benötigt, um die Tischdecke damit zu umsäumen?

5 Gegeben ist der Flächeninhalt eines Trapezes. Gib immer zwei Möglichkeiten an, wie groß a, c und h sein könnten.
a) $34\,\text{cm}^2$ **b)** $96\,\text{cm}^2$
c) $450\,\text{mm}^2$ **d)** $25\,\text{ha}$
e) $330\,\text{a}$ **f)** $235\,682\,\text{mm}^2$

6 Gegeben ist die Fläche eines Trapezes.
① $A = 42\,\text{cm}^2$ ② $A = 54\,\text{cm}^2$
③ $A = 1\,025\,\text{a}$ ④ $A = 4{,}8\,\text{dm}^2$
a) Gib zu jedem Flächeninhalt zwei Möglichkeiten an, wie groß a, c und h sein können. Zeichne beide Trapeze maßstabsgetreu. Sind ihr Umfänge itendisch?
b) Wie kann man a) besonders einfach lösen? Was spielt dabei eine Rolle?

7 Ein Haus soll neu gestrichen werden. Wie viel Quadratmeter Farbe werden für alle Wände des Hauses benötigt? Berechne alle Flächen und addiere sie dann. Vernachlässige Fenster und Türen.

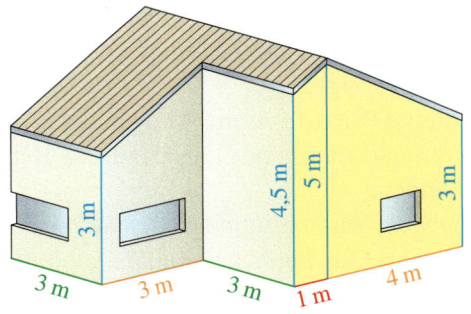

4,5 m 5 m 3 m 3 m
3 m 3 m 3 m 1 m 4 m

ZU AUFGABE 7
Die Wände, die du nicht siehst haben einen Flächeninhalt von 38 m².

8 Das äußere Quadrat ist 4 cm lang. Berechne den Flächeninhalt der gelben Fläche.

a) 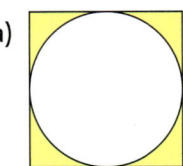 **b)**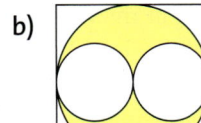

ZU AUFGABE 8
Holzplatte:

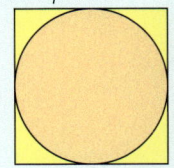

140 cm

9 Das Pulvermaar in der Eifel ist ein vulkanisch entstandener, fast kreisrunder See mit einem Durchmesser von ca. 700 m.
a) Wie lange braucht ein Wanderer, der mit einer Geschwindigkeit von $5\,\frac{\text{km}}{\text{h}}$ läuft, um das Maar zu umrunden?
b) Wie groß ist die Fläche, die das Maar einnimmt?

Verbundpflaster

Verbundpflaster finden sich auf vielen befahrbaren Flächen wie Einfahrten, Parkplätzen, Höfen und dergleichen.

10 Ein Pflasterungsprojekt

Bei einem Pflasterungsprojekt muss man wissen, wie viele Steine benötigt werden.

Dazu braucht man den Flächeninhalt der einzelnen Verbundsteine. Dies wollen wir anhand der Modelle „Doppel-T-Verbundstein" und „Sechseck-Wabenstein" berechnen. Alle Angaben in den Zeichnungen sind in cm gegeben.

a) Zeichne die beiden Modelle in Originalgröße auf je ein DIN-A4-Blatt.

b) Schätze zunächst, welcher Stein die größte Fläche hat. Entnimm dann den Skizzen die notwendigen Angaben und berechne den Flächeninhalt genau.

c) Wie viele Steine jeder Sorte werden pro Quadratmeter benötigt?

d) Auf eine Palette passen 10 Lagen der Sorte „Doppel-T-Verbundsteine", pro Lage sind es 8 Reihen mit je 4 Steinen.
Wie viele Verbundsteine passen auf eine Palette?

e) Wie viele Quadratmeter kann man mit den Steinen einer Palette verlegen?

Doppel-T-Verbundstein

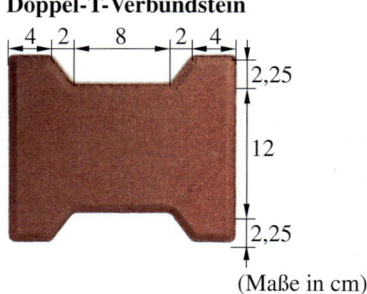

(Maße in cm)

Sechseck-Wabenstein

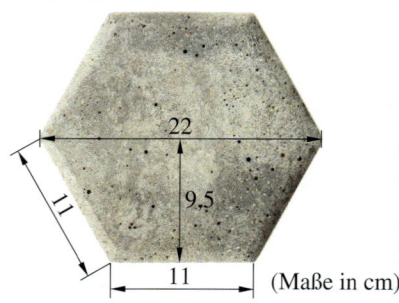

(Maße in cm)

11 Im Fliesenhandel

Ein Fliesenhändler bietet die nebenstehenden Bodenkacheln an. Sie lassen sich gut im Verbund legen.

a) Zeichne einen Verbund aus mindestens 10 Fliesen in dein Heft mit Rechenkästchen (ein Rechenkästchen entspricht 10 cm).

b) Berechne die Fläche einer einzelnen Kachel.

c) Der Händler verkauft die Ware für 45 € pro Quadratmeter. Wie teuer ist eine einzelne Kachel?

d) Ein rechteckiges Zimmer ist 5,50 m lang und 3,50 m breit. Das Zimmer soll gekachelt werden. Welche Fläche hat der Raum?

e) Wie viele dieser Kacheln benötigt man mindestens um den Boden des Zimmers auszulegen? Da man Verschnitt, Bruch usw. berücksichtigen muss, bestellt man üblicherweise 10 % mehr Kacheln.

f) Für das Verlegen berechnet der Handwerker 25 € pro Quadratmeter. Wie teuer werden Kauf und Verlegen der Kacheln?
Auf die Gesamtsumme kommen noch 19 % Mehrwertsteuer.

(Maße in cm)

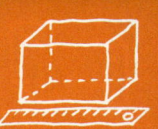

Zusammenfassung

Umfang und Flächeninhalt von Dreiecken

→ Seite 10

Der **Flächeninhalt** eines **Dreiecks** ist die Hälfte des Produktes aus der Grundseite g und der dazugehörigen Höhe h_g.

$$A = \frac{g \cdot h_g}{2}$$
$$A = \frac{6\,m \cdot 3,3\,m}{2}$$
$$= 9,9\,m^2$$

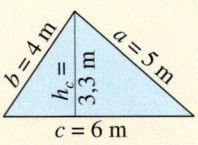

Der **Umfang** eines **Dreiecks** ist die Summe aller Seitenlängen.

$$u = a + b + c$$
$$u = 5\,m + 4\,m + 6\,m$$
$$= 15\,m$$

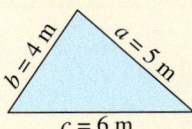

Umfang und Flächeninhalt von Vierecken

→ Seite 14/18

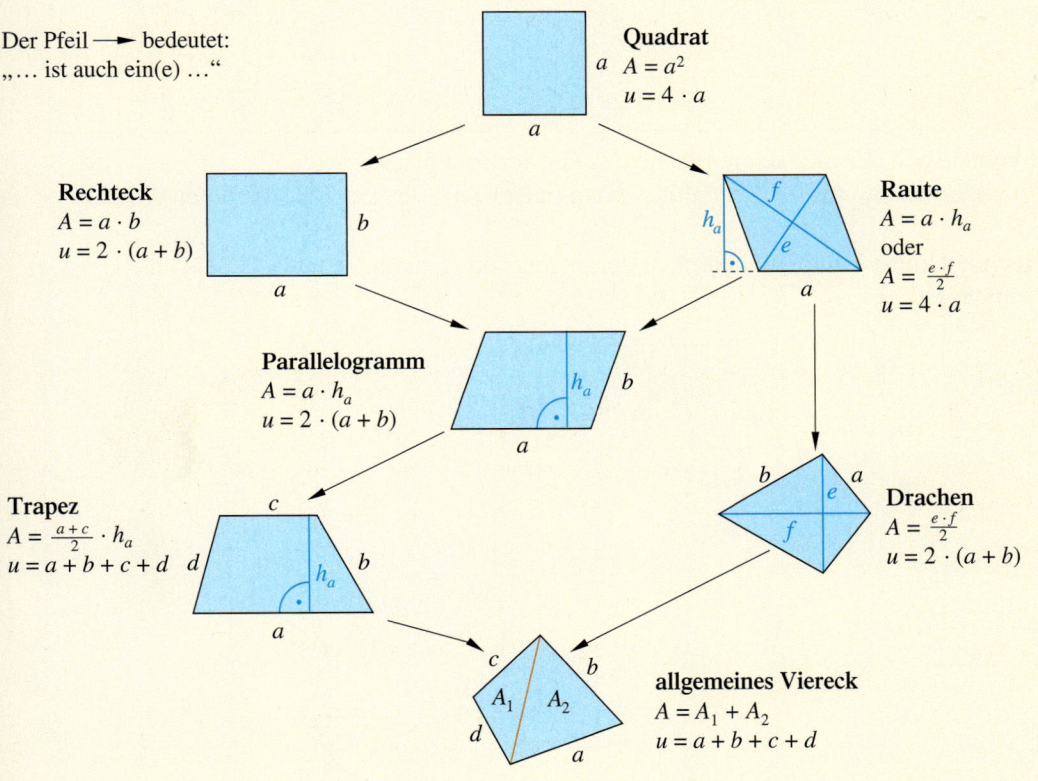

Der Pfeil ⟶ bedeutet: „… ist auch ein(e) …"

Quadrat
$A = a^2$
$u = 4 \cdot a$

Rechteck
$A = a \cdot b$
$u = 2 \cdot (a + b)$

Raute
$A = a \cdot h_a$
oder
$A = \frac{e \cdot f}{2}$
$u = 4 \cdot a$

Parallelogramm
$A = a \cdot h_a$
$u = 2 \cdot (a + b)$

Trapez
$A = \frac{a + c}{2} \cdot h_a$
$u = a + b + c + d$

Drachen
$A = \frac{e \cdot f}{2}$
$u = 2 \cdot (a + b)$

allgemeines Viereck
$A = A_1 + A_2$
$u = a + b + c + d$

Umfang und Flächeninhalt von Kreisen

→ Seite 22

Für jeden Kreis ist das Verhältnis von Umfang zu Durchmesser gleich (konstant). Diese Konstante heißt **Kreiszahl** und wird mit dem griechischen Buchstaben π (**„pi"**) bezeichnet. Als Näherungswert rechnet man mit $\pi \approx 3,14$. Es gilt: $\pi = \frac{u}{d}$
Bei der Arbeit mit dem Taschenrechner wird die π-Taste benutzt.

Für den **Umfang** u eines Kreises gilt:
$u = d \cdot \pi$ bzw. $u = 2 \cdot r \cdot \pi$
Für den **Flächeninhalt** A eines Kreises gilt: $A = r^2 \cdot \pi$

Ein Kreis hat den Radius $r = 4\,m$.
$u = 2 \cdot r \cdot \pi = 2 \cdot 4\,m \cdot 3,14 \approx 25,13\,m$
$A = (4\,m)^2 \cdot \pi = 50,27\,m^2$

Teste dich!

4 Punkte

1 Berechne den Umfang und den Flächeninhalt der Dreiecke. Miss fehlende Längen nach.

a)

2,5 cm 2,0 cm 2,9 cm

b)

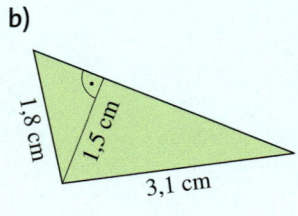

1,8 cm 1,5 cm 3,1 cm

c)

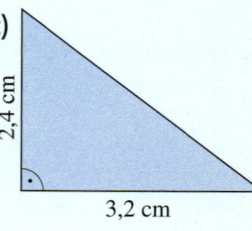

2,4 cm 3,2 cm

d)

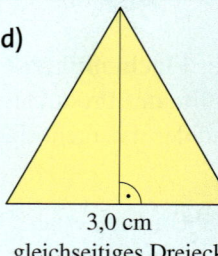

3,0 cm
gleichseitiges Dreieck

2 Punkte

2 In einen gleichschenkligen Dachgiebel soll ein neues Fenster eingesetzt werden.

① 1,9 m 1,5 m 3 m

② 1,4 m 1,8 m 1,1 m 1,6 m

a) Berechne nach der Skizze die Fläche des Fensters in Quadratmeter.
b) Wie viel muss für das Glas bezahlt werden, wenn 1 m² für 95,67 € angeboten wird?

4 Punkte

3 Berechne Umfang und Flächeninhalt der gegebenen Figuren.

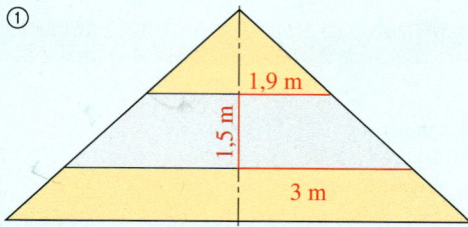

① 3,5 cm 3,7 cm 1,7 cm

② 6,2 cm 3 cm 8,6 cm 2,8 cm

③ 2 cm 2,4 cm 3,4 cm

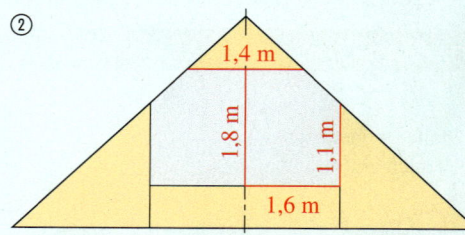

④ 3,3 cm 5 cm 3,5 cm 8 cm

2 Punkte

4 Von einem rechteckigen Grundstück muss im Rahmen einer Baumaßnahme ein dreieckiges Teilstück abgegeben werden. Der Besitzer erhält für jeden Quadratmeter Fläche eine Entschädigung von 153 €. Das verbliebene Grundstück verpachtet der Besitzer ein Jahr lang für 8,50 € pro 100 m² pro Jahr.
a) Wie hoch ist die einmalige Entschädigung?
b) Berechne die Jahrespacht.

53 m 42 m 80 m

3* Punkte
Zusatzpunkte

5 Berechne die jeweils fehlenden Größen r, d, u, A des Kreises.
a) $r = 4,7$ cm   b) $d = 0,8$ m   c) $u = 5$ dm

34

Lineare Gleichungen

Um mit dem Einrad fahren zu können, benötigt man ein gutes Gleichgewicht. In diesem Kapitel geht es um das mathematische Gleichgewicht: Terme in Gleichungen dürfen nur geändert werden, wenn dieses Gleichgewicht bestehen bleibt.

Noch fit?

Einstieg

1 Terme zusammenfassen
Fasse zusammen.
a) $c + c + c + c$
b) $x - x - x + x - x$
c) $p - p + p + p - p + p$
d) $x - x - x - x - x$
e) $n + n + n - n + n + n + n$
f) $-y + y - y + y - y + y + y + y - y$

2 Termwerte bestimmen
Berechne den Wert des Terms für 0 (2 und 5).
a) $3c + 12c + 11c$
b) $6x + 24x + 6x$
c) $22p - 14p + 3p$
d) $13x - 29x + 46$
e) $14n + 8n - n$
f) $y + 19y + 26y - 40y$

3 Lösungen prüfen
Überprüfe die angegebene Lösung. Korrigiere, falls erforderlich.
a) $x + 4 = 13$; $x = 9$
b) $x + 2 = 10$; $x = 3$
c) $x + 5 = 4$; $x = -10$
d) $3x = 12$; $x = 4$
e) $14 + x = 20$; $x = 6$
f) $7x = 70$; $x = 0$
g) $4x + 4 = 12$; $x = 2$

4 Terme zuordnen
Ordne jeweils einen passenden Term zu.
Gib die Bedeutung der Variablen an.
a) Umfang eines Quadrates
b) Flächeninhalt eines Quadrats
c) Umfang eines Rechtecks
d) Flächeninhalt eines Rechtecks
e) Umfang eines gleichseitigen Dreiecks
f) Umfang eines gleichschenkligen Dreiecks

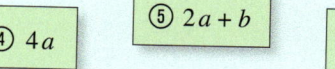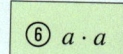

① $a \cdot b$ ② $2a + 2b$ ③ $3a$
④ $4a$ ⑤ $2a + b$ ⑥ $a \cdot a$

5 Kurz und knapp
a) Erkläre die Begriffe Variable, Term und Wert des Terms.
b) Erläutere das Kommutativ-, Assoziativ- und Distributivgesetz jeweils an einem Beispiel.
c) Eine Hose für 60 € wurde auf 51 € reduziert.
   Um wie viel Prozent wurde die Hose reduziert?

Aufstieg

1 Terme zusammenfassen
Fasse zusammen.
a) $c + c + d - c + c + d$
b) $p - p + q + q + p - p + p - q$
c) $x + y + x + x + x - y + z$
d) $-a - c + b - a + c - b - a$
e) $o + n + p - o + n + n + o + p + n - o$
f) $-y + x - y + y - x + y + r + r - y$

2 Termwerte bestimmen
Berechne den Wert des Terms für -3 (0; 11 und 30).
a) $2x$
b) $3y + 5z$; $z = 2$
c) $8r - 4r + 13 - 11$
d) $6x + 5x + 4 + 13 + x$
e) $1{,}5a + \frac{1}{2}a - 5a + a$
f) $20y + 38y - 26y + 35$

3 Gleichungen lösen
Löse die Gleichungen. Überprüfe dein Ergebnis.
a) $2x + 5 = -6x + 5$
b) $3{,}2x + 3 = -3{,}3x + 16$
c) $4x + 7 = -2x - 17$
d) $9x - 3 = -5x - 38$
e) $7x - 3 = -8x + 3$
f) $5x + 11{,}3 = 3x + 15{,}3$
g) $35x + 25 = 47x - 119$

Lösungen ab Seite 182

Gleichungen aufstellen

Entdecken

1 Was haben Vierecke aus Zahnstochern mit Gleichungen zu tun? Findet es heraus.

a) Lege wie im Beispiel aus Zahnstochern ein Viereck. Jede Seite kann aus mehreren Zahnstochern bestehen.
Miss den Umfang des Vierecks.

b) 👥 Arbeitet in Gruppen.
Übertragt die Tabelle ins Heft und füllt die Spalten aus.
Das kleine „z" steht dabei für die Länge eines Zahnstochers: Besteht eine Seite aus zwei Zahnstochern, tragt ihr „2 z" ein, bei 5 Zahnstochern tragt ihr „5 z" ein.

Beispiel
Marcs Viereck hat einen Umfang von 35 cm.
Wie lang ist ein Zahnstocher?

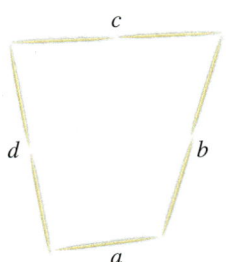

ERINNERE DICH
Den Umfang eines Vielecks berechnest du, indem du alle Seitenlängen addierst.

Name	Seite a		Seite b		Seite c		Seite d		Umfang
Marc	1 Z	+	2 Z	+	2 Z	+	2 Z	=	35 cm
...									

c) Legt auch andere Vielecke aus Zahnstochern und fertigt dafür eine Tabelle wie oben an.

2 Bei einem Spiel werden weiße, rote, grüne und blaue Spielchips verwendet.
Die weißen Chips können in die anderen Farben umgetauscht werden. Jede Farbe hat einen anderen Wert.
Thorben, René und Britta erhalten jeder 23 weiße Chips und tauschen sie gegen andere ein.

23 Chips zu Beginn   Thorben tauscht so: René tauscht so: Britta tauscht so:

a) Welche Farbe hat den größten „Wert"? Begründe deine Antwort.
b) Finde heraus, wie viele weiße Chips du jeweils für einen roten, einen grünen bzw. einen blauen Chip erhälst. Erkläre, wie du dabei vorgegangen bist.
c) Die farbigen Chips können wieder in weiße Chips zurückgetauscht werden.
Miray tauscht einen roten, zwei grüne und drei blaue Chips ein.
Wie viele weiße Chips bekommt sie dafür?

3 Auf einer Balkenwaage ist Ben zusammen mit dem Ziegelstein genauso schwer wie Bea (56 kg) und Malte (72 kg) zusammen.
a) Finde heraus, wie viel Kilogramm Ben wiegt.
b) Wie schwer müsste der Stein sein, wenn du an Bens Stelle wärst?

Verstehen

Wollen wir das neue PC-Spiel kaufen?

Hmm … 49 EURO. Jeder zahlt den gleichen Anteil.

Okay. Mein Opa legt 10-€ dazu

ERINNERE DICH
Terme bestehen aus Variablen und Zahlen (und Rechenzeichen). Wird für die Variable eine Zahl eingesetzt, kann der Wert des Terms bestimmt werden.

Drei Freunde wollen sich zusammen ein PC-Spiel kaufen. Welchen Anteil muss jeder der Freunde bezahlen?

Zum Lösen stellt man einen Term auf. Der Term setzt sich aus einem *festen Wert* (hier: 10 € vom Opa) und einem *variablen Wert x* (hier: dreimal der gesuchte Anteil in Euro) zusammen:

$3x + 10$

Durch Ausprobieren kann die Lösung bestimmt werden. Dazu werden verschiedene Zahlen für x eingesetzt.

Beispiel 1

Wert für x	Term	Wert des Terms
$x = 1$	$3 \cdot 1 + 10$	13
$x = 2$	$3 \cdot 2 + 10$	16
$x = 3$	$3 \cdot 3 + 10$	19
$x = 4$	$3 \cdot 4 + 10$	22
$x = \ldots$		

Die Aufgabe ist gelöst, wenn der Term $3x + 10$ den Wert 49 annimmt.
Dazu wird eine Gleichung aufgestellt: $3x + 10 = 49$.

> **Merke** Eine **Gleichung** verbindet zwei Terme (Rechenausdrücke) durch ein Gleichheitszeichen „=".

Beispiel 2

$b = b$; $4 = 4$; $\frac{8}{2} = 4$; $12 = 3v$; $3x^2 - 5 = 7$
$45 - a = 23 + a$; $p - 5q + 12 = 2(3p + q)$

HINWEIS
*Gleichungen, in denen keine Variablen vorkommen, sind entweder wahre oder falsche **Aussagen**.*

Durch weiteres systematisches Probieren werden für die Variable x weitere Zahlen eingesetzt und der Wert der Terme bestimmt. Haben die Terme auf beiden Seiten der Gleichung den gleichen Wert, so ergibt sich eine **wahre Aussage**. Sind die Werte verschieden, so ergibt sich eine **falsche Aussage**.

> **Merke** Eine Zahl heißt **Lösung** einer Gleichung, wenn beim Einsetzen der Zahl in die Gleichung eine wahre Aussage entsteht. Eine Gleichung hat eine, mehrere oder keine Lösungen.

Beispiel 3

Die Gleichung $3x + 10 = 49$ kann zu einer wahren oder einer falschen Aussage führen.

Für $x = 10$ ergibt sich eine falsche Aussage:
$3 \cdot 10 + 10 = 49$
$\quad 30 + 10 = 49$
$\qquad 40 = 49$ *f. A.*
10 ist nicht Lösung der Gleichung.

Für $x = 13$ ergibt sich eine wahre Aussage:
$3 \cdot 13 + 10 = 49$
$\quad 39 + 10 = 49$
$\qquad 49 = 49$ *w. A.*
13 ist Lösung der Gleichung.

Jeder der Freunde muss also 13 € bezahlen, damit sie sich das Spiel kaufen können.

Üben und anwenden

1 Entscheide, ob es sich um Gleichungen handelt oder nicht. Begründe deine Antwort.

a) $3x - 8 = 45$ **b)** $45y = 3x + 4$ **c)** $20x + 15y - 10z$ **d)** $6 = 6$

e) $30 - u = 20 - v$ **f)** $w = a = b$ **g)** $u + v = 23 + 12$ **h)** $27 = 12$

2 Übertrage die Tabelle ins Heft.
Setze für die Variable den gegebenen Wert ein und überprüfe wie im Beispiel, ob die Aussage wahr oder falsch ist.

x	$x + 2 = 4$	$x + 5 = 7$	$x - 2 = 2$
0	$2 = 4$ *f. A.*		
1			
2			
3			
4			

2 Übertrage die Tabelle ins Heft.
Setze für die Variable den gegebenen Wert ein und überprüfe wie im Beispiel, ob die Aussage wahr oder falsch ist.

x	$3 \cdot x + 6 = 9$	$2 \cdot x + 5 = 9$	$x : 2 = 2$
0	$6 = 9$ *f. A.*		
1			
2			
3			
4			

ZUM WEITERARBEITEN
Untersuche, wie sich der Wert des Terms beim Einsetzen unterschiedlicher Werte für die Variable ändert. Erkennst du eine Regelmäßigkeit?

3 Geldgeschenke zur Konfirmation

a) Zur Konfirmation hat sich Daniel Geld für einen neuen Computer gewünscht. Er hat insgesamt 275 € in Scheinen bekommen: Zwei 100-€-Scheine und mehrere 5-€-Scheine. Stelle eine Gleichung auf. Bezeichne die Anzahl der 5-€-Scheine mit x.
Wie viele 5-€-Scheine hat Daniel erhalten?

b) Birte hat 190 € bekommen. Sie erhielt drei 50-€-Scheine und mehrere 10-€-Scheine. Stelle die zugehörige Gleichung auf.

c) René hat ebenfalls Geld geschenkt bekommen. Mit der Gleichung $210 = 100 + x \cdot 10$ findest du heraus, wie viel Geld er in welchen Scheinen erhalten hat.

4 Gerrit hat verschiedene Beträge mit folgenden Cent-Münzen bezahlt.

Welche Münzen hat er verwendet?
Die Variable m steht für den Wert der Münzen.
Setze für m verschiedene Werte ein, bis du eine wahre Aussage erhältst.

a) $5m = 25\,\text{ct}$

b) $12m + 6\,\text{ct} = 30\,\text{ct}$

c) $5m + 10\,\text{ct} = 6m$

d) $40\,\text{ct} - 5m = 30\,\text{ct}$

e) $3m + 38\,\text{ct} + 9m = 50\,\text{ct}$

f) $5\,€ - 20m = 3\,€$

4 Pia bezahlt an der Kasse mit folgenden Cent-Münzen und Euro-Münzen.
Die Variable m steht jeweils für den Wert der Münzen.

Welche Münzen verwendet sie?
Löse durch systematisches Probieren.

a) $6{,}50\,€ + 5m = 9\,€$

b) $3m + 4\,€ = 10\,€$

c) $7m + 60\,\text{ct} = 2\,€$

d) $2 \cdot (5\,€ + 5m) = 30\,€$

e) $3m + 80\,\text{ct} + 15\,€ + 5m = 23{,}80\,€$

f) $3 \cdot (5\,€ + m + 20\,\text{ct}) + 19\,\text{ct} = 21{,}79\,€$

5 Prüfe, ob du für die angegebene Zahl eine wahre oder eine falsche Aussage erhältst.
Beispiel $x + 3 = -5$ $x = 8$
                $8 + 3 = -5$ *f. A.*

a) $3a + 5 = 7$ $a = 4$
b) $b + 3 = b - 2$ $b = 1$
c) $2c + 10 = 10 - 2c$ $c = 2$
d) $2(d + 7) = 20$ $d = 3$
e) $5(e - 0,5) = 0$ $e = 0,5$

5 Prüfe, ob die angegebene Zahl oder ihre Gegenzahl Lösung der Gleichung ist.
Beispiel $x + 3 = -5$ $x = 8$
                $8 + 3 = -5$ *f. A.* und $-8 + 3 = -5$ *w. A.*

a) $3(a + 5) = 9$ $a = 2$
b) $-2(b + 2) = b - 13$ $b = 3$
c) $3c - 4 = -7,3$ $c = 1,1$
d) $1 - 2d = 35$ $d = 17$
e) $-5(e + 1,5) = 0$ $e = 1,5$

6 Vereinfache die Gleichung. Finde danach durch Probieren heraus, für welche ganze Zahl du eine wahre Aussage erhältst.

a) $3a - 2a = 4$
b) $10b + 3 - 9b = 23$
c) $2c + 10 + 3c - 6 + c - 2 - 5c = 10$
d) $3d + 5d = 56$
e) $2e - 5e + 7 + 3e - 5 = e$

6 Vereinfache die Gleichung. Finde durch Probieren die Lösung der Gleichung. Welche ganze Zahl erhältst du?

a) $a + 5 + 6a - 7 - 5a + 2 = 40$
b) $3(b + 4) - 12 = 9$
c) $-2(3c + 1) + 7c = 18$
d) $\frac{4}{3}d + \frac{5}{3}d = 24$
e) $\frac{7}{9}e + 10 - \frac{1}{9}e - 8 - \frac{2}{3}e = +\frac{5}{3}e$

HINWEIS
*Beim **Rückwärts-rechnen** geht man von einem Ergebnis aus und schließt auf den Ausgangswert.*

7 👥 Arbeitet zu zweit.
Carina war auf den Husumer Hafentagen. Auf dem Heimweg hat sie 6,50 € übrig. Sie überlegt, was sie alles unternommen hat:

Zuletzt war sie auf dem Ketten-karussel. Die Fahrt kostete 3 €.

Davor hat sie sich 2 Crêpes für je 2,50 € gekauft.

Gleich zu Beginn ist sie mit der Achterbahn gefahren.

Carina ist mit 20 € auf die Hafentage gefahren.
a) Wie teuer war die Achterbahnfahrt? Rechne rückwärts.
b) Beschreibe, wie du beim Rückwärtsrechnen vorgegangen bist.
c) Stellt euch gegenseitig ähnliche Aufgaben und löst sie durch Rückwärtsrechnen.

8 Schreibe als Gleichung. Rechne rückwärts.
a) Henning hat nach seinem Einkauf noch genau 2 € übrig.
   Er hat drei Schokoriegel für je 1 € und eine Tüte Chips für 2 € gekauft.
   Wie viel Geld hatte er vor dem Einkauf?
b) Meike erhält 5,50 € Restgeld an der Super-marktkasse.
   Sie hat ein Brot für 2,50 €, zwei Joghurts für je 0,50 € und Kaugummis für 1 € gekauft.
   Mit welchem Schein hat sie bezahlt?
c) Karim hat auf seiner Gutscheinkarte einen Restbetrag von 8,07 €. Er hat sieben Songs über das Internet gekauft. Die Gutschein-karte hatte ursprünglich einen Wert von 15 €. Wie teuer war ein Song?

8 Schreibe die Aufgabe als Gleichung und löse durch Rückwärtsrechnen.
a) Sarah und ihre Schwester kommen mit 1,80 € aus dem Freibad.
   Sie haben je 4,40 € Eintritt bezahlt.
   Ihr Eis hat 2,30 € und 2,10 € gekostet.
   Wie viel Geld hatten sie vorher?
b) Jan hat auf seiner Prepaid-Karte noch 10,35 €. Er hat 27 Minuten zu 10 ct pro Minute telefoniert und 13 SMS geschrie-ben. Die Karte hatte einen Wert von 15 €. Wie teuer ist eine SMS?
c) Muriel hat 360 g Mehl übrig.
   Sie hat für ihren Geburtstag gebacken: einen Kuchen (400 g Mehl) und 16 Muf-fins. Sie hatte 1 kg Mehl. Wie viele Muffins kann sie mit dem restlichen Mehl backen?

Gleichungen lösen

Entdecken

1 Die 8. Jahrgangsstufe der Buchter Oberschule hat insgesamt 81 Jugendliche. Für eine Fahrt nach London sollen Busse gemietet werden. Es fahren auch noch 6 Lehrer mit.

1. Möglichkeit (90 Sitzplätze)

1 Doppeldeckerbus,
1 Kleinbus

2. Möglichkeit (90 Sitzplätze)

3 Kleinbusse

a) Jule und Tim überlegen, ob es noch andere Möglichkeiten gibt, jeweils gleich viele Personen zu transportieren. Sind ihre Lösungen richtig? Begründe deine Antwort.

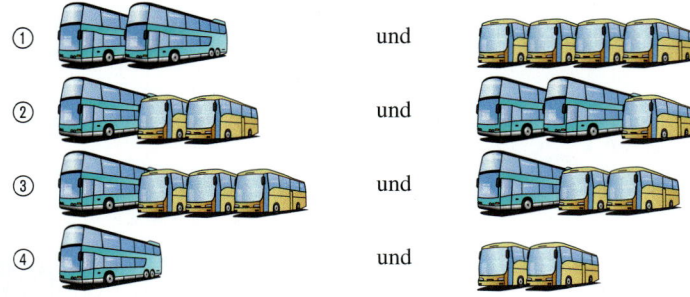

① und
② und
③ und
④ und

b) Finde weitere Möglichkeiten.

2 👥 Arbeitet zu zweit.
Von 1949 bis 1990 war Deutschland in die beiden Staaten BRD und DDR geteilt.
Damals gab es zwei verschiedene Währungen mit einem festen Wechselkurs.
Folgende Münzbeträge hatten im Juni 1990 den gleichen Wert:

Zu welchem Wechselkurs konnte man 1990 eine Deutsche Mark aus der BRD in Mark der DDR umtauschen? Erklärt, wie ihr dabei vorgeht.

3 👥 Arbeitet in Gruppen.
Die Balkenwaage ist im Gleichgewicht, wenn das Gewicht auf der linken Schale genauso groß ist wie das Gewicht auf der rechten Schale.
Stellt euch vor, so viele Pakete und Kugeln wie möglich auf die Waage zu legen.
Die Waage muss im Gleichgewicht bleiben.
Erklärt euer Vorgehen.

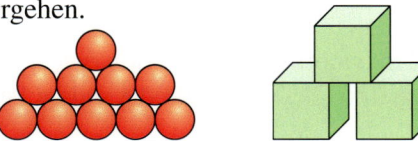 

Verstehen

Bisher wurden Gleichungen durch systematisches Probieren oder Rückwärtsrechnen gelöst. Es gibt aber auch eine rechnerische Methode zum Lösen von Gleichungen.

Beispiel 1

Die Balkenwaage ist im Gleichgewicht. Sie ist mit Gewichten und jeweils gleich schweren Paketen beladen. Die Waage bleibt im Gleichgewicht, wenn man auf beiden Seiten gleich schwere Dinge dazulegt oder wegnimmt. Gesucht ist das Gewicht von einem Paket.

Handlung	Darstellung am Modell	Gleichung
von beiden Seiten 10 g wegnehmen	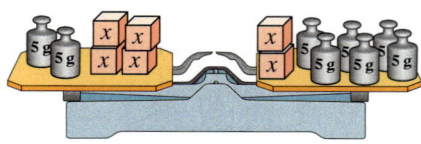	$10 + 4x = 2x + 30$ Rechenoperation: -10 $10 - 10 + 4x = 2x + 30 - 10$
auf beiden Seiten 2 Pakete wegnehmen	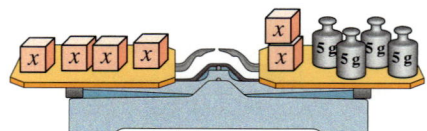	$4x = 2x + 20$ Rechenoperation: $-2x$ $4x - 2x = 2x - 2x + 20$
auf beiden Seiten das Gewicht halbieren	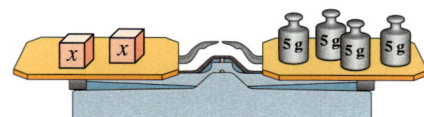	$2x = 20$ Rechenoperation: $:2$ $\frac{2x}{2} = \frac{20}{2}$
Ein Paket wiegt 10 g.	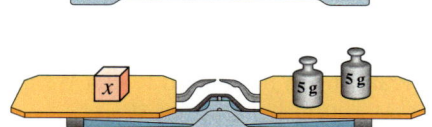	$x = 10$ Probe $10 + 4 \cdot 10 = 2 \cdot 10 + 30$ *w. A.*

TIPP

*Überprüfe mithilfe der **Probe**, ob deine Lösung zu einer wahren Aussage führt.*

HINWEIS

Beim Umformen von Gleichungen notiert man die durchgeführten Äquivalenzumformungen hinter einem senkrechten Strich.

Merke Eine Gleichung kann man umformen, indem man **auf beiden Seiten**
– den gleichen Term addiert,
– den gleichen Term subtrahiert,
– mit dem gleichen Term ($\neq 0$) multipliziert,
– durch den gleichen Term ($\neq 0$) dividiert.
Diese Umformungen heißen **Äquivalenzumformungen**.
Die Lösung der Gleichung wird durch eine Äquivalenzumformung nicht geändert.

Beispiel 2

$$4z - 8 = 2{,}5z + 10 \qquad |+8$$
$$4z - 8 + 8 = 2{,}5z + 10 + 8$$
$$4z = 2{,}5z + 18 \qquad |-2{,}5z$$
$$4z - 2{,}5z = 2{,}5z - 2{,}5z + 18 \qquad |$$
$$1{,}5z = 18 \qquad |\cdot 2$$
$$1{,}5z \cdot 2 = 18 \cdot 2$$
$$3z = 36 \qquad |:3$$
$$\frac{3z}{3} = \frac{36}{3}$$
$$z = 12$$

Probe $4 \cdot 12 - 8 = 2{,}5 \cdot 12 + 10$ *w. A.*

Auf der Waage wurde so umsortiert, dass auf einer Schale ein Paket liegt und auf der anderen Schale die Gewichte. Somit konnte die Lösung direkt abgelesen werden.

Merke Eine Gleichung kann durch Äquivalenzumformungen gelöst werden, indem man alle Variablen auf eine Seite der Gleichung bringt und alle Zahlen auf die andere Seite.

Üben und anwenden

1 Notiere zu jeder Waage die zugehörige Gleichung.
Welche Äquivalenzumformungen wurden zwischen den einzelnen Schritten durchgeführt? Beschreibe genau.

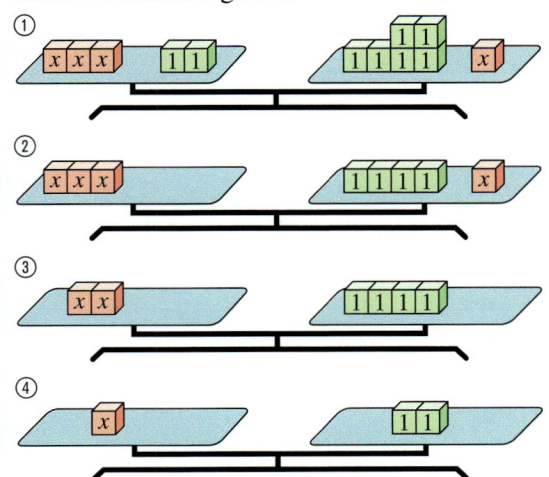

1 Notiere zu jeder Waage die zugehörige Gleichung.
Finde heraus, welche Äquivalenzumformung zwischen den einzelnen Schritten durchgeführt wurden.

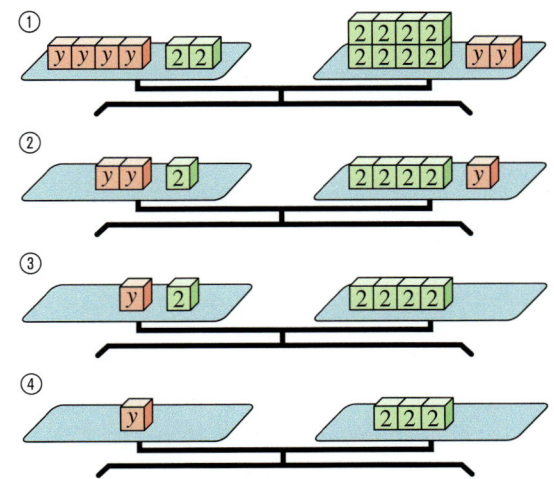

2 Löse die Gleichung. Die erste Äquivalenzumformung ist bereits angegeben.

a) $6 = 2a + 4$ $\quad | -4$
b) $3b - 5 = 10$ $\quad | +5$
c) $2c - 12 = 5c$ $\quad | -2c$
d) $5 - d = 9d$ $\quad | +d$
e) $4e = 24$ $\quad | : 4$
f) $0{,}5f = 7$ $\quad | \cdot 2$
g) $3g + 12 = 21$ $\quad | -12$
h) $0{,}2h + 3 = 1$ $\quad | -3$

2 Finde die Lösung der Gleichung. Kontrolliere deine Lösung mithilfe der Probe.

a) $2a + 3{,}5 = a - 6{,}5$ $\quad | -3{,}5$
b) $7b - 3 = 6b - 1{,}7$ $\quad | +1{,}7$
c) $1{,}5c + 7 = -5{,}5c + 3$ $\quad | -1{,}5c$
d) $-4d + 3 = -2d + 9$ $\quad | +4d$
e) $12(e + 2) = 6(3e - 1)$ $\quad | : 6$
f) $0{,}2f + 0{,}4 = 0{,}5f - 0{,}1$ $\quad | -0{,}2f$
g) $64g - 48 = 8g + 8$ $\quad | -8g$
h) $\frac{3}{4}h + 2 = \frac{1}{2} + h$ $\quad | \cdot 4$

3 Löse die Gleichungen.
Führe anschließend die Probe durch.

a) $4 = 2a - 8$ b) $b + 7 = 23$
c) $5c + 10 = 25$ d) $3d + 9 = 18$
e) $7 = 24 + e$ f) $25 = 0{,}5f + 5$
g) $4(5 - g) = 6g$ h) $0{,}5(2 + h) = 5$

3 Löse die Gleichungen.
Führe anschließend die Probe durch.

a) $-3 + a = 3{,}5a - 8$ b) $2b - 7{,}5 = 8{,}5 + b$
c) $1{,}5c + 10 = 25$ d) $4d + 9 = 34 - d$
e) $-2e + 7 = 24 - e$ f) $25 = 0{,}5(f + 2{,}5)$
g) $10 - 2g = 18g$ h) $4 + 0{,}5h = -6$

LÖSUNGEN ZU 3
Zwei Lösungen bleiben übrig. Finde dazu eine passende Gleichung.
40; 6; −3; 16; 8; 3; −17; 3; 2; 0

4 Schreibe als Gleichung.
Notiere jeweils die zugehörige Äquivalenzumformung.

a) Auf einer Waage im Gleichgewicht liegen links zwei gleich große Stücke Käse und 100 g. Rechts liegen 500 g. Man nimmt auf beiden Seiten 100 g weg. Dann halbiert man das Gewicht auf beiden Seiten.

b) Auf der Waage im Gleichgewicht liegen links zwei 2-€-Münzen und 35 g. Rechts liegen vier 2-€-Münzen und 18 g. Man nimmt auf beiden Seiten erst 18 g und danach zwei 2-€-Münzen weg. Dann halbiert man das Gewicht auf beiden Seiten.

5 Welche Äquivalenzumformungen wurden jeweils durchgeführt?

a) $25a - 45 = 10a + 5 \mid$ ▦
$$5a - 9 = 2a + 1$$

b) $3x - 5 = 4 + x \mid$ ▦
$$9x - 15 = 12 + 3x$$

c) $-3e + 15 = 2e - 9 \mid$ ▦
$$-3e + 24 = 2e$$

5 Forme die Gleichung um, bis du die Lösung direkt ablesen kannst.

a) $2 \cdot (p + 45) = 40 - 4p \mid$ ▦
$$p + 45 = 20 - 2p$$

b) $3,5d - 5 = 1,5d + 5 \mid$ ▦
$$2d - 5 = 5$$

c) $0,5s - 5 = 4s + 2,5 \mid$ ▦
$$-5 = 3,5s + 2,5$$

HINWEIS
Wenn beim Vereinfachen einer Gleichung auf beiden Seiten des Gleichheitszeichens derselbe Term steht, dann ist die Gleichung für alle x erfüllt.
Beispiel:
2x + 3 = 2x + 3

6 Vereinfache die Gleichungen.
Löse mithilfe von Äquivalenzumformungen.

a) $2 + 2a + 4 - a = 2 \cdot (a + 2)$

b) $b - 10 + 2b = 6 + 5b - 16 - 2b$

c) $3c + 6 - 2c = 4 + 5 \cdot (2 + c) + 4c$

d) $d - 1,5 + 2d = 2d - (3 + d) - d + 3$

6 Bestimme jeweils die Lösung der Gleichungen.

a) $0,1a + 9 + a - 11 = 1,3a + 9 - 0,3a - 10$

b) $5 \cdot (b + 2) - 9 - 10b = 0,3 \cdot (1,4b - 1,4b)$

c) $0,1 \cdot (109 + 11c) = 0,1 \cdot (-3c + 6 + 4c - 7)$

d) $\frac{3}{8}d + \frac{3}{4} - \frac{1}{4}d = 5 \cdot \left(\frac{1}{8}d + \frac{1}{4}\right) + \frac{1}{2}(1 + d)$

7 👥 Arbeitet zu zweit.
Mit Äquivalenzumformungen kann man Aufgaben erfinden.
1. Sucht euch jeweils sechs Gleichungen aus.
2. Verändert die einfachen Gleichungen mithilfe von Äquivalenzumformungen so, dass man den Wert der Variablen nicht mehr erkennen kann.
3. Tauscht die veränderten Gleichungen untereinander aus.
4. Lass die Gleichungen von deinem Partner oder deiner Partnerin lösen.

$x = 7$	$x = -2$	$x = 5$	$x = 0$	$-10 = x$	$x = 0,2$

$x = -1$	$x = -\frac{2}{5}$	$1,5 = x$	$x = 12$	$\frac{1}{3} = x$	$-0,5 = x$

8 Welche Gleichung ist durch Äquivalenzumformungen aus der Gleichung $4x - 6 = 10$ entstanden?
Erkläre deine Umformungen.

a) $8x - 6 = 10$ b) $4x = 4 - 4x$
c) $-6 = 10 - 4x$ d) $-6 = 10 - 8x$
e) $8x - 12 = 10 - 4x$ f) $x = 4$
g) $2 \cdot (4x - 6) = 2 \cdot (5 - 2x)$

8 Welche Gleichung hat dieselbe Lösung wie $5x - 6 = -10x - 3$?
Prüfe mithilfe von Äquivalenzumformungen.
Beschreibe dein Vorgehen.

a) $10x - 12 = 20x - 6$ b) $15x = 3$
c) $7x - 7 = -8x - 4$ d) $5x = 3 - 10x$
e) $5x = 10x - 3$ f) $x = 0,2$
g) $-5x - 1,5 = 2,5x - 3$

9 Alina, Benjamin, Chantal und Denzil haben an der Tafel Aufgaben gerechnet.
Prüfe, ob sie alles richtig gemacht haben, und korrigiere falls nötig.
Schreibe bei jedem Fehler auf, was falsch gemacht wurde.

Alina	Benjamin	Chantal	Denzil
$3x + 5 = 5x - 3 \mid -5$	$6 - 2 \cdot (y + 5) = 6 + 6y \mid -6$	$3(z - 7) = -z + 9 \mid -9$	$0,5(v - 8) = 5v + 4$
$3x = x - 3 \mid -x$	$2 \cdot (y + 5) = 6y$	$3z - 21 - 9 = -z \mid -3z$	$0,5v - 4 = 5v + 4 \mid -4$
$2x = 1 - 3$	$2y + 5 = 6y \mid -2y$	$-21 - 9 = -z - 3z$	$0,5v - 4 = 5v \mid -0,5v$
$2x = -2 \mid : 2$	$5 = 4y \mid : 4$	$-30 = -4z \mid : (-4)$	$4 = 5v \mid : 5$
$x = 1$	$1,25 = y$	$-34 = z$	$0,8 = v$

Sachaufgaben systematisch lösen

Entdecken

1 Im Technikunterricht wurden für die Herstellung von Fensterbildern aus je einem Stück Schweißdraht geometrische Figuren gebogen. Jeder Schweißdrahtstab ist 600 mm lang.

Meike, Henning und Doro unterhalten sich über ihre Ergebnisse:

Meike: „Mein Rechteck ist doppelt so breit wie hoch."

Henning: „Ich habe ein gleichschenkliges Dreieck gebogen.
        Die Grundseite ist 120 mm lang."

Doro: „Meine Figur ist ein Parallelogramm.
        Die Seitenlängen unterscheiden sich um 30 mm."

Finde heraus, welche Maße die Figuren haben. Gibt es mehrere Möglichkeiten?

2 👥 Bearbeitet die Aufgaben in Gruppen.

①
$V = 70\,l$
$x + 5$
$x + 5$
x

② Lisa biegt ein gleichschenkliges Dreieck aus 70 cm Draht. Die beiden Schenkel sind 5 cm länger als die Basis.

③ Christians Opa wird 70 Jahre alt. Bei Christians Geburt war er doppelt so alt, wie Christian heute ist.

$$2 \cdot (x + 5) = 70 - x$$

④ Tim fährt $5\,\frac{km}{h}$ schneller als Bibi. Nach 70 Minuten ist er doppelt so weit gefahren wie Bibi.

⑤ Frau Mühl und Herr Mei machen eine 70 km lange Wanderung. Frau Mühl legt pro Tag 5 km mehr zurück als Herr Mei. Nach zwei Tagen hat Frau Mühl noch so viel zu laufen, wie Herr Mei an einem Tag wandert.

⑥ Ein T-Shirt ist 5 € teurer als ein Schal. Marga hat 70 €. Nachdem sie zwei T-Shirts gekauft hat, bleibt noch genau so viel übrig, dass sie einen Schal kaufen kann.

⑦ Man erhält das gleiche Ergebnis, wenn man von 70 eine Zahl abzieht oder wenn man die um fünf vermehrte Zahl verdoppelt.

a) Welche Aufgaben können mithilfe der Gleichung $2 \cdot (x + 5) = 70 - x$ gelöst werden?

b) Schreibt zu drei Aufgaben aus a) auf, wofür die Variable x steht.

c) Was ändert sich bei ①, wenn die Gleichung $3 \cdot (x + 5) = 70 - x$ heißt?
Untersucht, wie sich weitere Änderungen auswirken.

3 Opa Karl-Heinz verspricht seinem Enkelsohn Maurice, ihm für jede richtig gelöste Mathematikaufgabe 50 Cent für die Spardose zu geben. Allerdings muss Maurice für jede fehlerhafte Aufgabe 30 Cent zurückzahlen.
Nachdem Maurice 25 Aufgaben gelöst hat, erhält er von seinem Opa 3,70 € für die Spardose.

a) Wie viele Aufgaben hat Maurice richtig gerechnet?
Finde die Lösung z. B. durch Probieren.

b) 👥 Erfinde eine ähnliche Aufgabe und löse sie.
Tausche deine Aufgabe ohne Lösung mit einer Partnerin oder einem Partner. Kontrolliert euch gegenseitig.

Verstehen

In der Tageszeitung findet Denzil dieses Preisrätsel:

Preisfrage:
Herr Ott ist heute 4-mal so alt wie seine Enkelin Sarah. Vor 10 Jahren war er sogar 10-mal so alt wie sie. Wie alt sind Sarah und ihr Großvater?

Gemeinsam mit Aika löst Denzil die Aufgabe Schritt für Schritt.

	Sachproblem	**Mathematik**
1. Variable festlegen	Die Informationen in der Aufgabe beziehen sich alle auf das Alter von Sarah heute. Also wird für ihr Alter die Variable festgelegt. Alter von Sarah heute: x	Zuerst legen wir x fest… 
2. Terme bilden	Ausgehend von der festgelegten Variable x ergeben sich aus dem Rätseltext folgende Terme: Alter von Herrn Ott heute: $4x$ Alter von Herrn Ott vor 10 Jahren: $4x - 10$ Alter von Sarah vor 10 Jahren: $x - 10$	
3. Gleichung aufstellen	Herr Ott war vor 10 Jahren 10-mal so alt wie Sarah:	$4x - 10 = 10 \cdot (x - 10)$
4. Gleichung lösen	 … jetzt wird mithilfe von Äquivalenzumformungen nach x aufgelöst.	$4x - 10 = 10 \cdot (x - 10)$ $4x - 10 = 10x - 100 \mid + 100$ $4x - 10 + 100 = 10x - 100 + 100$ $4x + 90 = 10x \mid - 4x$ $4x - 4x + 90 = 10x - 4x$ $90 = 6x \mid : 6$ $\frac{90}{6} = \frac{6}{6}x$ $15 = x$
5. Lösung prüfen	**Probe** am Sachproblem Sarahs Alter heute: 15 Jahre Sarahs Alter vor 10 Jahren: 5 Jahre Herrn Otts Alter heute: 60 Jahre Herrn Otts Alter vor 10 Jahren: 50 Jahre Herr Ott war also 10-mal so alt wie Sarah.	**Probe** durch Einsetzen $4 \cdot 15 - 10 = 10 \cdot (15 - 10)$ $60 - 10 = 10 \cdot 5$ $50 = 50$ $w. A.$
6. Antwort formulieren	Sarah ist heute 15 Jahre alt und ihr Großvater ist 60 Jahre alt.	

Merke Sachprobleme kann man mit dem **Sechs-Schritte-Verfahren** nach folgender Reihenfolge lösen:

1. Variable festlegen
2. Terme bilden
3. Gleichung aufstellen
4. Gleichung lösen
5. Lösung prüfen
6. Antwort formulieren

Üben und anwenden

1 Ordne jeder Aussage einen passenden Term zu. Denke dir zu zwei übrigen Termen eine Aussage aus.
a) die 3-fache Menge
b) Die Fläche wird um 40 m² kleiner.
c) Die Länge halbiert sich.
d) Julia ist 12 Jahre älter.
e) Der doppelte Preis wird um 3 € reduziert.
f) Zur halben Anzahl kommen 5 dazu.

1 Ordne den Aussagen einen passenden Term zu. Denke dir zu den übrigen Termen eine Realsituation aus.
a) vor 40 Jahren
b) Ein Drittel der Fläche wächst um 4 m².
c) Die 5 m längere Strecke wird halbiert.
d) Der 5-fache Preis wird um 3 € verringert.
e) Addiere zum Doppelten der um 5 vergrößerten Zahl noch 5 hinzu.

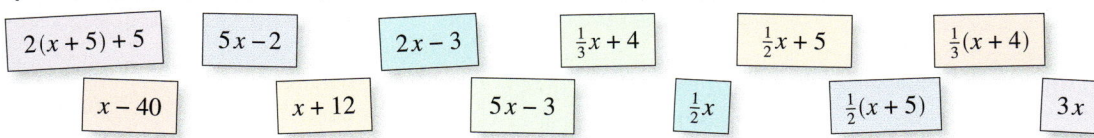
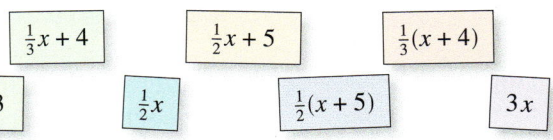

$2(x+5)+5$ $5x-2$ $2x-3$ $\frac{1}{3}x+4$ $\frac{1}{2}x+5$ $\frac{1}{3}(x+4)$
$x-40$ $x+12$ $5x-3$ $\frac{1}{2}x$ $\frac{1}{2}(x+5)$ $3x$

2 Erkläre, wofür die Variable steht. Stelle eine Frage und beantworte sie.
a) Alter von Kims Schwester: $a+2$
Kims Schwester ist 17 Jahre alt.
b) Alter von Lisas Bruder: $b-3$
Lisas Bruder ist 11 Jahre alt.
c) Alter von Mikes Mutter: $4c-5$
Mike ist 31 Jahre jünger als seine Mutter.
d) Alter von Noras Vater: $3d+11$
Noras Vater ist 4-mal so alt wie Nora.

2 Wofür steht jeweils die Variable? Stelle eine Frage und beantworte sie.
a) Alter von Karims Schwester: $a+2{,}5$
Karims Schwester ist 18 Jahre alt.
b) Alter von Leos Bruder: $\frac{1}{2}b-3{,}5$
Leos Bruder ist 4,5 Jahre alt.
c) Alter von Mias Mutter: $4(c-1)$
Mia ist 35 Jahre jünger als ihre Mutter.
d) Alter von Nikos Vater: $2\cdot(d+15)$
Nikos Vater ist 5-mal so alt wie Nikos.

3 Finde zu den Gleichungen die passende Aussage.
Löse die Gleichung.
Überprüfe dein Ergebnis mit einer Probe und formuliere einen Antwortsatz.

① $3x+0{,}2=5$ ② $x=5\cdot70$
③ $3x+5=20$ ④ $5x=70$

a) 5 Eintrittskarten kosten 70 €.
Wie viel kostet eine Eintrittskarte?
b) Julia kauft 3 kg Mehl. Sie bezahlt mit 5 € und erhält 20 ct Wechselgeld.
Wie viel kostet 1 kg Mehl?
c) Tarek transportiert in 5 Fuhren jeweils 70 kg Kies.
Wie viel Kies transportiert er insgesamt?
d) Drei Eimer Farbe und 5 kg Gips wiegen zusammen 20 kg.
Wie viel wiegt ein Eimer Farbe?

3 Ordne jeder Gleichung die passende Aussage zu. Stelle eine Frage und gib jeweils die Lösung an.

① $x+58=2x-5$ ② $\frac{1}{3}x=2-x$
③ $2(x+5)=58$ ④ $\frac{1}{3}(x+2)=x$

a) Das PC-Spiel kostet 58 €.
Die Zwillinge Kai und Uwe müssen je 5 € zu ihrem Taschengeld dazulegen.
b) Chris hat ein Drittel der Kekse aufgegessen. Es sind nur noch zwei Kekse übrig.
c) Julia kommt auf ihrem 2 km langen Schulweg am Park vorbei. Danach muss sie noch $\frac{1}{3}$ der Strecke zurücklegen, die sie bis dahin schon gelaufen ist.
d) Jason macht auf dem Heimweg insgesamt 58 Minuten Pause.
Damit ist er 5 Minuten weniger als das Doppelte der normalen Zeit unterwegs.

4 Löse die drei Textaufgaben mit dem Sechs-Schritte-Verfahren.

a) Ordne den Textaufgaben die am besten geeignete Variable zu. Begründe deine Wahl. Welche Variablen sind nicht sinnvoll? Begründe deine Antwort.

① Bei einem Ausflug wandert Jan 15 km. „Noch 1 km mehr und wir wären doppelt so weit gewandert wie beim letzten Mal", denkt Jan.

② Drei Schulhefte kosten genauso viel wie zwei blaue Tintenschreiber. Ein Tintenschreiber ist 60 ct teurer als ein Schulheft.

③ Meike möchte ihre Haare wachsen lassen. Sie sind 24 cm lang. „In einem halben Jahr sind sie doppelt so lang wie vor 9 Monaten", denkt Meike.

x: heute gewanderte Strecke

x: Kilometer

x: Schulheft

x: Preis eines Tintenschreibers in €

x: Meikes Haare vor 9 Monaten

x: monatliches Haarwachstum von Meike in cm

x: zuletzt gewanderte Strecke in km

x: Preis eines Schulheftes in €

x: Gesamtpreis

x: Meikes Haarlänge in cm

x: Meikes Haarlänge in cm nach 6 Monaten

x: doppelte Strecke

b) Welche Gleichungen passen zu den Textaufgaben?
Gib jeweils an, wofür die Variable steht. Begründe deine Antwort.

① $x + 1 = 2x$ ② $0{,}5x = 16$ ③ $x + 6 = 2 \cdot (x - 9)$ ④ $24 + 6x = 2 \cdot (24 - 9x)$
⑤ $2x = 3x + 60$ ⑥ $2x = 16$ ⑦ $3x = 2 \cdot (x + 0{,}6)$ ⑧ $2 \cdot (x + 60) = 3x$

c) Gib die Lösung der Textaufgaben an.

---

5 Finde zu den Termen passende Aussagen.

a) $2x$ **b)** $x + 25$
c) $x - 68$ **d)** $3x + 20$

5 Übersetze die Terme in Aussagen.

a) $2x - 6$ **b)** $2 \cdot (x + 30)$
c) $2x - (68 + x)$ **d)** $0{,}5 \cdot (3x + 20)$

---

6 Welche Zahl wird doppelt (3-mal, 6-mal) so groß, wenn man 10 addiert?
Welche Zahl halbiert sich, wenn man 10 subtrahiert?

6 Das Dreifache einer Zahl ist so groß wie das Doppelte des Nachfolgers.
Das Doppelte einer Zahl ist so groß wie das Dreifache des Vorgängers.

---

7 Familie Wildknecht ist von einer Eigentumswohnung in ein Haus mit Garten umgezogen. Berechne mithilfe des Sechs-Schritte-Verfahrens.

a) Das Wohnzimmer im neuen Haus ist doppelt so groß wie das Schlafzimmer. Der Unterschied beträgt 14 m².

b) $\frac{5}{7}$ des Grundstücks sind Gartenfläche. Der Rest ist 120 m² groß.

c) Beim Anstrich des Kinderzimmers wurde 3-mal so viel weiße wie hellgrüne Farbe verbraucht. Zusammen waren es 16 l.

d) Für die alte Eigentumswohnung erhielten die Wildknechts $\frac{4}{5}$ vom Kaufpreis des neuen Hauses. Sie mussten für das neue Haus 45 000 € zusätzlich aufbringen.

e) Diele und Küche wurden mit Bodenfliesen gefliest. Insgesamt sind 75 Fliesen verlegt worden. Für die große Küche wurden 4-mal so viele Fliesen benötigt wie für die Diele.

Methode: Ungleichungen lösen

Moderne LED-Lampen verbrauchen nur einen Bruchteil des Stroms, den die alten Glühbirnen verbrauchen. Dafür kostet die modernere Variante auch mehr. So kostet eine 40-Watt-Glühbirne nur 0,89 €, während eine vergleichbar helle LED-Lampe 7,29 € kostet und dafür nur 8 Watt verbraucht. Wie lange müsste die LED-Lampe mindestens leuchten, um ihre Anschaffungskosten wieder einzusparen? Strom in der Stärke von einem Watt kostet in etwa 0,02 Cent pro Stunde.
Dieses Problem lässt sich mit einer Ungleichung lösen.

Gegeben: Kosten bei einer Stunde Leuchtdauer: 0,8 Cent (Glühbirne) und 0,16 Cent (LED).
Kaufpreis: 89 Cent (Glühbirne) und 7,29 € = 729 Cent (LED).
Gesucht: Mindestleuchtdauer x, ab der die Verwendung der LED-Lampe günstiger ist.
Rechnung: $0,8x + 89 > 0,16x + 729$

Werden zwei Terme durch ein Verhältniszeichen (<; ≤; >; ≥) miteinander verbunden, so entsteht eine **Ungleichung**.
Man kann eine Ungleichung mit denselben Äquivalenzumformungen lösen wie lineare Gleichungen. Beachten muss man nur die **Multiplikation und Division mit negativen Zahlen**. In solch einem Fall dreht sich das Verhältniszeichen um.

Beispiel

$$0,8x + 89 > 0,16x + 729 \qquad | -(0,8x)$$
$$89 > (0,64)x + 729 \qquad | -729$$
$$-640 > (-0,64)x \qquad | :(-0,64)$$
$$1\,000 < x$$

Nach mehr als 1 000 Stunden Leuchtdauer (das entspricht etwa einem Jahr) lohnt sich die Anschaffung einer LED-Lampe.

HINWEIS
Die Verhältniszeichen bedeuten:
< „kleiner";
≤ „kleiner oder gleich";
> „größer";
≥ „größer oder gleich".

Die Lösung einer Ungleichung ist keine einzelne Zahl, sondern eine ganze Menge von Zahlen (die **Lösungsmenge**). So enthält die Lösungsmenge aus dem Beispiel alle Zahlen, die größer als 1 000 sind.

1 Stelle folgende Aussage als Ungleichung dar.
„Ein gleichseitiges Dreieck hat einen Umfang von höchstens 21 cm."

2 Denke dir Aussagen aus, die die Ungleichungen beschreiben.
a) $x > y$ 　　　　　 b) $y \leq x$ 　　　　　 c) $100 - x \geq 0$ 　　　　　 d) $x + 5 < 4x$

3 Marta möchte ein Bücherpaket an ihre beste Freundin nach Düsseldorf verschicken. Damit der Versand nicht zu teuer wird, darf das Paket höchstens 10 kg wiegen. Wie viele Bücher kann sie maximal verschicken, wenn ein Buch 700 g und die Verpackung 300 g wiegen?

4 Löse die Ungleichungen.
a) $x > 2x + 1$
b) $x + 9 < 2x$
c) $-a - 6 \geq -9$
d) $99x + 1 < 12$
e) $49y + 7 \leq 105$
f) $97 + 3 - 12t \geq 1 - 3t$

5 👥 Überlege zusammen mit deinem Lernpartner, welche Probleme ihr aus dem Alltag mit Ungleichungen beschreiben könnt.
Schreibt zwei dieser Probleme als Ungleichungen und löst diese anschließend.

Klar so weit?

→ Seite 38

Gleichungen aufstellen

1 Entscheide, ob es sich um Gleichungen handelt. Begründe deine Antwort.
a) $x + 2x - 5 \cdot (x + 7)$ b) $z = 8$
c) $e - 45 + 2e = 0$ d) $y + 9 - 2y + 1$
e) $5w = 8w$ f) $23 = 5 = 17 - 12$

1 Entscheide, ob es sich um Gleichungen handelt. Begründe deine Antwort.
a) $a + 2a + 5a = 10a$ b) $v + 4y - 7 = 0$
c) $2x + 1 = 4x = 23$ d) $1 + b = 5 + b$
e) $4{,}7y - 1{,}1y = 6y$ f) $7 = 5c = 1{,}2$

2 Überprüfe durch Einsetzen, ob die Variable zu einer wahren Aussage führt.
a) $2x + 5 = 3$ $x = -4$
b) $25 - 2x = 29$ $x = 2$
c) $-5x + 35 = 20$ $x = -3$
d) $45 = 3x + 3$ $x = 13$
e) $100 - x = 9x$ $x = 10$
f) $-2x + 4 = 2(x + 2)$ $x = 0$
g) $\frac{1}{7}(40 - x) = -x$ $x = -9$

2 Für welche Variable liefert die Gleichung eine wahre Aussage?
a) $2x - 5 = 3x$ $x = 5$ oder $x = -5$
b) $2x = 1{,}5x + 4$ $x = 4$ oder $x = 8$
c) $-(6 + x) = 2x$ $x = -2$ oder $x = 2$
d) $\frac{1}{2}(10 + x) = \frac{4}{3}x$ $x = 3$ oder $x = 6$
e) $3x - 4 = -(1 + 3x)$ $x = 1$ oder $x = 0{,}5$
f) $2(x - 100) = -(x + 197)$ $x = 1$ oder $x = -1$
g) $-5(x + 17) = -(97 + x)$ $x = -3$ oder $x = 3$

3 Welche Gleichungen werden dargestellt?

a) 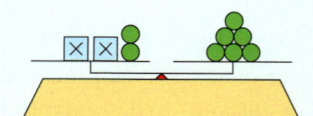   b)

→ Seite 42

Gleichungen lösen

4 Bei welchen Gleichungen ist die Lösung direkt ablesbar? Begründe.
a) $x = 5$
b) $y + 1 = 0$
c) $6u = 12$
d) $56 = 6v + 5v$
e) $z = 3 + 3$
f) $13{,}5 = w$

4 Lies die Lösung direkt ab, forme die Gleichung um falls nötig.
a) $0{,}5x = 8$
b) $3y = 3y$
c) $u = 146{,}34$
d) $0{,}5 + v = 6 - 3$
e) $3{,}7z = 0$
f) $2 + 7{,}9 = -3w + 4w$

5 Notiere die passende Gleichung zur Waage. Führe die angegebenen Äquivalenzumformungen durch und gib den Wert der Variable an.

a) Nimm auf beiden Seiten 1 a weg. Teile danach durch 2.
b) Lege auf jeder Seite 1 a dazu. Nimm anschließend auf jeder Seite die Hälfte weg. Nimm auf beiden Seiten 1 a weg.

5 Notiere, welche Gleichung dargestellt wird und schreibe die Anweisungen als Äquivalenzumformungen. Gib die Lösung an.

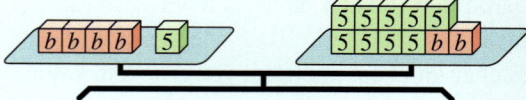

a) Nimm auf beiden Seiten erst 5 und dann 2 b weg. Dividiere jetzt auf beiden Seiten durch 2.
b) Lege auf beiden Seiten 5 dazu. Nimm dann auf beiden Seiten die Hälfte weg. Nimm nun je 1 b und danach 5 weg.

6 Löse die Gleichungen mithilfe von Äquivalenzumformungen.

a) $4a + 5 = 17$

b) $50 - 7b = 29$

c) $c + 5 = 3c - 3$

d) $3d + 2 = 9 + d$

e) $-e + 9 = 6$

6 Gib die Lösung der Gleichungen an.

a) $3a + 5 = 21 - a$

b) $5,5 + 3b = 14,5$

c) $c + 5 = 3c + 3,6$

d) $3,5d + 2 = 4,5 + d$

e) $3e - 4 = -(e + 18)$

f) $20f - 3 = -0,9 - f$

7 Wie hat Cem umgeformt?

$$3x - 8 = 31 - 10x \quad | + \blacksquare$$
$$\blacksquare x - 8 = 31 \quad | + 8$$
$$13x = \blacksquare \quad | \blacksquare$$
$$x = \blacksquare$$

7 Wie hat Asli umgeformt?

$$0,5x + 6 = 2x + 5,25 \quad | \blacksquare$$
$$6 = \blacksquare x + 5,25 \quad | \blacksquare$$
$$0,75 = \blacksquare \quad | \blacksquare$$
$$x = \blacksquare$$

Sachaufgaben systematisch lösen

→ Seite 46

8 Ordne den Aussagen den passenden Term zu.

a) die doppelte Menge **b)** 12 g mehr

c) ziehe 3 davon ab **d)** 5 l weniger

e) 3 Jahre jünger **f)** 5 € teurer

g) ziehe es von 3 ab **h)** der dritte Teil

① $x + 12$ ② $x - 3$ ③ $\frac{1}{3}x$ ④ $3 - x$ ⑤ $x - 3$ ⑥ $x + 5$ ⑦ $x - 5$ ⑧ $2 \cdot x$

9 Stelle zu jeder Aussage eine Gleichung auf. Gib die Lösung der Gleichung an.

a) Zieht man von einer gedachten Zahl 12 ab, so erhält man 2.

b) Tom wiegt zusammen mit seinem 35 kg schweren Hund genau 100 kg.

c) Ein Drittel des gesamten Weges zur Waldhütte beträgt 7,5 km.

d) In 5 Jahren wird Tills Vater 50 Jahre alt.

e) Vor wie vielen Jahren konnte der jetzt 79-jährige Opa Friedhelm seinen 50. Geburtstag feiern?

f) Mit 650 € Miete ist die Wohnung von Familie Klapeck doppelt so teuer wie die Wohnung von Torben.

9 Stelle zu jeder Aussage eine Gleichung auf. Gib die Lösung der Gleichung an.

a) Addiert man zu einer gedachten Zahl 2, so erhält man 1,5.

b) Gülcan wiegt 54 kg. Damit ist sie 3-mal so schwer wie ihr kleiner Bruder.

c) Nach 460 km sind zwei Drittel der Fahrt in die Berge geschafft.

d) In 3,5 Jahren ist Gaby endlich volljährig.

e) Uroma wurde dieses Jahr 97 Jahre alt. Mit 86 hat sie das Autofahren aufgegeben. Vor wie vielen Jahren war das?

f) Die Mietwohnung von Familie Demir ist 3-mal so teuer wie Erkans möbliertes Zimmer. Erkans Zimmer kostet 260 €.

10 Wanda ist dieses Jahr 14 Jahre alt geworden. In 2 Jahren wird Wandas Katze „Mäuschen" so alt sein, wie Wanda vor 7 Jahren war.

a) Wie alt ist „Mäuschen" heute?

b) In wie vielen Jahren wird Wanda doppelt so alt sein wie ihre Katze?

10 Tim ist 8 Jahre älter als sein Hund „Schröder".
Zusammen sind „Schröder" und Tim 22 Jahre alt.

a) Wie alt sind „Schröder" und Tim heute?

b) Vor wie vielen Jahren war Tim 3-mal so alt wie sein Hund?

Vermischte Übungen

1 Mit den Termen lassen sich verschiedene Anzahlen berechnen.
Bilde aus dem richtigen Term eine Gleichung und löse die Rätsel.

① $x \cdot 5x$ ② $4 \cdot x + 2 \cdot y$ ③ $2 \cdot 2x$
④ $2 \cdot x$ ⑤ $x \cdot (5 + 1)$ ⑥ $x + 3x$

a) Auf einem Hof leben Hühner und Kühe, insgesamt 40 Tiere.
   Es gibt 3-mal so viele Hühner wie Kühe.
b) Auf einem anderen Hof werden 26 Flügel gezählt. Dort leben
   insgesamt 17 Tiere.
c) 36 Augen sehen sich um. Es gibt gleich viele Hühner und Kühe.
d) Unter den 36 Tieren sind 5-mal so viele Hühner wie Kühe.
   Wie viele Beine kannst du maximal auf diesem Hof zählen?

2 Die Lösungen der Gleichungen liegen zwischen 0 und 11.
Welche Zahl ist Lösung der Gleichung?

a) $52 \cdot x - 12 = 144$
b) $100 + 22 \cdot x = 188$
c) $5 \cdot x = 30$
d) $2 \cdot (x - 4) = 12$
e) $3 \cdot (x + 2) = 33$

2 Löse die Gleichungen.
Überprüfe deine Lösung durch eine Probe.

a) $6 \cdot (x + 5) = 666$
b) $9 \cdot (x - 10) = 729$
c) $125 : x = 25$
d) $2\,200 : x = 4$
e) $810 = 9 \cdot x - 9$
f) $679 = 7 \cdot (x - 3)$

3 Sarah besitzt einige DVDs. Zum Geburtstag bekommt sie von ihren Freunden 6 DVDs geschenkt. Nun hat sie dreimal so viele DVDs wie vorher.
Wie viele DVDs hatte sie vorher?

3 Ein Geschicklichkeitsspiel wird mit Beutel für 2,20 € verkauft.
Das Spiel ist um 2 € teurer als der Beutel.
Wie viel kostet das Spiel?
Wie viel kostet der Beutel?

4 Finde zu jeder Aussage eine passende Gleichung.
Welche Frage wird jeweils beantwortet?

④ $3 \cdot x + 2 = 20$

① $3 \cdot 5 + x \cdot 6 = 27$

② $x \cdot 1,5 + 2,5 = 17,5$

③ $0,39 \cdot x + 1 = 9,58$

⑤ $15 \cdot 7 + 12 \cdot 23 = x$

a) Es werden 3 Pizzen bestellt. Für die Fahrt des Pizzataxis werden 2 € berechnet.
b) Pro Kilometer Taxifahrt zahlt man 1,50 €. Die Grundgebühr beträgt 2,50 €.
c) Eine SMS kostet 0,07 € und ein Anruf 0,23 € pro Minute.
d) Eine Kinokarte kostet für Kinder 5,00 € und für Erwachsene 6,00 €.
e) Pro Fotoabzug zahlt man 39 Cent, für den Versand 1 €.

5 Beim letzten Basketballspiel hat Max doppelt so viele Körbe geworfen wie Kai. Enis erzielte 3 Körbe mehr als Kai. Zusammen erzielten die drei Freunde 31 Körbe.
a) Wie viele Körbe erzielte Kai?
b) Wie viele Körbe erzielten Max und Enis?

5 Wie alt sind die Geschwister jeweils?
a) Faruk hat zwei Schwestern:
   Elin ist 12 Jahre alt und 2 Jahre jünger als er. Nadia ist 5 Jahre jünger als er.
b) Franziska hat zwei Brüder:
   Anton ist 2 Jahre jünger, Till ist 4 Jahre älter als sie.
   Alle zusammen sind 98 Jahre alt.

6 Hintereinander fahrende Autos müssen einen Sicherheitsabstand einhalten. Der Abstand ist abhängig von der Geschwindigkeit und kann mit folgender „Faustformel" berechnet werden: Die halbe Geschwindigkeit in $\frac{km}{h}$ entspricht dem Mindestabstand in Metern.

a) Erkläre die Faustformel mit eigenen Worten.
b) Welche Sicherheitsabstände sind erforderlich?
Berechne mithilfe der Faustformel.

Geschwindigkeit in $\frac{km}{h}$	10	30	50	70	90	130	150
Sicherheitsabstand in m							

c) Mit welchen Formeln kann der Sicherheitsabstand berechnet werden?
Es gibt mehrere Möglichkeiten.
Die Variable d steht für den Sicherheitsabstand, x steht für den Wert der Geschwindigkeit.
① $d = 2x$ ② $d = 0{,}5x$ ③ $0{,}5d = 2x$ ④ $2d = 4x$ ⑤ $d = \frac{1}{2}x$

---

7 Frau und Herr Stein möchten mit ihren zwei Kindern 14 Tage in Urlaub fahren.
Das Ferienhaus kostet in der Hauptsaison täglich 29,50 € pro Person, in der Nachsaison täglich 24,90 €.
a) Was kostet der Urlaub in der Hauptsaison?
b) Was kostet der Urlaub in der Nachsaison?
c) Wie viel kann Familie Stein sparen, wenn sie ihren Urlaub in der Nachsaison nimmt?

7 Die Familien Görtz und Möller bewohnen ein Zweifamilienhaus. Die jährlichen Kosten für die Müllabfuhr in Höhe von 336 € sollen entsprechend der Personenzahl auf beide Familien verteilt werden.
Im Haushalt der Familie Görtz leben 3 Personen, bei Familie Möller sind es 4 Personen.
a) Wie viel muss pro Person gezahlt werden?
b) Wie viel muss jede Familie zahlen?

---

8 Eine Bohnenpflanze ist 10 cm hoch. Sie wächst jeden Tag um 2 cm.
a) Stelle eine Gleichung für das Wachstum der Bohnenpflanze auf.
b) Wie lange dauert es, bis die Pflanze eine Höhe von 80 cm (130 cm; 56 cm) hat?

8 Eine Kerze ist 30 cm hoch. Wenn sie brennt, wird sie jede Stunde um 6 mm kürzer.
a) Wie lange dauert es, bis die Kerze vollständig abgebrannt ist?
b) Nach welcher Zeit ist sie nur noch 12 cm (9 cm; 3 cm) hoch?

---

9 Löse die Zahlenrätsel.
a) Die Summe von zwei aufeinanderfolgenden Zahlen ist 75.
b) Die Summe von drei aufeinanderfolgenden Zahlen ist 63. Welche Zahlen sind das?
c) Die Summe aus einer Zahl und dem Doppelten ihres Nachfolgers beträgt 68.

9 Löse die Zahlenrätsel.
a) Die Summe von zwei einanderfolgenden, ungeraden natürlichen Zahlen ist 80.
b) Bei welchen einanderfolgenden, geraden Zahlen beträgt die Summe 66?
c) Welche drei einanderfolgenden, ungeraden Zahlen haben die Summe 39?

---

10 👥 Arbeitet zu zweit.
Sarah, David, Alexander und Larissa erhalten zusammen 81 € Taschengeld im Monat.
Larissa bekommt 5 € mehr als David und Alexander 8 € mehr als David.
Sarah bekommt 4 € weniger als David.
a) Legt die Variablen fest und stellt geeignete Gleichungen auf.
b) Wie viel Taschengeld erhält David im Monat?
Berechnet das monatliche Taschengeld von Sarah, Alexander und Larissa.
c) Präsentiert euren Lösungsweg vor der Klasse.

11 Wie lauten die Äquivalenzumformungen?

a) $\frac{x}{3} = \frac{2}{7}$

   $x = \frac{6}{7}$

b) $\frac{a}{4} - 5 = 3$

   $\frac{a}{4} = 8$

   $a = 32$

c) $1\frac{1}{2}x + 4 = x + 8$

   $1\frac{1}{2}x = x + 4$

   $\frac{1}{2}x = 4$

   $x = 8$

d) $\frac{1}{3}x + 2 = \frac{1}{2}x - 3$

   $\frac{1}{3}x = \frac{1}{2}x - 5$

   $\frac{2}{6}x - \frac{3}{6}x = -5$

   $-\frac{1}{6}x = -5$

   $x = 30$

11 Löse die Gleichungen mithilfe von Äquivalenzumformungen.
Überprüfe dein Ergebnis mit einer Probe.

a) $\frac{a}{4} + 2 = 5$

b) $\frac{x}{7} - 4 = 2$

c) $\frac{1}{11}y + 2 = 15$

d) $-\frac{r}{2} + 7 = 8$

e) $-\frac{x}{5} - 4 = -9$

f) $9 - \frac{1}{4}a = 14$

12 Ein Rechteck ist doppelt so lang wie breit. Sein Umfang beträgt 96 cm.
Berechne Länge und Breite des Rechtecks.

TIPP
Erstelle dir eine Planskizze und beschrifte sie.

12 Ein Würfel hat einen Oberflächeninhalt von 54 cm². Berechne die Kantenlänge des Würfels. Wie groß ist sein Volumen?

13 Ein gleichschenkliges Dreieck hat einen Umfang von 125 cm. Die Basis ist halb so lang wie ein Schenkel.
Berechne die Seitenlängen des Dreiecks.

13 In einem gleichschenkligen Dreieck sind die Basiswinkel 2,5-mal so groß wie der Winkel an der Spitze.
Berechne die Winkelgrößen des Dreiecks.

14 Zwei Schiffe fahren in entgegengesetzter Richtung aus dem Hafen los. Das eine Schiff fährt mit $8\frac{km}{h}$, das andere mit $12\frac{km}{h}$. Als sie 40 km voneinander entfernt sind, reißt die Funkverbindung ab. Nach welcher Zeit sind die Schiffe außer Funkreichweite?

15 Gib drei verschiedene Gleichungen mit der angegebenen Lösung an. Verwende in mindestens einer Gleichung eine Klammer.

a) $x = 5$ b) $a = 2$ c) $y = -2$ d) $x = -3$

15 Denke dir jeweils eine Sachaufgabe aus, die zu den Gleichungen passt, und löse sie.

a) $2x + 4 = 40$ c) $x + (x - 2) + 2x = 18$

b) $2(x - 5) = x$ d) $2(x + 3x) = 64$

16 Familie Bökler stellt sich vor.

a) Finde heraus, wie alt die einzelnen Familienmitglieder sind. Erkläre, wie du dabei vorgehst.

b) Stelle zu jeder Aussage eine Gleichung auf. Setze deine Lösungen aus a) ein und überprüfe, ob du eine wahre oder falsche Aussage erhälst.

① Gill und Joel sind zusammen ein Jahr älter als Marvin.

② Oma und Opa sind gemeinsam 12-mal so alt wie Marvin und Gill zusammen.

③ Joels Oma und Joel sind zusammen so alt wie Joels Opa in 2 Jahren.

④ Marvins Mutter war vor 3 Jahren 3-mal so alt wie Marvin und Joel heute zusammen.

17 Überprüfe durch Einsetzen, ob unter den gegebenen Zahlen die Lösung der Gleichung ist.

a) $3 \cdot x = 21$ (1; 3; 5; 7; 9)
b) $x + 7 = 19$ (15; 14; 13; 12; 11)
c) $2 \cdot x + 1 = 15$ (2; 3; 4; 5; 6)
d) $3 \cdot x + 4 = 5 \cdot x$ (1; 2; 3; 4; 5)

17 Welche Zahlen führen beim Einsetzen für x zu wahren Aussagen?
Schreibe z. B. „$x = 2$".

a) $23 \cdot x + 2 = 48$
b) $3 \cdot x + 12 = 24$
c) $2 \cdot (x + 40) = 150$
d) $5 \cdot (x - 20) = 35$
e) $180 : x = 30$
f) $256 : x = 16$
g) $6 \cdot x - 5 = 667$
h) $8 \cdot (x - 15) = -180$

18 Löse mit Hilfe von Äquivalenzumformungen.

a) $x + 5 = 11$
b) $x - 1 = 3$
c) $x + 40 = 10$
d) $3 \cdot x = 15$
e) $6 + x = 21$
f) $7 \cdot x = 70$
g) $5 \cdot x + 10 = 20$
h) $3 \cdot x + 7 = 10$

18 Löse mit Hilfe von Äquivalenzumformungen.

a) $12 \cdot x + 2 = 38$
b) $3 \cdot x + 15 = 37$
c) $6 \cdot (x + 4) = 24$
d) $3 \cdot (x - 5) = 15$
e) $16 + 5 \cdot x = 56$
f) $7 \cdot x - 3 = 63$
g) $48 : x = 5$
h) $15 = 15 \cdot x$

19 Löse jeweils nach a auf.
Notiere die Äquivalenzumformungen.

a) $u = a + b + c$
b) $y = a + x$
c) $a\,b = 12$
d) $2\,a + 4\,b = 16$
e) $\frac{x}{a} = 3$
f) $27 = 3\,a + 6\,b$
g) $3\,a - 12\,x = 57$
h) $a + \frac{b}{2} = 2\,b$
i) $4x + 8\,a = 32$
j) $3(a - 2) = 15\,y$

19 Ordne eine Lösung zu. Das Lösungswort ist das englische Wort für Gleichung.

a) $4(x + 2) = -2(x - 13)$
b) $5 - (3x + 2) = 2x + 13$
c) $3 + (2x - 4) = \frac{1}{2}x + 5$
d) $\frac{1}{2}x + 14 = 26$
e) $\frac{3}{4}x + 15 = 21$
f) $\frac{1}{2}x - 33 + x = -42$
g) $10 - \frac{1}{2}x = 25 - x$
h) $-5(x + 2) = 2(x + 37)$

I −6		Q −2
A 24		
	U 4	
O 30		N −12
T 8		E 3
S −3		Y 0

20 Jannik spart für ein Fahrrad, das $500\,€$ kostet.
Jeden Monat legt er $20\,€$ zurück.
Seine Eltern geben ihm $180\,€$ dazu.
Wie viele Monate muss Jannik sparen, damit er sich das Fahrrad kaufen kann?

20 Yasemin möchte sich ein Fahrrad für $450\,€$ kaufen.
Sie spart jeden Monat $25\,€$ und bekommt von ihren Eltern einmal $50\,€$.

a) Wie lange muss sie sparen?
b) Wie lange müsste sie sparen, wenn die Eltern nichts dazugeben würden?
c) Wie viel Prozent des Preises übernehmen die Eltern? Runde sinnvoll.

21 Eine Boeing 747 verbraucht während der Start- und Landephase ca. $3\,400\,l$ Kerosin. Pro Flugstunde werden weitere $16\,000\,l$ verbraucht.

a) Wie viel Liter Kerosin werden bei einem $3\frac{1}{2}$-stündigen Flug verbraucht?
b) Ein Flug von Frankfurt nach New York dauert etwa $8\frac{1}{2}$ Stunden. Wie viel Liter Kerosin werden dabei verbraucht?
c) Wie lange kann man maximal mit $160\,000\,l$ Kerosin fliegen?

Casting-Shows

22 Platzierungen bei „Deutschland sucht den schrillsten Star"

Dustin Otter ist zum dritten Mal in Folge unter die besten zehn
Kandidaten gekommen.
Vor einem Jahr war er um einen Rang besser als in diesem Jahr.
Im vorletzten Jahr war er um vier Ränge schlechter.

a) Welchen Platz könnte Dustin Otter in diesem Jahr belegt
    haben?
    Beantworte die Frage mithilfe der Tabelle.

Jahr	dieses Jahr	letztes Jahr	vorletztes Jahr
Term	x	...	...
Platzierung	...	...	10

b) Bei einer der drei Shows hat Dustin Otter den dritten Platz
    belegt.
    Welche mögliche Platzierungen aus a) bleiben übrig?

c) Im Durchschnitt belegte Dustin Otter den fünften Platz.
    Stelle eine Gleichung auf und löse sie.

23 Finale von „German Superheroes"

Cassandra Batin und Jason Henn standen 2013 im Finale. Für Cassandra haben 12 000 Anrufer
mehr gestimmt als für Jason. Damit hat Cassandra 51 % der Stimmen erhalten.

a) Wie viele Stimmen entfallen jeweils auf die Finalisten?
    Beginne mit folgender Gleichung. Wofür steht die Variable x?

$$(0{,}51 - 0{,}49) \cdot x = 12\,000$$

b) Wie viel Euro hat die Produktionsfirma mit der Telefonabstimmung eingenommen, wenn
    jeder Anruf 60 ct gekostet hat?

c) Wie wäre das Ergebnis in Prozent ausgefallen, wenn Cassandra 5 000 Stimmen und Jason
    22 000 Stimmen zusätzlich bekommen hätten?

d) Berechne die fehlenden Ergebnisse der Vorjahresstaffeln.

Jahr	Anteil Sieger	Anteil Zweiter	Stimmen Sieger	Stimmen Zweiter	Gesamt-stimmen	Einnahmen (60 ct je Anruf)
2012	55 %			450 000		
2011		33 %			1,4 Mio.	
2010			627 000			660 000 €

HINWEIS
*Eine 2-€-Münze
hat folgende
Maße:
Durchmesser:
    25,75 mm
Höhe:
    2,20 mm
Gewicht:
    8,50 g*

24 Geheimnisvolle Informationen über Schlagerstar

Über Cleau, den neuen Star der Schlagertalent-Staffel, ist leider
kaum etwas bekannt.
Was kannst du mit den Informationen anfangen?

a) Cleau ist zusammen mit seinem 12 Jahre älteren Bruder 3-mal
    so alt wie seine Freundin, die 2 Jahre jünger ist als Cleau.

b) Cleau soll bereits 20 % mehr verdient haben als Cassandra
    Batin.
    Sein gesamtes Geld in 2-€-Münzen aufgetürmt wäre 1,65 km
    hoch. Dustin Otter hat gerade mal ein Achtel von Cleaus Geld.

Zusammenfassung

Gleichungen aufstellen

→ *Seite 38*

Eine **Gleichung** verbindet zwei Terme (Rechenausdrücke) durch ein Gleichheitszeichen.

$$x = 6 - 2x; \quad \tfrac{8}{2} = 4; \quad 12 = 3v; \quad 3x^2 - 5 = 7$$

Setzt man für die Variablen einer Gleichung Werte ein, so erhält man entweder eine **wahre** oder eine **falsche Aussage**.

$$x = 6 - 2x \quad \begin{array}{l} x = 1 \text{ ergibt: } 1 = 6 - 2 \cdot 1 \; \textit{f. A.} \\ x = 2 \text{ ergibt: } 2 = 6 - 2 \cdot 2 \; \textit{w. A.} \end{array}$$

Alle Werte, die zu einer wahren Aussage führen, heißen **Lösung** der Gleichung.

2 ist Lösung der Gleichung $x = 6 - 2x$.

Gleichungen lösen

→ *Seite 42*

Gleichungen können mithilfe von **Äquivalenzumformungen** gelöst werden.
Dabei wird die Gleichung durch Umformen so vereinfacht, dass die Lösung direkt abgelesen werden kann.

Die Lösung einer Gleichung wird nicht verändert, wenn man auf beiden Seiten:
– den gleichen Term addiert,
– den gleichen Term subtrahiert,
– mit dem gleichen Term ($\neq 0$) multipliziert,
– durch den gleichen Term ($\neq 0$) dividiert.

$$\begin{aligned} \tfrac{3}{7} \cdot (x + 7) &= \tfrac{6}{7} \cdot (5 - 2 \cdot x) && | \cdot 7 \\ 7 \cdot \tfrac{3}{7} \cdot (x + 7) &= 7 \cdot \tfrac{6}{7} \cdot (5 - 2 \cdot x) \\ 3 \cdot (x + 7) &= 6 \cdot (5 - 2 \cdot x) && | : 3 \\ \tfrac{3}{3} \cdot (x + 7) &= \tfrac{6}{3} \cdot (5 - 2 \cdot x) \\ x + 7 &= 2 \cdot (5 - 2 \cdot x) && | - 7 \\ x + 7 - 7 &= 10 - 4 \cdot x - 7 && | + 4x \\ x + 4 \cdot x &= 3 - 4 \cdot x + 4 \cdot x \\ 5x &= 3 && | : 5 \\ \tfrac{5}{5} x &= \tfrac{3}{5} \\ x &= \tfrac{3}{5} \end{aligned}$$

Probe durch Einsetzen
$$\tfrac{3}{7} \cdot \left(\tfrac{3}{5} + 7\right) = \tfrac{6}{7} \cdot \left(5 - 2 \cdot \tfrac{3}{5}\right)$$
$$\tfrac{9}{35} + 3 = \tfrac{30}{7} - \tfrac{36}{35}$$
$$\tfrac{114}{35} = \tfrac{114}{35} \; \textit{w. A.}$$

Sachaufgaben systematisch lösen

→ *Seite 46*

Sachaufgaben lassen sich mit dem **Sechs-Schritte-Verfahren** systematisch lösen.

In einem Rechteck ist eine Seite 3 cm länger als die andere Seite. Der Umfang des Rechtecks beträgt 24 cm.

1. Variable festlegen $\quad$ x: Länge der kürzeren Seite in cm
2. Terme bilden $\quad$ $x + 3$: Länge der längeren Seite in cm
$\qquad\qquad\qquad\quad$ $2 \cdot (x + x + 3)$: Umfang des Rechtecks
3. Gleichung aufstellen $\quad$ $2 \cdot (x + x + 3) = 24$
4. Gleichung lösen
$$\begin{aligned} 2 \cdot (x + x + 3) &= 24 && | : 2 \\ x + x + 3 &= 12 && | - 3 \\ 2 \cdot x &= 9 && | : 2 \\ x &= 4{,}5 \end{aligned}$$
5. Lösung prüfen $\quad$ **Probe** $2 \cdot (4{,}5 + 7{,}5) = 24$
$$2 \cdot 12 = 24 \; \textit{w. A.}$$
6. Antwort formulieren $\quad$ Die Seiten sind 4,5 cm und 7,5 cm lang.

Teste dich!

5 Punkte

1 Welche Aussagen über Gleichungen treffen zu?

a) Jeder Term ist eine Gleichung.

b) In einer Gleichung kommen auf jeder Seite immer Variablen und Zahlen vor.

c) Eine Gleichung verbindet zwei Terme mit einem Gleichheitszeichen.

d) Gleichungen haben immer nur eine Lösung.

e) Jeder Term kommt immer nur einmal auf jeder Seite einer Gleichung vor.

3 Punkte

2 Jens kauft für den Schulausflug Einzeltickets zu je 2,50 € und Vierertickets zu je 7,20 €.

a) Wie viel muss er für 3 Einzeltickets und 7 Vierertickets bezahlen?

b) Welches ist die günstigste Variante, wenn er Tickets für 27 Personen kaufen möchte?

c) Jens kauft einige Vierertickets und zwei Einzeltickets. Er zahlt dafür 48,20 €. Finde durch Einsetzen heraus, ob er 4, 5, 6 oder 7 Vierertickets gekauft hat.

8 Punkte

3 Löse die Gleichung mithilfe von Äquivalenzumformungen.

a) $2a + 5 = 37$ b) $-70 + 5b = 175$

c) $8c + 17 = 6c + 33$ d) $15 - 28d = 27 - 24d$

e) $2e - 5 = 30 + 27e$ f) $-40f - 22f = -7f - 220$

g) $4,9g - 19 = 16 + 2,4g$ h) $6,7h + 1,5 = 2,2h - 16,5$

8 Punkte

4 Vereinfache zuerst und löse dann die Gleichungen.

a) $4a - 3 + 2a = 33 + 3a$ b) $5b - 4 + 3b = 6b - 9$

c) $9c - 21 - 3c = 9c - 24 + c$ d) $4 - 9d - 15 = -11d + 29 + 4d$

e) $0,9 + 1,2e - 0,4 = 0,7e + 2,6 - e$ f) $4,2f - 4,5 - 8,1f = -3,2f - 0,7 - 0,2f$

g) $6g - 13 - 4g = -6g + 5(1 + 2g)$ h) $2(5h + 2,5 - 3h) = 2(4h - 6,5 - 3h)$

2 Punkte

5 Stelle eine Gleichung auf und löse die Zahlenrätsel.

a) Die Summe aus dem Doppelten einer Zahl und 43 ergibt die Zahl 77.

b) Annika denkt sich eine Zahl. Sie subtrahiert 4, multipliziert die Differenz mit 3 und addiert zum Ergebnis 12. Sie erhält als Ergebnis die Zahl 42.

3 Punkte

6 Wie alt sind die Personen?

a) Anne ist 15 Jahre älter als Birte. Birte ist 12 Jahre älter als Charlene. Alle zusammen sind 42 Jahre alt.

b) Oma Frieda ist 50 Jahre älter als Enkelin Jasmina und doppelt so alt wie Jasminas Vater. Alle drei sind zusammen genau 100 Jahre alt.

c) Opa Karl-Heinz ist 10-mal so alt wie sein Enkel Jan-Marvin. In vier Jahren werden beide zusammen 85 Jahre alt sein.

3 Punkte

7 Löse die Textaufgaben.

a) Lena kauft 5 Kinokarten. Sie bezahlt mit einem 50-€-Schein und erhält 4 € Wechselgeld. Wie viel kostet eine Kinokarte?

b) Die Currywurst ist jetzt 50 ct teurer als im letzten Jahr. Zum Preis von 4 Stück hätte man vor einem Jahr noch 5 bekommen.

c) Herr Hauprecht erhält eine Theaterkarte zum halben Preis, muss aber zusätzlich 3 € Bearbeitungsgebühr bezahlen. Insgesamt spart er 5 € im Vergleich zum vollen Preis.

Gold: 30–32 Punkte, Silber: 29–27 Punkte, Bronze: 19–26 Punkte   Lösungen ab Seite 182

Prozent- und Zinsrechnung

In Frankfurt am Main sind die wichtigsten Finanzunternehmen angesiedelt. Jede große Bank hat ein Bürohaus. Diese Hochhäuser prägen das Stadtbild. Auch die europäische Zentralbank hat ihren Sitz in Frankfurt.

Noch fit?

Einstieg

Aufstieg

1 Schreibweisen für Brüche wechseln

Ergänze die Tabelle im Heft.

	a)	b)	c)	d)	e)	f)
Dezimalbruch	0,25		0,60			0,05
Bruch	$\frac{25}{100}$	$\frac{1}{10}$				
Prozentangabe	25%				100%	
Anteil	25 von 100			12,5 von 100		

2 Flächenanteile zeichnen

Zeichne je ein Quadrat mit der Seitenlänge $a = 5\,cm$ ins Heft. Färbe den Flächenanteil ein.

a) 10%   b) 15%   c) 40%
b) 60%   d) 75%   e) 90%

2 Flächenanteile zeichnen

Zeichne je ein Rechteck mit $a = 5\,cm$ und $b = 4\,cm$ ins Heft. Färbe den Flächenanteil ein.

a) 10%   b) 20%   c) 25%
d) 50%   e) 75%   f) 85%

3 Brüche ordnen

Schreibe als Prozentzahl und ordne.

a) $\frac{3}{4}, \frac{3}{10}, \frac{3}{5}, \frac{3}{6}, \frac{3}{2}$

b) $\frac{1}{2}, \frac{2}{50}, \frac{2}{20}, \frac{2}{40}, \frac{2}{10}$

3 Brüche ordnen

Schreibe als Prozentzahl und ordne.

a) $\frac{2}{5}, \frac{2}{4}, \frac{2}{3}, \frac{2}{7}, \frac{2}{6}$

b) $\frac{4}{5}, \frac{8}{9}, \frac{6}{7}, \frac{7}{8}, \frac{5}{6}$

4 Kreisdiagramme lesen

Werte die Diagramme zum Sportabzeichen aus. Wo findest du die Anzahl aller Teilnehmer?

a)
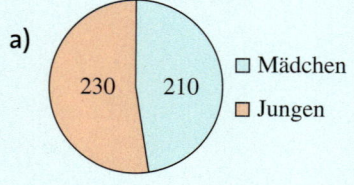
230 210
☐ Mädchen
☐ Jungen

① Gib je den Prozentsatz an.
② 90% der Teilnehmer erhalten das Abzeichen.

b)
40%
60%
☐ Weitsprung
☐ Hochsprung

Wie viele Teilnehmer wählten Weitsprung, wie viele Hochsprung?

c)
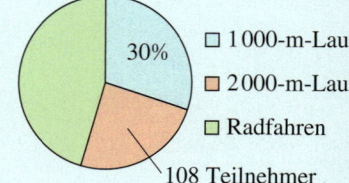
30%
108 Teilnehmer
☐ 1000-m-Lauf
☐ 2000-m-Lauf
☐ Radfahren

Gib jeweils die Anzahl der Teilnehmer an.

5 Mit Prozenten rechnen

Notiere die Aufgabe und berechne.

	a)	b)	c)	d)
Prozentwert		720 l	16 €	48 kg
Grundwert	240 m		20 €	120 kg
Prozentsatz	2%	40%		

5 Mit Prozenten rechnen

Notiere die Aufgabe und berechne.

	a)	b)	c)	d)
Prozentwert		12,50 €	0,75 l	0,029
Grundwert	4,5 t		25 l	
Prozentsatz	15%	4%		50%

6 Begriffe der Prozentrechnung

Gib an, ob der Grundwert, der Prozentwert oder der Prozentsatz gesucht ist, und berechne.

a) Ein PC-Spiel kostet 25 €. Es wird um 30% reduziert. Wie viel kostet es jetzt?

b) Im Jahr 2015 wurden in Deutschland 3,21 Mio. neu zugelassene Pkw gemeldet. Damit liegt der Anteil an Neufahrzeugen bei 7,2%. Wie hoch war der Pkw-Bestand 2015?

c) Um wie viel % stieg die Bevölkerung von Mexiko-Stadt: 3,1 Mio. (1950), 8,9 Mio. (2015)?

Lösungen ab Seite 182

Prozentrechnung

Entdecken

1 Zeichne fünf Quadrate mit einer Seitenlänge von je 10 Kästchen ins Heft.

a) Berechne den Flächeninhalt eines Quadrates in Quadrat-
zentimetern.

b) Färbe in je einem Quadrat den angegebenen Anteil:
① 50% ② 25% ③ 10% ④ 30% ⑤ 22,5%

c) Ermittle den Flächeninhalt jedes gefärbten Anteils.

d) Übertrage die Tabelle rechts ins Heft und fülle sie aus.
Dort werden die prozentualen Anteile der Flächen ihrem
Flächeninhalt gegenübergestellt. Was fällt dir auf?

e) Wie sieht es aus, wenn die Quadrate nur 6 × 6 Kästchen haben?
Färbe diese Quadrate wie in b).
Ist diese Aufgabe für alle Prozentangaben zeichnerisch lösbar?

Anteil	Fläche in cm²
10%	
22,5%	
25%	
30%	
50%	

2 Ein Fahrrad kostet im La-
den 500 €. Stefan und Sabina
bekommen 15% Rabatt.
Sie berechnen auf unterschiedliche Weise den neuen Preis.

a) Erkläre bei beiden, wie sie
vorgegangen sind.
Wo sind die Unterschiede?

b) Wie würdest du vorgehen? Begründe.

Stefan:

Anteil	Betrag (in €)
:100 ⌐ 100%	500 ⌐ :100
1%	5 ⌐ ·15
·15 ⌐ 15%	75

$500\,€ - 75\,€ = 425\,€$

Sabina:

Anteil	Betrag (in €)
:100 ⌐ 100%	500 ⌐ :100
1%	5 ⌐ ·15
·15 ⌐ 85%	425

3 Zum 1. Januar eines jeden Jahres wird der Kfz-Versicherungsbeitrag nach dem Schadens-
verlauf des vergangenen Kalenderjahres eingestuft.

a) Interpretiere das Diagramm.
① Beschreibe, wie sich der Versicherungsbeitrag in Prozentpunkten verändert.
② Notiere das Versicherungsjahr mit dem
höchsten und das Versicherungsjahr mit
dem niedrigsten Prozentsatz.
③ 🙎🙎 Diskutiere mit deinem Lernpartner,
warum sich die Versicherungsbeiträge
verändern.

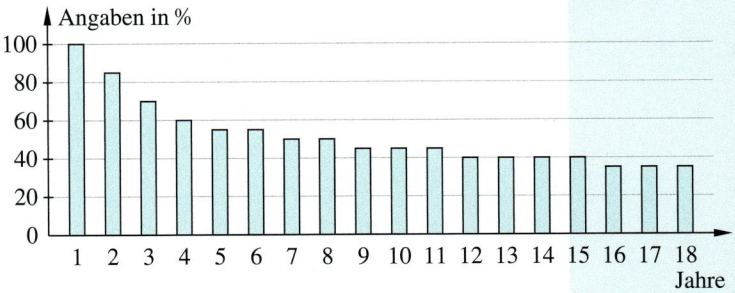

Versicherungsbeiträge in % pro Versicherungsjahr

b) Interpretiere das Diagramm.
① Beschreibe, wie sich der Versicherungsbeitrag prozentual bei einem Schaden im
angegebenen Versicherungsjahr ändert.
② Überlege dir Gründe, warum Versicherungen nach einem Schaden die Beiträge
erhöhen.
③ Stelle eine Vermutung auf, nach wie vielen
Jahren der Beitrag bei 0% liegt.

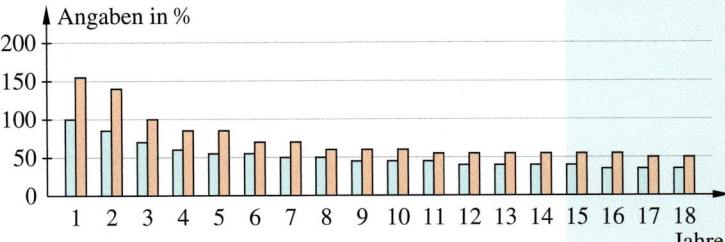

Rückstufung in % nach einem Schaden im Versicherungsjahr

☐ Versicherungsbeiträge in % pro Versicherungsjahr
☐ Versicherungsbeitrag in % ab dem nächsten Versicherungsjahr

Verstehen

Die Weltnaturschutzunion (IUCN) beklagt, dass trotz aller Schutz-
bemühungen die Zahl der bedrohten Tiere und Pflanzen zunehme.

Die jüngste Zählung im Jahr 2013 ergab Folgendes:
- 41 % der 7 087 Amphibienarten sind bedroht.
- Von den 5 416 Säugetierarten sind 1 354 Arten bedroht.
- 1 377 Vogelarten, das sind 13 % der Vogelarten, sind bedroht.

Wie viele Amphibienarten sind bedroht?

Beispiel 1

41 % der 7 087 Amphibien-
arten sind bedroht.
100 % sind 7 087 Arten,
1 % sind 70,87 Arten,
41 % sind ca. 2 906 Arten.

Anteil	Anzahl
:100 ⟨ 100 %	7 087 ⟩ :100
1 %	70,87
·41 ⟨ 41 %	≈ 2 906 ⟩ ·41

Formel zur Berechnung des
Prozentwertes:

$$W = \frac{p \cdot G}{100}$$

$$W = \frac{41 \cdot 7\,087}{100} \approx 2\,906$$

2 906 Ampibienarten sind bedroht.

> **Merke** Ist ein Teil vom Ganzen gesucht, berechnet man den **Prozentwert W**.

Wie viel Prozent der Säugetierarten sind bedroht?

Beispiel 2

1 354 Arten der 5 416 Säugetierarten sind bedroht.
5 416 Arten sind 100 %,
1 Art sind 1,85 %,
1 354 Arten sind 25 %.

Anzahl	Anteil
:5416 ⟨ 5 416	100 % ⟩ :5416
1	1,85 %
·1354 ⟨ 1 354	25 % ⟩ ·1354

Formel zur Berechnung des
Prozentsatzes:

$$p\,\% = \frac{p}{100} = \frac{W}{G}$$

$$p\,\% = \frac{p}{100} = \frac{1\,354}{5\,416} = 0,25 = 25\,\%$$

25 % der Säugetierarten sind bedroht.

> **Merke** Ist der prozentuale Anteil am Ganzen gesucht, berechnet man den **Prozentsatz p %**.

Wie viele Vogelarten sind insgesamt gezählt worden?

Beispiel 3

1 377 Vogelarten sind bedroht,
das sind 13 %.
13 % sind 1 377 Vogelarten,
1 % sind 105,9 Vogelarten,
100 % sind 10 592 Vogelarten.

Anteil	Anzahl
:13 ⟨ 13 %	1 377 ⟩ :13
1 %	105,9
·100 ⟨ 100 %	≈ 10 592 ⟩ ·100

Formel zur Berechnung des
Grundwertes:

$$G = \frac{W \cdot 100}{p}$$

$$G = \frac{1\,377 \cdot 100}{13} \approx 10\,592,3$$

Es gibt ca. 10 592 Vogelarten.

> **Merke** Ist das Ganze gesucht, berechnet man den **Grundwert G**.

Üben und anwenden

1 Was ist der Grundwert, der Prozentsatz, der Prozentwert in der Abbildung?

Preissenkung um 66 €

alter Preis 825 €

Preissenkung 8 %

1 Welche der drei Grundbegriffe der Prozentrechnung sind bekannt, welche sind gesucht?
a) Susi bekommt eine 5%ige Erhöhung ihres Taschengeldes, das sind 2 €.
b) Frank bekommt 35 € Taschengeld, er soll 4% mehr bekommen.
c) 5 Schüler der 8. Klassenstufe haben noch keinen Praktikumplatz, das sind 8,3%.
d) Peters Schulweg ist 7,5 km lang, davon hat er schon 500 m zurückgelegt.

2 Übertrage die Tabelle ins Heft. Berechne die fehlenden Werte.

	a)	b)	c)	d)
W		600 m	115 g	
$p\,\%$	40%	30%		15%
G	5 500 €		460 g	220 m

2 Übertrage die Tabelle ins Heft. Berechne die fehlenden Werte.

	a)	b)	c)	d)
W	47 m		93 g	54 m
$p\,\%$	34,7%	26,5%		
G		542 €	442 g	223 m

3 Umfrage in der 8. Jahrgangsstufe:
„Hast du einen Praktikumsplatz gefunden?"
a) Ergänze im Heft. Runde sinnvoll.

Betrieb	Schüler	Zusage	Zusage in %
Kfz	15		53,3%
Handel	21	8	
Bau	15		93,3%
Friseur	18	12	
Büro		1	9,1%

b) Wie viele Schülerinnen und Schüler sind in der 8. Jahrgangsstufe und haben eine Zusage?
c) Zeige, dass der Prozentsatz aller Schüler, die eine Zusage haben, rund 53,8% beträgt.

4 Vervollständige die Rechnung im Heft. Berechne auch den Preis bei Barzahlung. Beachte den Hinweis am Rand.

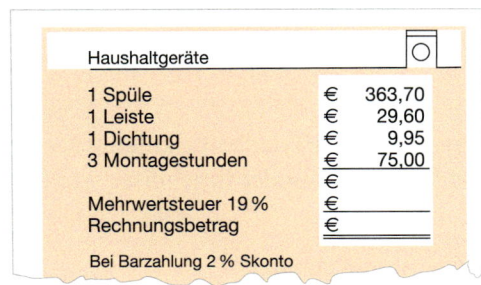

Haushaltgeräte

1 Spüle	€	363,70
1 Leiste	€	29,60
1 Dichtung	€	9,95
3 Montagestunden	€	75,00
	€	
Mehrwertsteuer 19 %	€	
Rechnungsbetrag	€	

Bei Barzahlung 2 % Skonto

4 Eine Videothek plant eine Erweiterung.
a) Der Bestand von 600 Blu-rays soll um 15% steigen. Wie viele Blu-rays gibt es dann?
b) Durch Zukäufe sollen statt bisher 850 dann 1105 DVDs vorhanden sein. Auf wie viel Prozent der ursprünglichen Anzahl an DVDs wird der Bestand steigen?
c) Um wie viel Prozent stieg in der Videothek der Bestand an Blu-rays und DVDs insgesamt?

HINWEIS ZU 4
Das Skonto bezeichnet einen Preisnachlass bei sofortiger Zahlung meist in bar.

5 Alle Preise werden um 12% reduziert. Bereche den neuen Preis.
a) 675 €   b) 412 €   c) 86,50 €

5 Alle Preise werden um 12% erhöht. Bereche den neuen Preis.
a) 39,20 €   b) 14,50 €   c) 42,40 €

Methode: Daten erheben und auswerten

Die Montessori Schule führt seit mehreren Jahren im Anschluss an das Betriebspraktikum Befragungen durch und präsentiert die Ergebnisse auf der Homepage.

Bei der **Erstellung eines Fragebogens** kann man folgende Fragearten unterscheiden:
– Werteabfrage: In welche Klasse gehst du? _____
– Wertungsfrage: Wie oft liest du Stellenanzeigen?   nie   selten   oft   sehr oft
– Noten-Skalen: Bewerte die Betreuung während des Praktikums mit den Noten 1 bis 4.
– Ja/nein-Fragen: Wurdest du in deiner Berufswahl bestärkt?   ja   nein

Durch **Diagramme** werden einzelne Ergebnisse besonders deutlich hervorgehoben.

Nachschau zum Praktikum 2016 – Das Berufswahlorientierungsteam berichtet.

In diesem Jahr nahmen insgesamt 107 Schülerinnen und Schüler an der Befragung zur Bewertung der Durchführung des Praktikums teil.
Hier sind die Ergebnisse der Befragung:

① Es wurde deutlich, dass diesmal 60 % der Teilnehmer eigenständig ihre Praktikumsstelle ausgesucht haben. Nur 5 % haben die Hilfe der Koordinatoren der Schule in Anspruch genommen.
Der Anteil der Vermittlung durch Bekannte und Verwandte ist ebenfalls mit 15 % sehr gering.
Für ein Fünftel der Praktikanten waren die Eltern Vermittler.

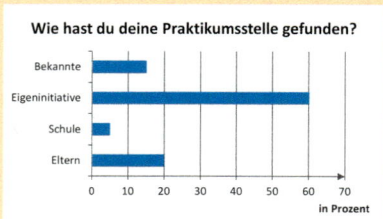

② 75 der Befragten, davon 35 Mädchen, wurden durch das Praktikum in ihrer Berufswahl bestärkt.

③ Die Zufriedenheit mit der Betreuung durch die Schule wurde durchschnittlich mit der Note 2,1 bewertet.

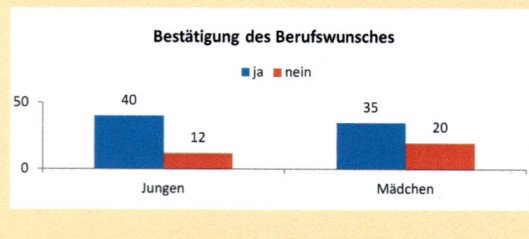

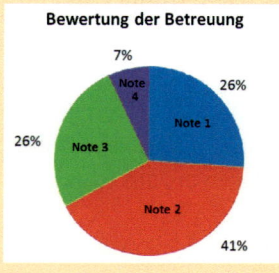

Bei der **Erfassung der Daten** bei einer größeren Umfrage hilft ein Tabellenkalkulationsprogramm. Die **Auswertung** der einzelnen Fragen und die **Präsentation** der Ergebnisse werden durch das Programm unterstützt.

Besonders häufig werden Balken-, Säulen- und Kreisdiagramme genutzt.
Kreisdiagramme dienen dazu, die Anteile (relative Häufigkeiten, Prozentsätze) an einer Gesamtheit (100 %) darzustellen.
Um Daten von Gruppen (z. B. Jungen oder Mädchen) zu vergleichen, ist das Säulendiagramm besonders gut geeignet.

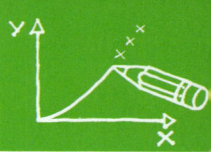

Die noch ungeordneten Daten werden in einem Tabellenblatt erfasst. Für die Fragen werden Spalten angelegt, für die einzelnen Fragebogen Zeilen.

	A	B	C	D	E	F	G	H	I	J	K	L	M	N	O
1						Wie hast du deine Praktikumsstelle gefunden?				Bewertung der Betreuung				Berufswahl bestärkt?	
2	Nr.	Klasse	Mädchen	Junge	Alter	Bekannte	Eigeninitiative	Schule	Eltern	Note 1	Note 2	Note 3	Note 4	ja	nein
3	1	8a	1		14	1				1				1	
4	2	8b		1	15		1				1				1
5	3	8a	1		13		1					1			1
108	106	8c	1		14	1				1					1
109	107	8d		1	13				1						1
110	Summe	107	55	52	13,7	16	65	5	21	28	44	28	7	75	32
111	Anteil		51%	49%		15%	61%	5%	20%	26%	41%	26%	7%	70%	30%

= MITTELWERT(E3:E109)

Daten des gesamten Datensatzes wie z.B. Anzahl der Jungen oder der Mittelwert des Alters der befragten Gruppe können mithilfe von Formeln in der Tabelle ermittelt werden.

Die erfassten Daten können dann nach Kriterien wie z. B. der Zugehörigkeit zu einer Klasse oder nach der Altersgruppe mithilfe der „Sortierfunktion" umgeordnet werden.
Dann kann jede Frage einzeln ausgewertet werden.

Sortieren

HINWEIS
Markiere alle Zeilen deiner Tabelle. Wähle im Menüband **Daten** *aus und klicke auf den* **Sortieren**-*Button. Es öffnet sich ein Fenster, in dem du angibst, nach welcher Kriterien sortiert werden soll.*

	A	B	C
1	Klasse	Mädchen	Junge
2	8a	12	14
3	8b	15	12
4	8c	11	16
5	8d	17	10
6	Summe	55	52

Erstelle zunächst eine Tabelle mit den Daten zu einer Frage. Mithilfe des Diagramm-Assistenten kannst du z.B. ein Säulendiagramm erstellen. Markiere dafür die Zellen A1 bis C5 und klicke im Menüband auf **Einfügen**.
Wähle dort **Säule** aus.
Die Einträge in Zeile 1 und Spalte A werden automatisch für die Beschriftung des Diagramms verwendet.

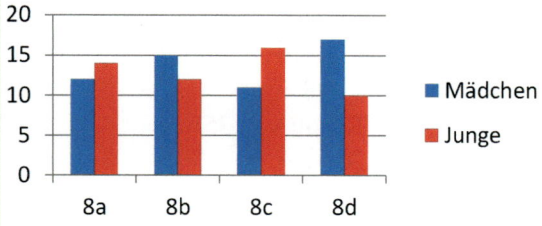

Verändere das Diagramm:
– Ein Doppelklick auf einzelne Bereiche des Diagramms öffnet ein Fenster. Klicke z. B. auf eine Säule.
– Alternativ kann man Änderungen über die **Diagrammtools** im Menüband vornehmen.

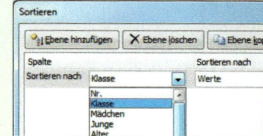

1 Erstelle eine Tabelle und sortiere die Inhalte nach verschiedenen Kriterien.

2 Übertrage die Angaben der Zeilen 1 und 2 aus der großen Tabelle von oben in ein Tabellenblatt. Füge dann die Werte der Zeilen 110 und 111 direkt darunter ein.
a) Klicke die Zellen F2 bis I2 und F3 bis I3 an und erstelle unterschiedliche Diagrammtypen.
b) Erstelle mithilfe der Zelle J2 bis M2 und J3 bis M3 verschiedene Diagramme.

3 Überlege, welche Formeln in den Zellen der Zeilen 110 und 111 einzutragen sind.

4 Erstelle mit den Ergebnissen in Zeile 4 deiner Tabelle Diagramme mit Prozentangaben.

5 Betrachte das Diagramm zur Bestätigung des Berufswunsches auf der gegenüberliegenden Seite. Kann man es mit den Angaben der Zellen N2 bis O2 und N109 bis O109 erstellen?

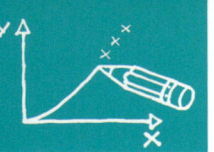

6 Klara und Risto wollen das Angebot nutzen und den MP3-Player kaufen.
Risto errechnet einen Preis von 120,69 € nach der Erstattung.
Klara behauptet, es sind 125,21 € zu zahlen.
a) Wie haben die beiden jeweils gerechnet?
b) Welche Antwort ist richtig?
c) Begründe, dass die 149 € einem Prozentsatz von 119 % entsprechen.

Wir erstatten die Mehrwertsteuer!!!

149,00 € inkl. 19 % MwSt.

7 Bei der Produktion von 20 000 Gummibärchen wurden 400 Fehlformen aussortiert.
a) Wie viel Prozent sind das?
b) Wie viele der abgebildeten Gummibärchen könnten demnach fehlerhaft sein?

7 Berechne. Runde sinnvoll.
a) Von 247 Schülerinnen einer Schule haben 47 % der Mädchen ein Schwimmabzeichen erhalten. Davon haben 32 % das Abzeichen in Gold erreicht.
Wie viele Mädchen sind das?
b) Von 642 Schülerinnen und Schülern einer Schule haben 334 Jungen eine Urkunde bekommen. Davon haben 60 Jungen eine Ehrenurkunde erlangt.
Wie viel Prozent der Urkunden für Jungen waren das?

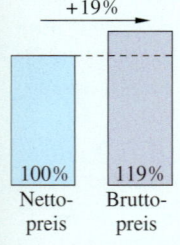

c) Bei gleichem Fehlerprozentsatz wurden 900 Bärchen aussortiert. Wie viele Bärchen wurden wahrscheinlich produziert?

c) Fast 78 % der Mitglieder des Sportvereins haben beim Fun-Turnier mitgemacht. Insgesamt waren das 140 Personen.

8 Die Miete für ein Geschäft soll erhöht werden. Bisher wurden monatlich 50 € pro m² gezahlt. Zukünftig soll die Miete 80 € pro m² betragen.
a) Auf wie viel % wird die Miete erhöht?
b) Wie viel muss künftig mehr bezahlt werden, wenn das Geschäft 47 m² groß ist?
c) Wie groß wäre die zukünftige Miete bei einer Mietsteigerung von 30 %?
d) Der Ladenbesitzer handelt eine Miete von 3 290 € aus. Auf wie viel Prozent wurde die Miete erhöht?

8 Stimmen die Rechnungen? Wie kommt man auf die markierten Werte? Begründe.
a) Bruttopreis 25 €; Nettopreis?
25 : 1,19 = 21,01
b) Nettopreis 42 €; Bruttopreis?
42 · 1,19 = 49,98
c) Preis 40 €; Rabatt von 35 %
40 · 0,65 = 26
d) Preis 32 €; reduziert um 15 %
32 · 0,85 = 27,20
e) Preis 66 €; Skonto 3 %
66 · 0,97 = 64,02

9 👥 Arbeitet zu zweit. Beachtet den Hinweis in der Randspalte. Bei Versicherungen ergibt sich der Jahresbeitrag oft als Promillewert der Versicherungssumme. Gib jeweils den Jahresbeitrag an.
a) Ein Hausrat wurde mit 63 000 € versichert.
Der Beitrag für ein Jahr beträgt 1,83 ‰ der Versicherungssumme.
b) Bei einer Haftpflichtversicherung betragen die Gebühren im Jahr 0,56 ‰ von 50 000 €.
c) Eine Versicherung über 250 000 € kostet im Jahr 0,75 ‰ von der Versicherungssumme.

10 Kette und Anhänger wiegen 24 g (ohne Stein). Der Goldanteil beträgt jeweils 333 ‰.

10 Erwachsene haben ca. 5 l Blut. Bei einer Verkehrskontrolle wurden bei einem Kraftfahrer 0,7 ‰ Alkoholgehalt im Blut festgestellt. Wie viel ml reinen Alkohols entspricht das?

Begriffe der Zinsrechnung

Entdecken

1 Die Zinsrechnung ist ein Anwendungsgebiet der Prozentrechnung.
a) Wenn 20 % aller 34 000 Einwohner der Stadt Uelzen Kinder sind, so sind dies 6 800.
   Gib den Prozentwert, den Grundwert und den Prozentsatz an.
b) Im Finanzwesen werden statt Prozentwert, Grundwert und Prozentsatz die Begriffe Zinsen,
   Kapital und Zinssatz verwendet. Wenn Tom 2 500 € auf einem Sparbuch zu 0,5 % anlegt, erhält er nach einem Jahr 12,50 € dazu.
   Ordne die einander entsprechenden Begriffe zu.

2 Kai soll folgende Aufgabe berechnen:

Wie viel Zinsen sind für einen Kredit von 600 Euro zu zahlen, der mit 8 % verzinst wird?

Er erinnert sich an den Dreisatz und die Formel, die er bei der Prozentrechnung gelernt hat.
Kann er hier diese Methoden verwenden? Wie könnte er vorgehen?

3 Finja und Felix berechnen 3 % von 50 000 €.
a) Erkläre ihre Vorgehensweisen. Wo sind die Unterschiede?
b) Überlege dir eine passende Aufgabe zu ihren Rechnungen.

BEACHTE
$p\% = \frac{p}{100}$

Finja rechnet:

	Anteil	Betrag	
:100	100 %	50 000 €	:100
·3	1 %	500 €	·3
	3 %	1 500 €	

Felix rechnet:
Zinsen (Z) = Kapital (K) · Zinssatz $(p\%)$
$$Z = K \cdot \frac{p}{100}$$
$$Z = 50\,000\,€ \cdot \frac{3}{100}$$
$$Z = 1\,500\,€$$

4 Fred hat sich im Internet über drei verschiedene Banken informiert. Die Angebote hat er
zum Vergleichen in einem Diagramm dargestellt.

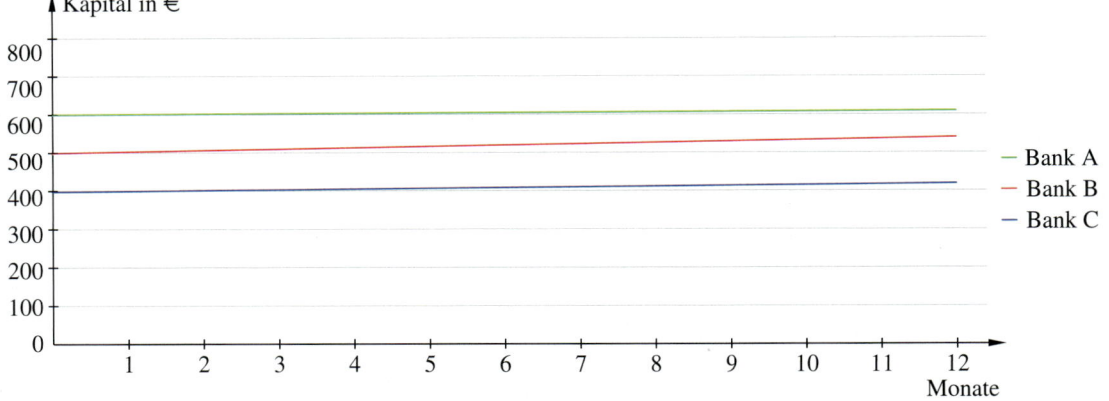

a) Welche Bank bietet den höchsten Zinssatz an?
   Stelle eine Vermutung auf und begründe mithilfe des Diagramms.
b) Mit welchem Anfangskapital starten die drei Angebote jeweils?
c) Nach einem Jahr beträgt das Kapital der drei Angebote 420 €, 540 € und 609 €.
   Ordne die Werte den Angeboten zu und berechne den Zinssatz.
d) Vergleiche deine Rechnung mit der Lösung von a).

Verstehen

Eine Bank wirbt um neue Kunden:

Besser als der Sparstrumpf! Prüfen Sie unsere Angebote.

Angebot A
Ab 400 € garantieren wir einen Zinssatz von 1,9 % p.a.

Angebot B
30 € Jahreszinsen bei einem Zinssatz von 3 % p.a. bei Einzahlung einer Mindesteinlage.

Angebot C
Bei einer Einlage ab 500 € sind 10 € garantiert.

HINWEIS
*Zur Berechnung von Zinsen, Kapital und Zinssatz **für ein Jahr** geht man genauso vor wie in der Prozentrechnung zur Berechnung von Prozentwert, Grundwert und Prozentsatz.*

Wie hoch sind die Zinsen für ein Jahr bei Angebot A?

Beispiel 1

400 € werden für ein Jahr zu 1,9 % angelegt.
100 % sind 400 €,
1 % sind 4 €,
1,9 % sind 7,60 €.

Anteil	Betrag in €
100 %	400
1 %	4
1,9 %	7,60

$:100$ $:100$ $\cdot 1,9$ $\cdot 1,9$

Formel zur Berechnung der **Jahreszinsen Z**:

$$Z = \frac{p \cdot K}{100}$$

$$Z = \frac{1,9 \cdot 400}{100} = 7,60$$

Die Zinsen betragen 7,60 €.

Merke Sind das Kapital und der Zinssatz bekannt, kann man die **Jahreszinsen Z** mit dem Dreisatz oder mit der Zinsformel berechnen.

Wie hoch ist das Kapital, das mindestens beim Angebot B eingezahlt werden muss?

Beispiel 2

Bei einem Zinssatz von 3 % p.a. (pro Jahr) betragen die Jahreszinsen 30 €.
3 % sind 30 €,
1 % sind 10 €,
100 % sind 1 000 €.

Anteil	Betrag in €
3 %	30
1 %	10
100 %	1 000

$:3$ $:3$ $\cdot 100$ $\cdot 100$

Formel zur Berechnung des **Kapitals**:

$$K = \frac{Z \cdot 100}{p}$$

$$K = \frac{30 \cdot 100}{3} = 1\,000 \text{ €}$$

Das Kapital beträgt 1 000 €.

Merke Sind die Jahreszinsen und der Zinssatz bekannt, kann man das **Kapital K** mit dem Dreisatz oder mit der umgestellten Zinsformel berechnen.

Wie hoch ist der Zinssatz in Angebot C?

Beispiel 3

BEACHTE
$p\% = \frac{p}{100}$

Für ein Kapital in Höhe von 500 € werden 10 € Jahreszinsen gezahlt.
500 € sind 100 %,
1 € sind 0,2 %,
10 € sind 2 %.

Betrag in €	Anteil
500	100 %
1	0,2 %
10	2 %

$:500$ $:500$ $\cdot 10$ $\cdot 10$

Formel zur Berechnung des **Zinssatzes**:

$$p\% = \frac{p}{100} = \frac{Z}{K}$$

$$p\% = \frac{p}{100} = \frac{10}{500} = 0,02 = 2\%$$

Der Zinssatz beträgt 2 % p.a.

Merke Sind das Kapital und die Jahreszinsen bekannt, kann man den **Zinssatz $p\%$** mit dem Dreisatz oder mit der umgestellten Zinsformel berechnen.

Üben und anwenden

1 Ordne den Größen jeweils die Begriffe Zinssatz, Zinsen und Kapital richtig zu.
a) 50 € von 2000 € sind 2,5 %.
b) 2 % von 600 € sind 12 €.
c) Von 36 € sind 3 % 1,08 €.

1 Ordne den Größen jeweils die Begriffe Zinssatz, Zinsen und Kapital richtig zu.
a) 4 % sind 112 € von 2800 €.
b) 110 % von 45 € sind 49,50 €.
c) 180 € sind 150 % von 120 €.

2 👥 Arbeitet zu zweit. Ordne Kapital, Zinsen und Zinssatz passend einander zu.

6,16 €   88 €   95 €   10,45 €   125 €   48 €
7 %   1,08 €   11 %   2,25 %   6,25 €   5 %

3 Ergänze die Tabelle im Heft.

	a)	b)	c)	d)
Zinssatz		10 %	2 %	
Kapital (alt)	5 000 €		500 €	9 000 €
Zinsen	250 €	138 €		1080 €
Kapital (neu)	5 250 €			

3 Ergänze die Tabelle im Heft.

	Zinssatz	Kapital (alt)	Jahreszinsen	Kapital (neu)
a)	2,5 %	2 150 €		
b)		3 300 €	198 €	
c)	4 %		296,40 €	
d)		1 850 €		1 887 €

4 Berechne jeweils den Zinssatz.
a) Für ein Kapital von 1 250 € erhält Max nach einem Jahr 25 € Zinsen.
b) Frau Griese nimmt einen Kredit über 25 000 € auf. Nach einem Jahr muss sie 2750 € Zinsen zahlen.

4 Nach einem heftigen Sturm muss Familie Berns das Dach reparieren lassen. Sie nehmen für ein Jahr einen Kredit über 6 000 € auf und zahlen nach einem Jahr 6 420 € zurück. Zu welchem Zinssatz hatte Familie Berns den Kredit erhalten?

HINWEIS
*Bei einem **Kredit** leiht man sich Geld und **zahlt** dafür Zinsen. Anders als bei einem Bankkonto.*

5 Drei Geldinstitute bieten ihre Dienste an.

BANK Ⓑ Kredit 10.000,- € Jahreszinsen 740,- € Bearbeitung einmalig 90,- €
SPARKASSE Ⓢ Kredit 10.000,- € 7,9 % Keine Gebühr
BANK Ⓐ Kredit 10.000,- € 7,6 % Bearbeitung: 0,5 % der Kreditsumme

Stelle eine Tabelle auf, sodass man alle Beträge vergleichen kann. Welches Angebot ist im ersten Jahr am günstigsten?

5 Herr Tunc hat 50 000 € in Pfandbriefen angelegt, die im Jahr mit 6 % verzinst werden.
a) Wie hoch sind die jährlichen Zinsen?
b) Wie viel betragen die Zinsen im Durchschnitt monatlich?
c) Tim meint: „Die Zinsen pro Monat machen 0,5 % des Kapitals aus." Was meinst du dazu?
d) Wie viel Zinsen würde Herr Tunc durchschnittlich pro Monat erhalten, wenn die Pfandbriefe mit 7,2 % verzinst würden?

HINWEIS ZU 5
*Ein **Pfandbrief** ist eine festverzinste Geldanleihe, deren Deckung auf Grundstücke oder Immobilien beruht.*

6 Gib jeweils die Formel und die Formatierung für die drei markierten Zellen in Zeile 4 an.

	A	B	C	D	E	F	G	H
1	Berechnung der Zinsen			Berechnung des Kapitals			Berechnung des Zinsatzes	
2	Kapital	2.000,00 €		Zinsen	80,00 €		Zinsen	80,00 €
3	Zinssatz	4,00%		Zinssatz	4,00%		Kapital	2.000,00 €
4	Zinsen	80,00 €		Kapital	2.000,00 €		Zinssatz	4,00%
5								

7 Lydia, Sascha, Hasan und Lilo haben ihr Geld bei unterschiedlichen Geldinstituten angelegt. Sie wollen vergleichen. Lege eine Tabelle an und berechne die fehlenden Werte.

Lydia — ? — 1,6 % — Jahreszinsen 7,20 €

Sascha — 500,- € — 1,75 % — Jahreszinsen ?

Hasan — 500,- € — ? — Jahreszinsen 9,- €

Lilo — 890,- € — ? — Jahreszinsen 13,30 €

8 Herr Wüllner hat aus drei Bausparverträgen Kredite zurückzuzahlen.
① 40 000 € mit 2 000 € Jahreszinsen
② 20 000 € mit 600 € Jahreszinsen
③ 10 000 € mit 200 € Jahreszinsen
a) Welcher Zinssatz wird jeweils berechnet?
b) Welcher Zinssatz ergibt sich aus den gesamten Bausparbeträgen und den gesamten Zinsen?

8 Die Bausparkasse gibt Herrn Haupts drei Bausparkredite.
① 25 000 € mit 800 € Jahreszinsen
② 10 000 € mit 350 € Jahreszinsen
③ 4 000 € mit 200 € Jahreszinsen
a) Welchen Zinssatz hat die Bausparkasse jeweils zugrunde gelegt?
b) Welcher Zinssatz ergibt sich aus der gesamten Kreditsumme?

9 Ole erhält für sein Sparguthaben in Höhe von 3 400 € nach einem Jahr 78,20 € Zinsen. Björn hat sein Sparguthaben in Höhe von 1 300 € auf einem Konto mit einjähriger Kündigungsfrist angelegt. Er erhält 36,40 € Zinsen.
Vergleiche die beiden Zinssätze miteinander.

9 Eine Stiftung, die über 500 000 € Kapital verfügt, zeichnet jährlich Künstler für besondere Verdienste mit Geld aus. Die Höhe richtet sich jeweils nach dem Zinsertrag.
Im ersten Jahr konnten 36 250 €, im zweiten Jahr 37 500 € ausgezahlt werden.
Berechne jeweils die Zinssätze.

10 Früher konnte man sein Geld in Bundesschatzbriefen anlegen. Die Zinsen stiegen beim Typ A nach einer sogenannten Zinstreppe an. Wurden 20 000 € für 6 Jahre angelegt, so zahlte der Bund nach Ablauf eines jeden Jahres die angegebenen Zinsen aus.
Berechne, mit welchem Zinssatz jedes Jahr das Kapital verzinst wurde.

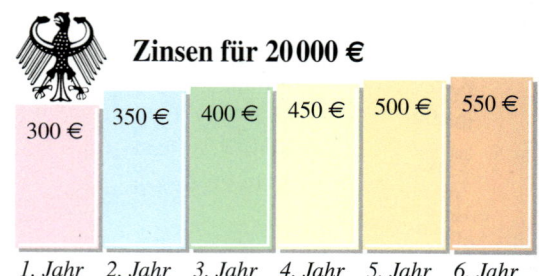

Zinsen für 20 000 €

300 €	350 €	400 €	450 €	500 €	550 €
1. Jahr	2. Jahr	3. Jahr	4. Jahr	5. Jahr	6. Jahr

11 Ein Konto bei Bank A mit 3,8 % Verzinsung bringt nach einem Jahr 26,22 € Zinsen. Ein Konto bei Bank B, das mit 4,2 % verzinst ist, erbringt 28,56 € Zinsen.
a) Auf welchem Konto befand sich am Anfang des Jahres der höhere Geldbetrag?
b) Wieviel Geld befindet sich am Ende des Jahres auf den Konten?

11 Herr Münster hat eine Wohnung gekauft. Dafür musste er drei Hypotheken aufnehmen. Nach einem Jahr zahlt er folgende Zinsen.
① 1 100 € (Zinssatz von 5,5 %)
② 900 € (Zinssatz von 6 %)
③ 650 € (Zinssatz von 6,5 %)
Berechne die gesamten Hypothekenschulden nach einem Jahr.

Tageszinsen

Entdecken

1 👥 Arbeitet zu zweit.

a) Erkundigt euch nach aktuellen Zinssätzen für Geldanlageformen und Kredite.

b) Erklärt gemeinsam, warum Zinsen für Geldanlagen niedriger sind als Zinsen für Kredite.

c) Die Zeit spielt in der Zinsrechung eine wichtige Rolle. Zinssätze beziehen sich immer auf ein Jahr. Doch wie könnte man Zinsen bei längeren oder kürzeren Zeiträumen berechnen, wie z. B. für einige Jahre oder nur ein paar Monate, Wochen oder Tage? Diskutiert darüber zunächst zu zweit und dann in eurer Klasse.

2 Alicia hat zu Jahresbeginn 600 € auf ihrem Sparbuch. Der Zinssatz beträgt 0,75 %.

a) Wie viel Zinsen gibt die Bank, wenn sich Alicia ihr Geld nach einem halben Jahr auszahlen lässt?

b) Wie viel Zinsen bekommt Alicia, wenn sie sich das Geld am 1. März auszahlen lässt?

Überlege erst allein. Besprich dich dann mit einem Mitschüler oder einer Mitschülerin. Diskutiert danach in der Klasse über eure Lösungswege und Ergebnisse.

3 Martin sagt zu Paula: „Ob du nun 7 % oder 7,5 % zahlen musst, die 0,5 Prozentpunkte machen bei einem Kredit fast nichts aus." Was meinst du dazu? Begründe mithilfe einer Rechnung.

4 Verdopplung von Kapital

a) Wann verdoppelt sich ein Kapital von 100 € bei einem Zinssatz von 5 %?

b) Wann verdoppelt sich ein Kapital von 100 € bei einem Zinssatz von 4 %?

c) In der Randspalte steht eine Faustregel zur Verdopplung des Kapitals. Überprüfe die Faustregel für eine Geldanlage von 10 000 € zu 5 %, wenn die Zinsen zu gleichen Bedingungen angelegt werden. Stimmt die Faustregel?

HINWEIS
Eine Faustregel zur Verdopplung des Kapitals:
$$\frac{70}{Zinssatz} = Anzahl$$
der Jahre, nach denen sich das Kapital verdoppelt.

5 Felia möchte sparen und möglichst viele Zinsen bekommen. Sie informiert sich bei einer Bank und erhält eine Werbebroschüre, die das Anwachsen von 100 € Kapital zeigt. Wie steigen die Zinsen von Jahr zu Jahr? Was stellst du fest?

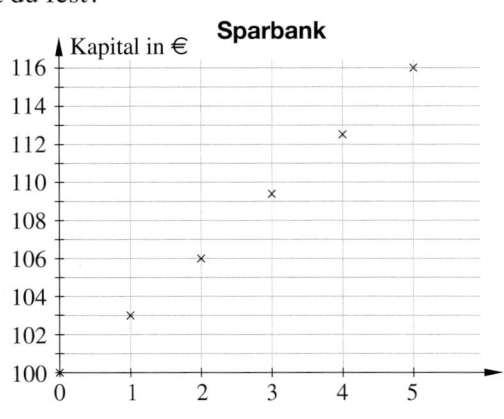

Verstehen

Christina nimmt in diesem Schuljahr am Frankreichaustausch ihrer Schule teil. Ihre Eltern haben ihr deshalb ein kostenloses Girokonto eingerichtet.
Da sich der Kontostand oft ändern kann, berechnet die Bank bei Girokonten Tageszinsen. Zur Vereinfachung rechnet man im Bankwesen mit 30 Tagen pro Monat, also 360 Tagen pro Jahr.

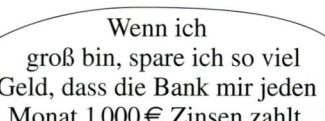

Vom 12.01. bis zum 21.03. hatte ich 540 € auf meinem Konto. Dafür bekam ich 0,9 % Zinsen.

Wenn ich mein Konto um 540 € überziehen würde, müsste ich für diesen Zeitraum 12,42 € Zinsen zahlen.

Wenn ich groß bin, spare ich so viel Geld, dass die Bank mir jeden Monat 1 000 € Zinsen zahlt.

Wie viele Tage betrug der Kontostand 540 €?

*BEACHTE
Bei der Berechnung der Zinstage wird der erste Tag **nicht** mitgezählt.*

Beispiel 1

Januar				Februar				März			
01	08	15	22	29		06	13	20	27	04	11	18	25
02	09	16	23	30		07	14	21	28	05	12	19	26
03	10	17	24		01	08	15	22	29	06	13	20	27
04	11	18	25		02	09	16	23	30	07	14	21	28
05	12	19	26		03	10	17	24		01	08	15	22	29
06	13	20	27		04	11	18	25		02	09	16	23	30
07	14	21	28		05	12	19	26		03	10	17	24

Der Zeitraum vom 12. Januar bis zum 21. März umfasst 69 Zinstage.

Wie hoch sind die Zinsen, die Christinas Konto gutgeschrieben werden?

*BEACHTE
Ein Zinsjahr wird mit 12 Monaten zu 30 Tagen angegeben. Ein Tag entspricht dem Zeitfaktor $\frac{1}{360}$.*

Beispiel 2

$$Z = \frac{p \cdot K}{100} \cdot \frac{t}{360} \qquad Z = \frac{0,9 \cdot 540}{100} \cdot \frac{69}{360} \qquad Z \approx 0,93 \, €$$

Christina erhält für den Zeitraum 0,93 € Zinsen.

> **Merke** Die Zinsen für Teile eines Jahres kann man berechnen, indem man das Kapital mit dem Zinssatz und mit dem Bruchteil eines Jahres, dem **Zeitfaktor** $\frac{t}{360}$, multipliziert.

Welchen Zinssatz hat die Bank nach der Berechnung von Christinas Vater bei der Kontoüberziehung berechnet?

Beispiel 3

$$p\,\% = \frac{Z}{K} \cdot \frac{360}{t} \qquad p\,\% = \frac{12,42}{540} \cdot \frac{360}{69} \qquad p\,\% = 0,12 = 12\,\%$$

Der Zinssatz für die Kontoüberziehung beträgt 12 %.

Für welches Kapital erhält man bei einem Zinssatz von 6 % monatlich 1 000 € Zinsen?

*BEACHTE
$p\,\% = \frac{p}{100}$
$6\,\% = 0,06$*

Beispiel 4

$$K = \frac{Z}{p\,\%} \cdot \frac{360}{t} = \frac{Z \cdot 100}{p} \cdot \frac{360}{t} \qquad K = \frac{1\,000 \cdot 100}{6} \cdot \frac{360}{30} \qquad K = 200\,000 \, €$$

Das Kapital müsste 200 000 € betragen.

Üben und anwenden

1 Schreibe als Bruchteil eines Bankjahres.
a) 30 Tage **b)** 60 Tage **c)** 90 Tage
d) 180 Tage **e)** 16 Tage **f)** 45 Tage
g) 5 Monate **h)** 02.01. – 03.02.

1 Berechne die Zinstage und den Bruchteil des Bankjahres.
a) 01.06. – 30.09. **b)** 01.01. – 18.04.
c) 05.05. – 13.09. **d)** 11.07. – 24.10.

2 Berechne jeweils die Zinsen.

	Kapital	Zinssatz p.a.	Zeit
a)	300 €	1 %	90 Tage
b)	450 €	2 %	60 Tage
c)	220 €	2 %	200 Tage
d)	235 €	1,5 %	150 Tage

2 Berechne die Zinsen.

	Kapital	Zinssatz p.a.	Zeit
a)	2 300 €	2,2 %	330 Tage
b)	8 900 €	2,5 %	150 Tage
c)	7 650 €	2,75 %	240 Tage
d)	1 200 €	1,9 %	95 Tage

HINWEIS
p.a. ist die Abkürzung für "pro anno" und bedeutet pro Jahr.

3 Ein Elektronikmarkt wirbt mit folgendem Hinweis:

JETZT KAUFEN! Nach 6 Monaten zahlen.

Der Händler verlangt 3,9 % p.a. Zinsen auf die Kaufpreise für 6 Monate.
Berechne die neuen Preise, wenn man das Angebot des Händlers annimmt.
a) Fernseher 1 199 €   b) DVD-Player 99 €
c) Tablet-PC 459 €   d) Digitalkamera 239 €

4 Wegen der verspäteten Zahlung einer Rechnung in Höhe von 15 576 € verlangt eine Heizungsfirma für 45 Tage Zinsen mit einem Zinssatz von 11 % p.a.
Wie viel Euro beträgt die Nachforderung?

4 Die Rechnung einer Firma in Höhe von 8 625 € wurde zu spät beglichen.
Die Firma verlangt für diese Zeit 149,50 € Zinsen bei einem Zinssatz von 12 % p. a.
Wie viele Tage wurde verspätet bezahlt?

5 Als Altersvorsorge hat Frau Martini ein Kapital bei 6 % fest angelegt.
Sie möchte in Zukunft nur die Zinsen abheben und davon leben.
Berechne das Kapital, wenn Frau Martini monatlich 2 000 € zur Verfügung stehen sollen.

5 „Ich stifte die Zinsen meines Vermögens, das zu einem Zinssatz von 3,65 % angelegt ist, dem Tierheim am Ort.
Das Kapital bleibt unangetastet. Es werden nur die Zinsen ausbezahlt. Das Tierheim erhält somit pro Tag einen Zuschuss von 50 €."

6 Eric leiht sich von seinem Freund 10 €, die er einen Monat später mit 0,50 € Zinsen zurückzahlt.
Welchem Zinssatz entspricht das?

6 Frau Gunser saniert ihr Haus. Für neue Fenster hat sie einen Kredit in Höhe von 5 000 € aufgenommen. Für eine Laufzeit von sieben Monaten hat sie 525 € Zinsen gezahlt.

7 Vergleiche die Angebote.

Kredit	A	B	C	D
Höhe	7 000 €	7 000 €	10 000 €	10 000 €
Zinssatz	9 %	9,5 %	12 %	11,5 %
Rückzahlung nach	10 Monaten	9 Monaten	18 Monaten	24 Monaten
Bearbeitungsgebühr	30 €	45 €	5 % des Kredits	5 % des Kredits
Zinsen				
Rückzahlungssumme				

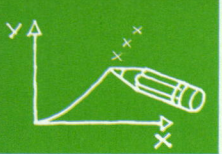

Methode: Zinsen mit einer Tabellenkalkulation berechnen

Tim und Lena sparen für ihren Führerschein. In vier Jahren möchte Lena den Führerschein der Klasse B machen. Tim möchte in fünf Jahren den Führerschein der Klasse A machen. Sie haben beide jetzt ein Startkapital von 150 €.

> **Führerscheinkurse inklusive Grundgebühr und Prüfungsgebühr**
>
> Ab 16 Jahre: Klasse A
> Für Fahrzeuge mit 225 ccm schon ab 400 €
>
> Ab 17 Jahre: Klasse B
> Für Pkw mit Begleitperson schon ab 1100 €

Banken und Sparkassen bieten Ratensparpläne an. Der Sparer zahlt regelmäßig Geld ein, das dann zum festen Zinssatz verzinst wird.

Der Kundenberater der Bank empfiehlt Tim und Lena jeweils den Abschluss eines Ratensparvertrages. Für Lena berechnet er eine Jahresrate von 240 €.

Um verschiedene Ratensparpläne vergleichen zu können, nutzen Lena und Tim ein Tabellenkalkulationsprogramm.
1. Sie beginnen mit einem neuen Tabellenblatt und richten die Tabelle ein.
2. Sie tragen die Überschriften zum Ratensparplan ein.
3. Sie tragen die Formeln in die Zellen der Zeile 4 ein. Für die Eingabe der weiteren Formeln nutzen sie die **Kopierfunktion**.

BEACHTE
Zellen können absolut und relativ adressiert werden. Beim Kopieren einer Formel bleibt der Bezug zur Zelle fest, falls die Dollarzeichen gesetzt werden.
Beispiel
F2 ist eine relative und F2 eine absolute Zellenadressierung.

	A	B	C	D	E	F
1	Ratensparvertrag für Lena		Startkapital	Ratenzahlung je Jahr		Zinssatz
2			150,00 €	240,00 €		3%
3	Datum	Kapital am Jahresanfang	Jahreszinsen	Jahresrate	Kapital am Jahresende	Laufzeit
4	01.01.2013	150,00 €	4,50 €	240,00 €	394,50 €	1 Jahr
5	01.01.2014	394,50 €				2 Jahre
6	01.01.2015					3 Jahre
7	01.01.2016					4 Jahre
8	Summe		62,90 €	960,00 €		

=B4*F2   =Summe(B4:D4)

1 Welche Formeln wurden in die Zellen B4, D4 und B5 eingegeben?

2 Erkläre, weshalb in der Formel von Zelle C4 die Zelle F2 absolut adressiert wird.

3 Trage die fehlenden Formeln der Zeilen 6 und 7 ein. Nutze dabei die Kopierfunktion: Markiere eine Zelle und ziehe bei gedrückter Maustaste am Kästchen an der unteren Ecke.

4 Überprüfe, ob der Auszahlungsbetrag nach 4 Jahren 1172,90 € beträgt.

5 Erstelle mithilfe einer Tabelle den Ratensparplan für Tim. Er will jährlich 40 € ansparen.

TIPP
Übertrage Formeln in viele Zellen mithilfe der **Kopierfunktion**.

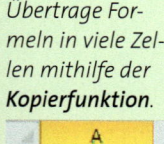
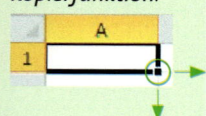

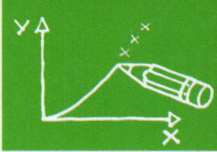

Lenas Eltern möchten ihren alten Pkw günstig eintauschen und das Angebot der Autofirma nutzen.

Das Autohaus gewährt einen Kredit zu einem Zinssatz von 7,5 % bei einer jährlichen Tilgungsrate von 2 500 €. Die Bank gewährt einen Kredit zu einem Zinssatz von 6 % bei einer jährlichen Tilgungsrate von 3 000 €.

Angebot: 23 000 €

Wir zahlen beim Kauf eines Neuwagens für Ihren alten Pkw unbesehen 3 000 €.

Mit einem Tabellenkalkulationsprogramm lassen sich Tilgungspläne übersichtlich darstellen und die Vertragsbedingungen gut vergleichen.
Das Tabellenblatt zeigt den Tilgungsplan zum Angebot der Bank.

	A	B	C	D	E	F	G
1	Tilgungsplan		Darlehen	Zinssatz	Raten (jährlich)		
2			20.000 €	6%	3.000 €		
3							
4	Jahr	Restschuld	Zinsen	Restschuld + Zinsen	Tilgungsrate	Restschuld nach Tilgung	
5	1	20.000 €	1.200 €	21.200 €	3.000 €	18.200 €	
6	2	18.200 €					
7	3						

BEACHTE
Tilgung ist der Vorgang, der die Schulden abträgt.

6 Welche Formeln wurden in der Zeile 5 eingegeben?

7 Übertrage die Tabelle und berechne, nach wie vielen Jahren der Kredit zurückgezahlt ist. Wie viel Euro müssen für den Kredit über 20000 € insgesamt gezahlt werden?

8 Erstelle einen Tilgungsplan für das Angebot des Autohauses. Vergleiche anschließend mit dem Tilgungsplan zum Angebot der Bank.

9 Betrachte den Tilgungsplan.

C5 f_x =B5*D2

	A	B	C	D	E	F	G
1	Tilgungsplan		Darlehen	Zinssatz	Raten (jährlich)		
2			25.000 €	7%	5.000 €		
3							
4	Jahr	Restschuld	Zinsen	Restschuld + Zinsen	Tilgungsrate	Restschuld nach Tilgung	
5	1	25.000 €	1.750 €	26.750 €	5.000 €	20.000 €	
6	2	20.000 €	1.400 €	21.400 €	5.000 €	15.000 €	
7	3	15.000 €	1.050 €	16.050 €	5.000 €	10.000 €	

a) Zu welchen Bedingungen wurde der Tilgungsplan erstellt?
b) Beim Eintragen der Formeln im Tabellenblatt sind Fehler aufgetreten. Überprüfe den Tilgungsplan und korrigiere die Fehler.
c) Nach wie vielen Jahren ist die Schuld vollständig getilgt?
d) Bewerte den Tilgungsplan im Vergleich zum Tilgungsplan zum Angebot der Bank.

10 Lenas Eltern bekommen in fünf Jahren einen Ratensparvertrag über 10000 € ausbezahlt. Daher bieten die Bank und das Autohaus an, durch eine Sonderzahlung den Kredit dann vorzeitig ablösen zu können. Reicht der Auszahlungsbetrag in fünf Jahren für die Restschuld aus?

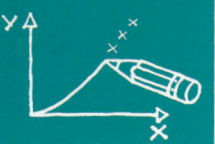

8 Die Tabelle zeigt die Kontobewegungen von Christians Sparbuch. Sein Guthaben wird mit 1,2 % verzinst.
a) Berechne Christians Guthaben vom 16.03. und 24.05.
b) Wie viele Zinsen hat er insgesamt erhalten?

Datum	Aus-zahlung	Ein-zahlung	Gut-haben
30.12.	–	–	150,00 €
16.03.	–	75,00 €	
24.05.	50,00 €	–	

HINWEIS ZU 9
Ein **Dispositions-kredit** ist ein Überziehungs-kredit, den Ban-ken ihren Kunden bei Giro-konten einräu-men. Disposi-tionskredite haben sehr hohe Zinssätze.

9 Zahlt man bei einer Bank oder Sparkasse Geld für eine vereinbarte Zeit ein, so spricht man von Festgeld. Berechne die Zinsen.
a) 25 000 € für   9 Monate zu 2,2 %
b) 50 000 € für   6 Monate zu 2,7 %
c) 90 000 € für 10 Monate zu 3,1 %
Warum wird für Festgeld in der Regel ein höherer Zinssatz gewährt als für normale Sparkonten?

9 Berechne die Zinsen für einen Disposi-tionskredit bei einem Girokonto.
a)   4 723 € zu 10,25 % für   40 Tage
b)   8 500 € zu 11,1 %   für 120 Tage
c)   3 780 € zu 12,25 % für   50 Tage
d)   8 200 € zu 11,0 %   für 200 Tage
e)   4 520 € zu   8,0 %   für   50 Tage
f) 10 000 € zu 13,0 %   für 130 Tage
g) 12 400 € zu 12,7 %   für   80 Tage

10 Berechne die Zinsen für die angegebenen Zeiträume.
a) 4 500 € zu   9 % vom 20.12. bis 07.02.
b) 8 300 € zu 11 % vom 24.03. bis 03.07.
c) 7 000 € zu 9,7 % vom 05.07. bis 25.12.

10 Berechne die Zinsen für die angegebenen Zeiträume.
a)   837 € zu 1,85 % vom 01.10. bis 03.12.
b) 1 328 € zu 3,93 % vom 28.09. bis 30.10.
c) 1 450 € zu 5,51 % vom 18.05. bis 03.10.

11 Berechne jeweils das Kapital nach zwei Jahren. Runde auf ganze Cent.

	a)	b)	c)	d)
Kapital K	190 €	320 €	570 €	60 €
Zinssatz p %	1,5 %	2,2 %	3,1 %	
Zinsen für das 1. Jahr				1,50 €
Kapital zu Beginn des 2. Jahres	192,85 €			
Zinsen für das 2. Jahr				
Kapital nach 2 Jahren				

ERINNERE DICH
Eine Faustregel zur Verdopplung des Kapitals:
$\frac{70}{Zinssatz}$ = Anzahl der Jahre, nach denen sich das Kapital verdop-pelt.

11 Enno bringt sein Geld zur Bank. Er legt 2 500 € fest an bei einem Zinssatz von 3,7 %. Die an-fallenden Jahreszin-sen werden jedes Jahr mitverzinst.
a) Auf welches Ka-pital ist sein Vermögen nach vier Jahren angewachsen?
b) Überschlage, wann sich sein Kapital ver-doppelt hat. Überprüfe deine Schätzung durch eine Rechnung.

12 Lisa hat zum Geburtstag und zur Konfir-mation insgesamt 1 500 € geschenkt be-kommen. Sie möchte das Geld drei Jahre lang möglichst gewinnbringend für ihren Führer-schein anlegen.
a) Was vermutest du: Welche Geldanlage wird die meisten Zinsen bringen und warum?
b) Nutze ein Tabellenkalkulationsprogramm, um die beste Geldanlage zu ermitteln.

	Spar-buch	Sparbrief	Wachstums-sparen	Stadt-bank
1. Jahr	jährlich 2,3 % Zinsen	4,7 % Zinsen jährlich bei drei Jahren Laufzeit	3 %	5 %
2. Jahr			4,5 %	4,5 %
3. Jahr			5 %	3 %

Thema: Ratenkauf

Viele Kunden nutzen sogenannte Ratenkredite. Der Kredit wird in monatlichen Raten zusammen mit Zinsen und Gebühren zurückgezahlt. Die erste Rate wird 30 Tage nach Erhalt der Ware fällig, die weiteren Raten jeweils einen Monat später.

BEISPIEL

Ein Kaufhaus bietet bis zu 36 Monatsraten und fordert je nach Laufzeit einen Aufschlag auf den Kaufpreis von 0,71 % bis 0,61 % pro Monat.

Anzahl der Monatsraten	6	12	24	36
Aufschlag auf den Kaufpreis	0,71 %	0,64 %	0,62 %	0,61 %

Ein Fernseher kostet 399 €.
Frau Ramin vereinbart einen Ratenkauf über 24 Monate. Zusätzlich zum Kaufpreis muss sie einen Aufschlag zahlen.

Aufschlag	399 € · 0,0062 · 24 = 59,37 €
Ratenkaufpreis	458,37 €
Monatsrate	458,37 € : 24 = 19,10 €

ZUM WEITERARBEITEN
Oftmals wird bei einem Ratenkauf vorausgesetzt, dass kein negativer SCHUFA-Eintrag vorliegt. Recherchiere, was das bedeutet.

1 Berechne den Gesamtpreis und die monatliche Rate für den Fernseher, wenn sich Frau Ramin für eine Laufzeit von 36 Monaten entscheidet.

2 Ein Beamer ist mit 264 € ausgezeichnet. Bei Barzahlung bietet der Händer 2 % Skonto. Wie viel Euro weniger zahlt ein Kunde im Vergleich zu einer Ratenzahlung im Kaufhaus mit sechs Monatsraten?

3 Ein Saxophon wird für 799 € angeboten.
a) Berechne den Ratenkaufpreis des Kaufhauses jeweils für folgende Zeiträume:
– 1 Jahr
– 24 Monate
– 3 Jahre
b) Wie verändert sich der Ratenkaufpreis? Welche Zahlungsweise würdest du empfehlen?

4 Ein Fußballtisch wird für 499 € angeboten.
a) Bestimme, für wie viele Monate der Käufer eine Ratenzahlung vereinbart hat, wenn die monatliche Rate 44,78 € beträgt.
b) Wie hoch ist der Aufschlag, den er gegenüber einer Barzahlung erhält?

5 Matthias' großer Bruder sagt: „Wieso Ratenkauf? Ich überziehe einfach ab und zu mein Konto, dafür ist der Dispokredit doch da!"
Was hältst du davon? Erkundige dich zunächst über Dispositionskredite.
Diskutiere anschließend darüber mit deinem Nachbarn oder deiner Nachbarin.

6 Schneide aus Prospekten Angebote vergleichbarer Artikel mit verschiedenen Finanzierungsmodellen aus und fertige ein Plakat an.
Vergleiche die Endpreise und hebe das deiner Meinung nach günstigste Angebot hervor.
Stelle dein Ergebnis der Klasse zur Diskussion vor.

Klar so weit?

→ Seite 62

Prozentrechnung

1 Vervollständige im Heft.

	120 €	4,5 t	3,75 km
3 %	3,60 €		
15 %			
0,75 %			

1 Vervollständige die Tabelle im Heft.

Grundwert	Prozentwert	Prozentsatz
748,80 €		4,3 %
8 473,15 €	3 754,23 €	
	847,5 km	19,4 %

2 Von den drei Größen der Prozentrechnung sind jeweils zwei gegeben.
Berechne die fehlende Größe.
a) 5 % von 108 € werden verbraucht.
b) Die Beteiligung betrug 252 Personen, das waren 56 %.
c) Von 38,90 m Seil wurden 7,50 m verkauft.

2 Berechne die fehlende Größe.
a) Die 14,5 kg Kies entsprechen 18,5 % des Vorrates.
b) Aus 750 l Fruchtsaft wurden 12 l Konzentrat erzeugt.
c) Von 154 ha Ackerfläche werden 75 % bewirtschaftet.

3 In einer Schule mit 312 Schülerinnen und 288 Schülern soll die Mitgliedschaft der Jungen und Mädchen in Sportgruppen zusammengestellt werden.
a) Vervollständige die Übersicht im Heft.
b) Wie viele Jungen und wie viele Mädchen wurden *nicht* erfasst?

Mädchen		Mitgliedschaft	Jungen	
Anteil	Anzahl		Anteil	Anzahl
34 %		Sportverein		37
	37	Schulschwimm-mannschaft	13 %	
0 %		Schulhandball-mannschaft	9 %	
	53	Schulleichtathletik-mannschaft		43

→ Seite 68

Begriffe der Zinsrechnung

4 Vervollständige die Tabelle im Heft.

Kapital	Zinssatz	Jahreszinsen
50 000 €	4,7 %	
4 800 €		600 €

4 Vervollständige die Tabelle im Heft.

Kapital	Zinssatz	Jahreszinsen
	2,5 %	45 €
81 999 €	8,3 %	

5 Frau Sturm möchte nach Ablauf eines Jahres 250 € Zinsen erhalten. Die Bank bietet einen Zinssatz von 4,3 %.
a) Wie viel Euro müsste sie einzahlen?
b) Eine Sparkasse bietet ihr für dasselbe Kapital 290 € Zinsen. Berechne den Zinssatz.

5 Pia und Claudia legen ihr Sparguthaben an. Pia erhält für 2 500 € nach einem Jahr 55 € Zinsen. Claudia erhält bei gleichem Zinssatz 66 € Zinsen.
a) Berechne den Zinssatz.
b) Wie viel Euro hat Claudia eingezahlt?

6 Herr Klein möchte 6 000 € anlegen.
Er zahlt bei seiner Bank 2 000 € ein und erhält 0,5 % Zinsen pro Jahr. Weitere 2 000 € zahlt er auf sein Sparbuch ein, hier bekommt er 1,5 % Zinsen pro Jahr. Die restlichen 2 000 € legt er als Sparbrief an, für den er 3,5 % Zinsen pro Jahr erhält.
a) Wie viel Euro Zinsen kann Herr Klein nach einem Jahr jeweils erwarten?
b) Wie viel Prozent seines Anlagekapitals von 6000 € betragen die Zinsen insgesamt?

Tageszinsen

→ Seite 72

7 Berechne jeweils die Zinstage.
a) 01.01.–15.02.
b) 14.01.–14.03.
c) 25.01.–17.03.
d) 02.02.–02.03.

Januar					Februar					März				
01	08	15	22	29			06	13	20	27	04	11	18	25
02	09	16	23	30			07	14	21	28	05	12	19	26
03	10	17	24		01	08	15	22	29		06	13	20	27
04	11	18	25		02	09	16	23	30		07	14	21	28
05	12	19	26		03	10	17	24		01	08	15	22	29
06	13	20	27		04	11	18	25		02	09	16	23	30
07	14	21	28		05	12	19	26		03	10	17	24	

8 Lars überzieht sein Girokonto für 37 Tage um 239 €. Die Bank gibt ihm einen Dispositionskredit.
Der Zinssatz ist mit 12,5 % recht hoch.
Wie viel Zinsen muss Lars zahlen?

8 Ein Profisportler will von den Zinsen seines Vermögens leben.
Er legt 200 000 € zu 8 % an.
Wie viel Zinsen kann er sich jeden Monat auszahlen lassen?

9 Frau Quasten hat Geld aus einer Lebensversicherung für 7 Monate bei einem Zinssatz von 3,4 % festgelegt.
a) Welchen Betrag hat sie angelegt, wenn sie am Ende 892,50 € Zinsen erhält?
b) Wie viel Zinsen würde sie nach 9 Monaten ausbezahlt bekommen?

9 Herr Gerten legte ein Kapital für 180 Tage fest an. Er erhielt dafür 1 625 € Zinsen. Der Zinssatz lag bei 6,5 % p. a.
a) Welchen Betrag hat Herr Gerten angelegt?
b) Prüfe, ob das Kapital doppelt so groß sein müsste, wenn neben 90 Tagen Laufzeit alle anderen Bedingungen gleich blieben.

10 Berechne und ergänze die Tabelle im Heft.

	Kapital	Zinssatz	Laufzeit	Zinsen	Jahreszinsen
a)	3 000 €	11,5 %	$\frac{3}{4}$ Jahr		
b)	500 €	2,5 %	4 Monate		
c)		7 %	15 Tage		23,80 €
d)	270 €		110 Tage	2,06 €	

11 Frau Ohnesorg hat auf einem Sparkonto 4 250 € angelegt.
Am Jahresende erhält sie 318,75 € Zinsen.
a) Welchen Zinssatz gewährt die Bank?
b) Wie viel Geld erhält sie, wenn sie das Kapital mit Zinsen für ein weiteres Jahr zu den gleichen Bedingungen anlegt?

11 Jonathan legt 5 500 € fest an bei einem Zinssatz von 4,25 %. Die anfallenden Jahreszinsen werden mitverzinst.
a) Auf welches Kapital ist das Vermögen nach sechs Jahren angewachsen?
b) Wann würde sich das Kapital verdoppelt haben?

12 Löse mithilfe einer Tabellenkalkulation.
Sascha möchte sich neue Möbel für sein Zimmer für 1 250 € kaufen und über eine Laufzeit von 8 Jahren mit jährlichen Raten von 250 € und einem Zinssatz von 9,5 % abbezahlen.
a) Entwirf ein Tabellenblatt so, dass der geliehene Geldbetrag in jährlichen Raten getilgt wird.
b) Wie viel Euro zahlt Sascha insgesamt?

12 Löse mithilfe einer Tabellenkalkulation.
Julia legt für 6 Jahre 3 750 € an. Die Zinsen werden jährlich mitverzinst. Im ersten Jahr bekommt sie 2 % Zinsen, im zweiten und dritten Jahr 3 %, im vierten Jahr 4 %, im fünften Jahr 4,25 % und im sechsten Jahr 4,5 %.
a) Wie hoch ist ihr Endkapital?
b) Um wie viel Prozent ist ihr Anfangskapital angewachsen?

Vermischte Übungen

1 Ron wird im nächsten Jahr 16 Jahre alt, er wünscht sich einen
Motorroller. Dafür hat er 2000 € gespart und für ein Jahr zu einem
Zinssatz von 4,8 % fest angelegt.
Für die restliche Finanzierung glaubt er, monatlich in diesem Jahr
nur 30 € zusätzlich sparen zu müssen.

a) Hat Ron nach einem Jahr genug Geld angespart?

b) Kannst du ihm einen Rat geben, wie er seinen Wunsch ver-
wirklichen kann?

2 100 € + 19 % MwSt.

---

2 Reduzierte Preise

a) Ein T-Shirt kostet 25 €.
Es wird auf 70 % reduziert.
Wie viel kostet es dann?

b) Eine Jeans kostet jetzt 45 €, vorher
kostete diese Hose 55 €.
Um wie viel Prozent wurde sie reduziert?

2 Ein MP3-Player kostete 150 €. Zunächst
wurde er auf 120 €, dann auf 109 € und dann
noch einmal um 10 € reduziert.

a) Auf wie viel Prozent des ursprünglichen
Preises wurde der MP3-Player insgesamt
reduziert?

b) Um wie viel Prozent wurde er reduziert?

---

3 Karl und Ilona haben eine Tüte Gummibärchen ausgezählt und wollen die Verteilung der
Farben mit einer Tabellenkalkulation darstellen.
Sie erfassen die Daten und nutzen die Kopier-
funktion.
Helen meint: „Ihr habt einen Fehler beim
Kopieren gemacht!"

a) Vergleiche die Zellwerte der Zellen C2 bis
C5 und erkläre den Fehler.

b) Wieso wäre mit der Zellenbezeichnung B2
in der Formel dieser Fehler nicht aufgetreten?

c) Fertige eine grafische Darstellung der Verteilung in deinem Heft oder am PC an.

| | | C2 | | f_x | =45/130*100 | ← Formel in Zelle C2 |

	A	B	C	D
1		Anzahl	Prozent	
2	Rot	45	34,6	
3	Gelb	33	34,6	
4	Grün	35	34,6	
5	Weiß	17	34,6	
6				
7	Summe	130		
8				
9				
10				

---

4 Philipp erhält auf seinem Sparbuch bei
einem Zinssatz von 2 % nach einem Jahr 80 €
Zinsen.
Wie hoch ist das Kapital?

4 Eine Bank zahlt bei einem Zinssatz von
3,5 % nach Ablauf von einem Jahr 168 000 €
Zinsen.
Wie viel Euro wurden verzinst?

---

5 Für ein Kapital von 1 250 € erhält Max
nach einem Jahr 43,75 € Zinsen.
Wie hoch war der Zinssatz?

5 Frau Griese nimmt einen Kredit über
25 000 € auf. Nach einem Jahr muss sie
2 875 € Zinsen zahlen. Berechne den Zinssatz.

---

6 In der Sufe 8 wurde eine Umfrage zur
Bewerbung um einen Praktikumsplatz durch-
geführt.
Übertrage die Angaben in ein Tabellenblatt.
Berechne die fehlenden Werte und stelle die
Ergebnisse jeweils in einem Balken-, Säulen-
und Kreisdiagramm dar.

	A	B	C	D
1	Berufsfeld	Schülerwunsch	Zusage	Zusage in %
2	Fahrzeugtechnik	12	5	41,67 %
3	Handel		10	66,67 %
4	Bau	6	2	
5	Banken/Versicherungen	25		52,00 %
6	Metallverarbeitung	11	10	
7	IT-Branche		7	77,78 %
8	Sonstige	8		100 %
9	gesamt			

7 Berechne die Zinsen für ein Kapital von 7 000 €, die ein Sparer nach einem Jahr erhält, wenn er das Geld auf...
a) einem Girokonto einzahlt.
b) ein Tagesgeldkonto einzahlt.
c) einem Festgeldkonto anlegt.

> **Information für unsere Kundinnen und Kunden**
> Zinssätze für Guthabenzinsen
> – Girokonto 0,5 %
> – Tagesgeldkonto 3 %
> – Festgeldkonten 3,4 % für
>   1 Jahr Mindesteinlage 5 000 €

7 Herr Dohmen hat 6 500 € auf einem Tagesgeldkonto für 1 Jahr angelegt.
Wie viel Zinsen hätte er mehr gehabt, wenn er das Geld auf einem Festgeldkonto angelegt hätte?

8 Milch besteht aus vielen verschiedenen Bestandteilen. Ein Liter Milch wiegt durchschnittlich 1 030 g.
a) Gibt die Prozentsätze der einzelnen Bestandteile an.
b) Fertige ein Balkendiagramm zu den Prozentsätzen an.
c) Stelle die relativen Häufigkeiten der Bestandteile in einem Kreisdiagramm dar.

36 g	Milchfett
38 g	Milcheiweiß
52 g	Kohlenhydrate
7 g	Mineralsalze
897 g	Wasser

9 Stefano hat 600 € auf seinem Sparkonto. Der jährliche Zinssatz beträgt 3 %.
a) Wie viel Zinsen erhält er nach 45 Tagen (60 Tagen, 155 Tagen, 200 Tagen)?
b) Wie viel Zinsen werden nach einem Jahr auf seinem Konto gutgeschrieben?
c) Wie lautet der neue Kontostand nach Eingang der Zinsen?
d) Warum erhält er nach dem zweiten Jahr mehr Zinsen als nach dem ersten Jahr?
e) Wie hoch ist der Kontostand nach zwei Jahren?

9 Das Sparguthaben von Franziska blieb ein Jahr lang auf dem Konto unverändert. Dafür erhält sie nun nach Ablauf eines Jahres 50 € Zinsen.
Das Konto wurde mit 2,5 % verzinst.
a) Welches Guthaben hatte Franziska am Anfang des Jahres auf ihrem Sparkonto?
b) Wie hoch ist der Kontostand nach Eingang der Zinsen?
c) Berechne den Kontostand nach zwei Jahren (drei Jahren, fünf Jahren). Eine Tabellenkalkulation kann dabei helfen.

10 Überprüfe die Aussagen an Beispielen.
a) Verdoppelt sich der Preis, steigt er um 100 %.
b) Verdoppelt sich der Preis, steigt er auf 200 % des alten Preises.
c) Sinkt der Preis um ein Viertel, beträgt der neue Preis noch 75 % des alten Preises.
d) Der Preis kann nicht um mehr als 100 % steigen.

10 Überprüfe die Aussagen an Beispielen.
a) Verdoppelt man Prozentsatz und Grundwert, so bleibt der Prozentwert erhalten.
b) Verdoppelt man den Prozentwert und behält den Grundwert bei, so verdoppelt sich der Prozentsatz.
c) Halbiert man den Prozentwert und den Prozentsatz, so bleibt der Grundwert erhalten.

11 Berechne die Mehrwertsteuer, den Nettopreis oder den Bruttopreis.
a) Für ein Kleidungsstück mussten 75,20 € bezahlt werden.
Welchen Nettopreis hatte der Artikel und wie viel Euro Mehrwertsteuer wurden aufgeschlagen?
b) Bei einem Elektrogerät wurden auf dem Kassenbon 14,20 € für die gezahlte Mehrwertsteuer ausgewiesen.
Welchen Nettopreis hatte das Gerät und welcher Bruttopreis wurde bezahlt?
c) Beim Einkauf von Obst und Gemüse wurden 16,80 € bezahlt.
Wie viel Mehrwertsteuer war in dem Preis enthalten?

Berechnungen mit einer Tabellenkalkulation durchführen

Luca hat einen neuen Laptop bekommen. Er möchte das Tabellenkalkulationsprogramm für die Prozent- und Zinsaufgaben nutzen. Deshalb bereitet er einige Tabellenblätter vor.

TIPP
Einige Zellen sind als "Währung" bzw. "Prozent" formatiert. Dabei werden zwei Stellen nach dem Komma angezeigt.

12 Dynamische Formelsammlung zur Zinsrechnung

a) Beschreibe den Aufbau des Tabellenblatts.

b) In Zelle B5 steht folgende Formel:
=B2*B3*B4/360
Erkläre, was die Formel bedeutet.

c) In welchen Zellen stehen diese Formeln?
① =B9*360/B8/B10
② =E10*360/E8/E9
③ =E2*360/E3/E4

	A	B	C	D	E
1	Berechnung der Zinsen			Berechnung des Kapitals	
2	Kapital	180,00 €		Zinsen	0,60 €
3	Zinssatz	4,00%		Zinssatz	4,00%
4	Laufzeit (in Tagen)	30		Laufzeit (in Tagen)	30
5	Zinsen	0,60 €		Kapital	180,00 €
6					
7	Berechnung des Zinsatzes			Berechnung der Laufzeit	
8	Kapital	180,00 €		Kapital	180,00 €
9	Zinsen	0,60 €		Zinssatz	4,00%
10	Laufzeit (in Tagen)	30		Zinsen	0,60 €
11	Zinssatz	4,00%		Laufzeit (in Tagen)	30

d) Lege solch ein Tabellenblatt an und rechne mit beliebigen Angaben.

13 Ratensparplan

Für die Berechnung eines Ratensparplans legt Luca ein neues Tabellenblatt an.

a) In Zelle D5 steht die Formel =B5+C5. Was bedeutet das?

b) Warum ist es sinnvoll, in Zelle **B5** einen Bezug zu Zelle C1 zu schaffen?

c) In der Zelle C5 steht die Formel =B5*C2. Erkläre, was das $-Zeichen bewirkt.

d) Welche Formeln sollten in den Zellen D6, C6 und B6 stehen?

e) Erstelle das Tabellenblatt und berechne das Endkapital nach zehn Jahren.

f) Ändere die Sparrate oder den Zinssatz und gib das Endkapital nach sechs Jahren an.

	D5	▼	f_x =B5+C5	

	A	B	C	D
1		Jährliche Sparrate:	500,00 €	
2		Zinssatz:	3,00%	
3				
4	Jahr	Kapital am Jahresanfang	Jahreszinsen	Kapital am Jahresende
5	1	500,00 €	15,00 €	515,00 €
6	2	1.015,00 €	30,45 €	1.045,45 €
7	3	1.545,45 €	46,36 €	1.591,81 €
8	4	2.091,81 €	62,75 €	2.154,57 €
9	5	2.654,57 €	79,64 €	2.734,20 €
10	6	3.234,20 €	97,03 €	3.331,23 €

BEACHTE
Mit der letzten Rate muss natürlich nur noch die tatsächliche Restschuld beglichen werden.

14 Tilgungsplan

Betrachte den Tilgungsplan.

a) Wie hoch ist die jährliche Rate?
Zu welchem Zinssatz wird das Darlehen verzinst?

b) Welche Restschuld ist nach fünf Jahren noch zu tilgen?

c) Warum steht in der Zelle C6 die Formel =B6*C2?

d) Welche Formel sollte in Zelle F6 stehen?

e) Nach wie vielen Jahren ist das Darlehen zurückgezahlt? Welcher Betrag ist insgesamt zu zahlen?

	C6	▼	f_x =B6*C2		

	A	B	C	D	E	F
1		Darlehen	9.000,00 €			
2		Zinssatz	6,00%			
3		jährliche Rate	1.000,00 €			
4						
5	Jahr	Restschuld	Zinsen	Restschuld + Zinsen	Tilgungsrate	Restschuld nach Tilgung
6	1	9.000,00 €	540,00 €	9.540,00 €	1.000,00 €	8.540,00 €
7	2	8.540,00 €	512,40 €	9.052,40 €	1.000,00 €	8.052,40 €
8	3	8.052,40 €	483,14 €	8.535,54 €	1.000,00 €	7.535,54 €
9	4	7.535,54 €	452,13 €	7.987,68 €	1.000,00 €	6.987,68 €
10	5	6.987,68 €	419,26 €	7.406,94 €	1.000,00 €	6.406,94 €

Zusammenfassung

Prozentrechnung

→ Seite 62

Aufgaben zur Prozentrechnung können mit dem Dreisatz gelöst werden.
Für die vereinfachte Rechnung verwendet man die Formeln zur Prozentrechnung.

Formel zur Berechnung des **Prozentwertes**:

$$W = \frac{G \cdot p}{100}$$

32% der 25 Schüler sind 13 Jahre alt.
$W = 25 \cdot \frac{32}{100} = 8$
8 Schüler sind 13 Jahre alt.

Formel zur Berechnung des **Prozentsatzes**:

$$p\% = \frac{p}{100} = \frac{W}{G}$$

12 von 25 Schülern sind in einer AG.
$p\% = \frac{12}{25} = 0{,}48 = 48\%$
48% der Schüler sind in einer AG.

Formel zur Berechnung des **Grundwertes**:

$$G = \frac{W \cdot 100}{p}$$

21 Schüler kamen zu spät, das sind 5%.
$G = 21 \cdot \frac{100}{5} = 420$
Insgesamt sind es 420 Schüler.

Begriffe der Zinsrechnung

→ Seite 68

Die Zinsrechnung ist eine Anwendung der Prozentrechnung, bezogen auf den Geldverkehr.
Bei der Zinsrechnung verwendet man andere Begriffe.

Begriffe der Prozentrechnung	Begriffe der Zinsrechnung
Prozentwert W	Zinsen Z
Prozentsatz $p\%$	Zinssatz $p\%$
Grundwert G	Kapital K

Formel zur Berechnung der **Jahreszinsen**:

$$Z = \frac{K \cdot p}{100}$$

200 € werden mit 1,5% verzinst.
$Z = 200 \cdot \frac{1{,}5}{100} = 3$
Die Zinsen betragen 3,00 €.

Formel zur Berechnung des **Zinssatzes**:

$$p\% = \frac{p}{100} = \frac{Z}{K}$$

125 € Kapital ergeben 6 € Zinsen.
$p\% = \frac{6}{125} = 0{,}048 = 4{,}8\%$
Der Zinssatz beträgt 4,8%.

Formel zur Berechnung des **Kapitals**:

$$K = \frac{Z \cdot 100}{p}$$

3,2% Zinsen sind 80 €.
$K = 80 \cdot \frac{100}{3{,}2} = 2\,500$
Das Kapital beträgt 2 500 €.

Tageszinsen

→ Seite 72

Die Zinsen für Teile eines Jahres kann man berechnen, indem man das Kapital mit dem Zinssatz und mit dem Bruchteil eines Jahres, dem **Zeitfaktor** $\frac{t}{360}$, multipliziert:
$Z = K \cdot \frac{p}{100} \cdot \frac{t}{360}$

1 200 € werden für 75 Tage zu 2,2% angelegt.
$Z = 1\,200\,€ \cdot \frac{2{,}2}{100} \cdot \frac{75}{360}$
$\quad = 5{,}50\,€$
Die Zinsen betragen 5,50 €.

Zinseszinsen entstehen, wenn auch die Zinsen angelegt werden und wieder Zinsen erbringen.

1 200 € werden zu 2,2% angelegt.
nach 1. Jahr: $Z = 1\,200\,€ \cdot \frac{2{,}2}{100} = 26{,}40\,€$
nach 2. Jahr: $Z = 1\,226{,}40\,€ \cdot \frac{2{,}2}{100} = 26{,}98\,€$
$\vdots$

Teste dich!

6 Punkte

1 Bestimme jeweils die unbekannte Größe.

a) Die Fußballmannschaft verlor in der vergangenen Saison von 34 Spielen 12 Spiele.
Berechne den Anteil der verlorenen Spiele in Prozent.

b) Ein Motorroller wurde für 1 902 € verkauft. Das waren 60 % seines Neuwertes.
Wie viel kostete der Motorroller, als er neu war?

c) Herr Sommer legte letzte Woche mit seinem Auto 183,8 km zurück.
41,5 % davon waren Dienstwege.
Wie viele Kilometer legte er privat zurück?

2 Punkte

2 Der Preis einer Hose wurde um 20 % reduziert und beträgt jetzt 20 €.
Wie viel kostete die Hose vorher?

2 Punkte

3 Im neuen Schuljahr besuchen insgesamt 1 100 Schülerinnen und Schüler die Theodor-Heuss-Schule.
Das sind 125 % von der bisherigen Schülerzahl.

7 Punkte

4 Berechne jeweils die fehlende Größe bei der Geldanlage für ein Jahr.

	a)	b)	c)	d)	e)	f)	g)
Kapital K	12 500 €	7 500 €			15 000 €	280 €	18 500 €
Zinsen Z			800 €	120 €	150 €	28,28 €	
Zinssatz p %	6 %	3,6 %	8 %	1,2 %			3,75 %

2 Punkte

5 Herr Würz legt bei einer Bank 2 000 € für die Zeit vom 17. Januar bis zum 2. Mai zu einem Zinssatz von 1,75 % an.
Wie viel Zinsen werden ihm nach dieser Zeit gutgeschrieben?

2 Punkte

6 Herr Gräfe zahlt 2 000 € auf ein Konto ein, das mit 2,5 % verzinst wird.
Welches Kapital hat er nach zwei Jahren, wenn die Zinsen mitverzinst werden?

2 Punkte

7 Kerstin schließt mit einer Bank einen Sparvertrag über eine Laufzeit von fünf Jahren ab. Die jährliche Rate beträgt 200 €. Das Geld wird mit 2,3 % verzinst.
Wie hoch ist der Betrag, den Kerstin ausgezahlt bekommt?

7 Punkte

8 Herr Wendt möchte einen Kredit aufnehmen. Dazu erstellt er einen Tilgungsplan.

a) Wie hoch ist die Kreditsumme?
In welcher Zelle liest du das ab?

b) Zu welchem Zinssatz wird der Kredit verzinst?

c) Wie hoch ist die jährliche Rate?

d) Wann ist der Kredit getilgt?

e) Wie viel Euro zahlt Herr Wendt der Bank insgesamt?

f) Gib die Formeln für die Zellen B6, D6, E6 und F6 an.

g) Warum steht in Zelle C6 die Formel **=B6*C2**?

	C6		f_x	=B6*C2		
	A	B	C	D	E	F
1		Darlehen	25.000,00 €			
2		Zinssatz	6,00%			
3		jährliche Rate	6.000,00 €			
4						
5	Jahr	Restschuld	Zinsen	Restschuld + Zinsen	Tilgungsrate	Restschuld nach Tilgung
6	1	25.000,00 €	1.500,00 €	26.500,00 €	6.000,00 €	20.500,00 €
7	2	20.500,00 €	1.230,00 €	21.730,00 €	6.000,00 €	15.730,00 €
8	3	15.730,00 €	943,80 €	16.673,80 €	6.000,00 €	10.673,80 €
9	4	10.673,80 €	640,43 €	11.314,23 €	6.000,00 €	5.314,23 €
10	5	5.314,23 €	318,85 €	5.633,08 €	6.000,00 €	-366,92 €

Gold: 28–30 Punkte, Silber: 25–27 Punkte, Bronze: 18–24 Punkte   Lösungen ab Seite 182

Kannst du das?

Du hast dich in den Klassen 5–8 mit vielen Themen der Mathematik beschäftigt.

Mit diesem Kapitel kannst du die wesentlichen Bereiche der Mathematik wiederholen und üben.

Mathematik im Überblick

Die Mindmap gibt dir einen Überblick über die verschiedenen Bereiche der Mathematik und zeigt dir, was du bis jetzt gelernt hast.

→ *Seite 205*

Im Anhang findest du eine Formelsammlung. Dort kannst du Formeln zu den wichtigsten Themen aus den Klassen 5–7 nachschlagen.
Versuche zunächst, die Trainingsaufgaben ohne die Formelsammlung zu bearbeiten. Schlage erst nach, falls du nicht weiterkommst.

 **Arithmetik und Algebra**: Zahlen und Symbole nutzen

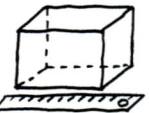 **Geometrie**: Ebene und räumliche Figuren nach Maß und Form erfassen und berechnen

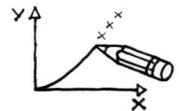 **Funktionen**: Beziehungen erkunden und beschreiben

 **Daten und Zufall**: Daten und Wahrscheinlichkeiten nutzen

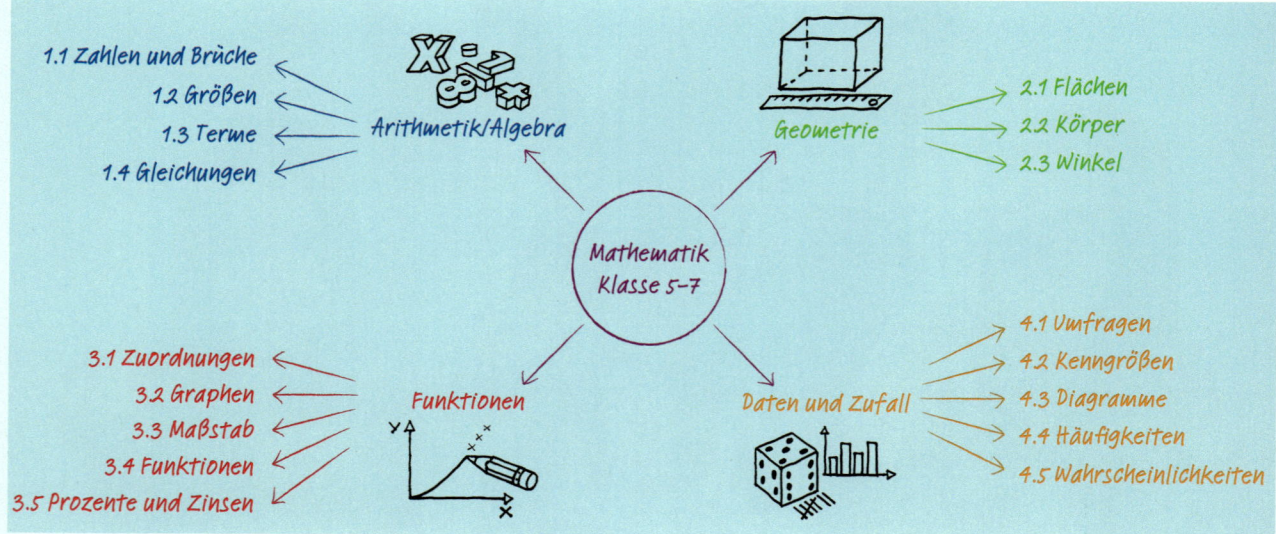

Neben Aufgaben aus den oben dargestellten Bereichen gibt es auch andere Dinge, die du beherrschen musst:

Z.B. über dein Ergebnis sprechen, mit deinem Nachbarn oder deiner Nachbarin über Lösungsmöglichkeiten diskutieren oder deinen Rechenweg begründen.

Beachte beim Bearbeiten der Aufgaben ein paar **Tipps**, die dir helfen können, leichter zum Ziel zu kommen und den Überblick zu behalten:

– Sorge dafür, dass notwendige **Werkzeuge** und **Medien bereitstehen**:
   Lineal, Geodreieck, Zirkel, Taschenrechner, Lexikon, Internet, Tabellenkalkulationsprogramm, dynamische Geometriesoftware.
– **Lies** die Aufgabenstellung immer ganz **genau**.
– **Überlege**, was von dir **verlangt** wird.
– **Schreibe** dir die **wichtigsten Informationen heraus**.
– Löse zuerst Aufgaben, die dir leicht fallen.
– Halte dich nicht zu lange an einer Aufgabe auf, sonst drohen Zeitprobleme.

Trainingsaufgaben

Bevor du die Aufgaben löst, überlege dir zunächst, zu welchem Themengebiet der Mindmap diese Aufgabe gehören könnte. Notiere deine Überlegungen im Heft.

1 Mit Zahlen jonglieren

Übertrage die Aufgaben ins Heft.

Setze die Ziffern 3, 4, 5 und 6 jeweils genau einmal so in ein Kästchen ein, dass die angegebenen Bedingungen erfüllt sind.

a) Das Produkt der Zahlen soll möglichst groß sein: ▦▦ · ▦▦

b) Das Produkt der Zahlen soll möglichst klein sein: ▦▦ · ▦▦

c) Der Wert des Terms ▦ · (▦ + ▦ · ▦) soll möglichst groß sein.

2 Runden

Im Schuljahr 2015/2016 gab es in Deutschland rund 8 335 000 Schülerinnen und Schüler.

a) Wie viele Schüler gab es höchstens, wenn auf Tausender gerundet wurde?

b) Lea sagt: „In einer Zeitung stand, dass es 8 335 511 Schülerinnen und Schüler gab."
   Was meinst du dazu?

c) Runde die Zahl 1 748 auf Hunderter.

d) Barbara schrieb beim Runden von 2 545 auf Hunderter: $2\,545 \approx 2\,550 \approx 2\,600$.
   Erläutere und bewerte ihren Lösungsweg.

TIPP
Erläutern und bewerten heißt, dass du den Lösungsweg erklären und danach begründen sollst, ob es ein guter und richtiger Lösungsweg ist.

3 Ein Zaun für das rechteckige Blumenbeet

Ein Blumenbeet soll mit einem Zaun umrandet werden. Das Beet ist 4 m lang und 1 m breit.

a) Wie viele Zaunstücke braucht man mindestens, wenn ein Zaunstück 1,20 m lang ist?

b) Ein Zaunstück, das 1,20 m lang ist, kostet 19,95 €. Wie teuer sind 12 m Zaun?

4 Wechselkurse

Marie reist nach Kanada. Vor dem Abflug tauscht sie Geld.
Der Wechselkurs ist 1 € ≙ 1,38 kanadische Dollar (CAD).

a) Wie viel kanadische Dollar erhält sie für 650 €?

b) Wie viel Euro erhält sie nach der Reise für ihre übrig gebliebenen 175 CAD?

5 Fußleisten

a) Paul möchte eine 1,10 m lange Fußleiste in zwei gleich lange Teile zersägen.
   Gib an, wie lang die beiden Teile sind.

b) Von einer 1,10 m langen Fußleiste bleibt ein Fünftel übrig.
   Gib an, wie viel Meter Paul verwendet hat.

TIPP
Lies dir die Aufgabenstellung sehr gut durch. Jedes Wort kann wichtig sein.

6 Ein verwinkeltes Grundstück

Die Eckpunkte des Grundstücks bilden verschiedene Winkel.

a) Zeichne das Grundstück in dein Heft.

b) Markiere einen rechten Winkel innerhalb des Grundstückes rot.

c) Markiere einen stumpfen Winkel innerhalb des Grundstückes blau.

d) Wie groß sind α und β?

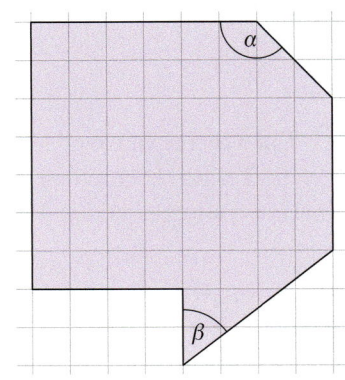

7 Urlaubsreisen

Der Deutsche Reiseverband hat im Jahr 2010
1 000 Menschen, die ihren Urlaub im Internet
gebucht haben, nach ihrem Alter gefragt.
In der Abbildung siehst du das Ergebnis.

a) Eine Zeitung schreibt über diese Grafik:
„28 % der Online-Buchungen wurden von
über 50-Jährigen getätigt."
Ist diese Aussage richtig?
Begründe deine Antwort.

b) Übertrage die Daten in ein Kreisdiagramm.

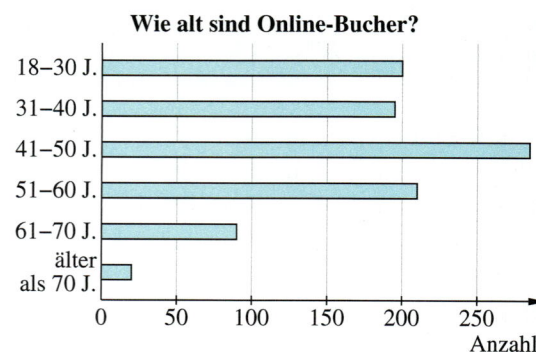

8 Meisterwerke der Musik

Das Foto zeigt die Skulptur „Meisterwerke
der Musik".
Die Skulptur besteht aus drei Viertelnoten und
drei Achtelnoten. Die Achtelnoten (mit Fähnchen) wiegen 8,6 t.
Wie hoch und wie breit sind die einzelnen
Noten ungefähr? Schätze, wie viel alle Noten
zusammen wiegen.
Notiere jeweils deinen Lösungsweg.

9 Verkehrszeichen

Mathematik umgibt uns immer wieder im Alltag. Ein Beispiel dafür sind Verkehrsschilder.

a) Welche Verkehrszeichen sind achsensymmetrisch. Notiere die Ziffern im Heft.

①　　　②　　　③　　　④　　　⑤

b) Übertrage die Figur
in dein Heft und
spiegle sie an der
Spiegelachse *s*.

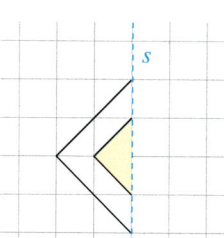

c) Sarah hat beim
Spiegeln einen
Fehler gemacht.
Wo liegt der Fehler?
Beschreibe.

10 Ein Viertel von *x*

Welche Terme beschreiben „ein Viertel der Zahl *x*"?
Übertrage alle passenden Möglichkeiten in dein Heft.

① $x - 4$　　　　② $\frac{1}{4} \cdot x$　　　　③ $x - 0{,}75\,x$

④ $x : \frac{1}{4}$　　　　⑤ $x : 4$　　　　⑥ 25 % von x

⑦ $x - \frac{1}{4}$　　　　⑧ $\frac{1}{2}x : 2$　　　　⑨ $\frac{1}{8}x \cdot 2$

11 Würfeln

Ein 8-seitiger Würfel ist mit den Zahlen von 1-8 beschriftet.

Er wird in einem Zufallsversuch als Zufallsinstrument verwendet.

a) Welche Zahlen müssen für die aufgeführten Ereignisse oben liegen.

Schreibe die Ergebnisse in dein Heft.

① Die Augenzahl ist durch 3 teilbar.

② Die Augenzahl ist ungerade.

③ Die Augenzahl ist größer als 6.

④ Die Augenzahl ist eine Primzahl.

b) Finde ein Ereignis, das genau ein Ergebnis hat.

c) Welche Augensumme kommt beim Spielen mit zwei 8-seitigen Würfeln am häufigsten vor?

Begründe deine Antwort.

TIPP

Deine Antwort kannst du durch Rechnungen, Worte und in manchen Fällen auch durch Zeichnungen **begründen**.

12 Mathematikarbeit

Am Ende des Halbjahres gibt die Mathematiklehrerin der 8 e alle Klassenarbeitsnoten der Schüler in ein Tabellenkalkulationsprogramm ein und lässt für jeden Schüler den Durchschnitt berechnen.

	A	B	C	D	E	F
1	Name	Vorname	Klassenarbeit 1	Klassenarbeit 2	Klassenarbeit 3	Durchschnitt
2	Gärtner	Jannis	1,75	2	2,75	2,16666667
3	Özermis	Dougkan	2,75	4	3,25	3,33333333
4	Kiefer	Jacques	1,25	2,75	2,25	2,08333333
5	Masi	Saleem	3	3,25	3	3,08333333
6	Müller	Yves	4,75	5	4	4,58333333
7	Schmitz	Luca	1,75	2	1,75	1,83333333
8	Gül	Erdem	2	3	2,75	2,58333333
9	Maier	Nils	4,25	4	4,75	4,33333333

a) Beschreibe, wie der Durchschnitt in Spalte F berechnet wird.

b) Der Durchschnitt in der Zelle F2 wurde mithilfe einer Formel berechnet.

In der Formel wurden die Zellenbezeichnungen wie C2, D2 und E2 als Variable verwendet.

Gib eine passende Formel an.

c) In einer Tabellenkalkulation kann man bestimmen, wie viele Nachkommastellen einer Zahl angezeigt werden sollen.

Wie viele Nachkommastellen sind in Spalte F sinnvoll?

Begründe deine Antwort.

d) Anna sagt: „Luca ist der beste Mathematiker."

Sara protestiert: „Nein, Jacques ist besser."

Wer hat recht? Begründe deine Antwort.

13 An der Käsetheke

An der Käsetheke sind vier verschiedene Sorten im Angebot.

a) Im Schaubild wird dem Käsegewicht (in g) der Käsepreis (in €) zugeordnet.

Das folgende Wertepaar ist mit zwei gestrichelten Linien gekennzeichnet:

300 g → 3,90 €.

Eine weitere gestrichelte Linie ist für ein zweites Wertepaar eingezeichnet.

Wie lautet das Wertepaar?

b) Welche Käsesorte wird im Schaubild dargestellt?

Begründe.

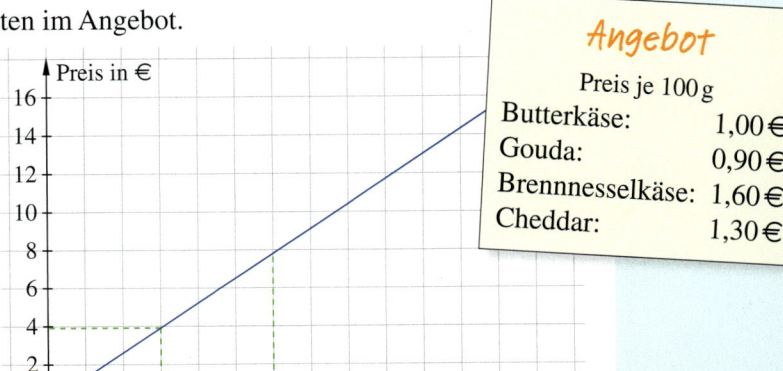

Angebot

Preis je 100 g

Butterkäse: 1,00 €

Gouda: 0,90 €

Brennnesselkäse: 1,60 €

Cheddar: 1,30 €

TIPP
Wenn du die richtige Antwort nicht genau weißt, versuche Antworten auszuschließen und dann nachzurechnen.

14 Gummibärchen

In einer Tüte sind vier grüne, drei rote, zwei weiße und ein oranges Gummibärchen. Mit welcher Wahrscheinlichkeit zieht Timo ohne hinzusehen ein weißes Gummibärchen? Wähle die richtige Lösung und schreibe sie in dein Heft.

① $\frac{1}{10}$ ② $\frac{1}{5}$ ③ $\frac{2}{5}$ ④ $\frac{1}{2}$ ⑤ $\frac{4}{10}$

15 Quader

Hier siehst du einen Quader, dessen Ecken mit Buchstaben versehen sind.
Daneben siehst du das Netz des Quaders, an dem vier Eckpunkte nicht beschriftet sind.
Übertrage das Quadernetz in dein Heft und beschrifte alle Eckpunkte.

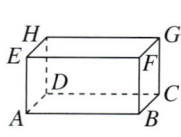

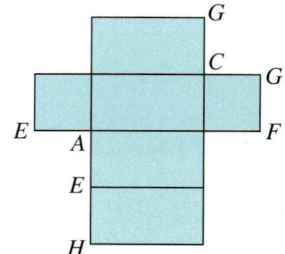

16 Fehlersuche

Gianna löst eine Gleichung. Ihren Lösungsweg siehst du hier:

$$40 - 8x = 10 - 3x \qquad | +3x$$
$$40 - 11x = 10 \qquad | -40$$
$$-11x = -30 \qquad | :(-11)$$
$$x = 2\frac{8}{11}$$

a) Finde Giannas Fehler.

b) Löse die Gleichung korrekt in deinem Heft.

17 Ausverkauf

Beim Summer-Sale räumen viele Geschäfte ihre Lager.

a) Ein Sweatshirt kostet 49 €. Der Preis wird um 35 % gesenkt. Wie hoch ist der neue Preis?

b) Der Preis einer Jacke wird um 20 % gesenkt, man spart 24 €. Was kostete die Jacke vorher?

18 Strompreise

Ein Elektrizitätswerk verlangt für die Stromlieferung einen Grundbetrag von 48 € pro Jahr und 0,16 € für jede verbrauchte Kilowattstunde (kWh).

a) Herr Brettschneider verbrauchte im letzten Jahr 2 250 kWh.
Wie hoch war seine Stromrechnung?

b) Familie Sonnenberger musste für Strom 360 € zahlen.
Wie viele kWh hat sie verbraucht?

c) Welcher der drei Graphen veranschaulicht den Zusammenhang zwischen verbrauchten Kilowattstunden und Preis?

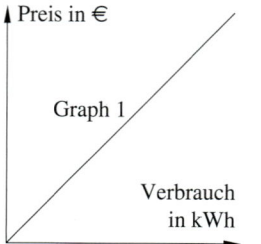

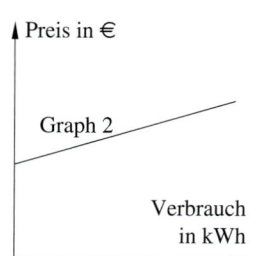

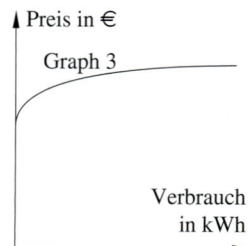

19 Basketball

Der Trainer einer Basketballmannschaft hat
notiert, wie häufig seine Spieler während der
letzten zehn Spiele auf den Korb geworfen
und wie oft sie ihn tatsächlich getroffen
haben.

a) Berechne für jeden Spieler die relative
   Häufigkeit für einen Wurf mit Treffer.

b) Welcher Spieler besitzt die höchste Treffsicherheit?

c) Begründe, warum man über die Treffsicherheit von Timo keine zuverlässigen Aussagen
   machen kann.

Spieler	Anzahl der Würfe	Anzahl der Treffer
Marcel	48	30
Timo	5	2
Eike	50	12
Jens	64	24
Kim	20	4
Simon	45	25
Florian	16	2

20 Spenden

Sarah und Patrick haben Spenden für ein Hilfsprojekt gesammelt.
Die Tabelle zeigt, welche Spenden an den einzelnen Tagen erfolgten.

	Mo	Di	Mi	Do	Fr	Sa	So
Sarah	25 €	30 €	17 €	26 €	34 €	15 €	21 €
Patrick	31 €	24 €	10 €	21 €	29 €	41 €	?

a) Berechne das arithmetische Mittel und den Zentralwert von Sarahs Spendensammlung.

b) Wie viel Euro hätte Sarah am Freitag sammeln müssen, damit das arithmetische Mittel mit
   dem Zentralwert übereinstimmt?

c) Patrick hat durchschnittlich 27 € pro Tag gesammelt.
   Wie viel sammelte er am Sonntag?

21 Wanderung

Das Diagramm beschreibt den Verlauf einer
Wanderung von Herrn Wiechert.

a) Wie lange dauerte die erste Pause?

b) Wie viele Stunden ist er insgesamt unterwegs?

c) Wie viele Kilometer ist Herr Wiechert
   gewandert?

d) Mit welcher Geschwindigkeit wanderte
   Herr Wiechert in den ersten beiden
   Stunden?

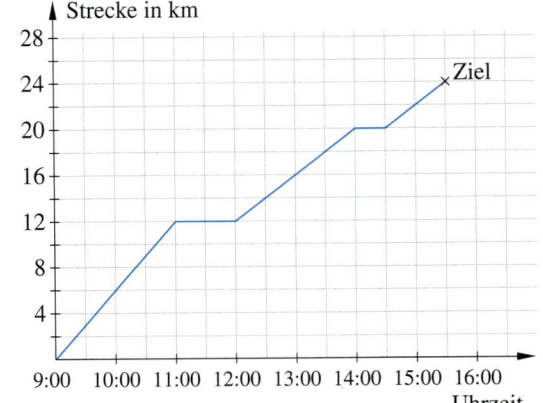

e) Zeichne das Diagramm mit dem Verlauf
   der Wanderung von Herrn Wiechert ab und
   ergänze den Verlauf der Wanderung von
   Frau Schmidt.
   Frau Schmidt wanderte dieselbe Strecke wie Herr Wiechert, läuft aber eine halbe Stunde
   später los als er. In den ersten $2\frac{1}{2}$ Stunden legte sie 10 km zurück.
   Danach legte sie eine halbstündige Pause ein.
   Nach der Pause wanderte sie mit einer Geschwindigkeit von 5 km pro Stunde weiter.

f) Wann erreicht Frau Schmidt das Ziel, wenn sie um 9:30 Uhr aufgebrochen ist?

g) Herr Wiechert brach um 9:00 Uhr auf.
   Wann begegnen sich Herr Wiechert und Frau Schmidt?

TIPP
*Falsche Aussagen kannst du durch **Gegenbeispiele** widerlegen.
Richtige Aussagen kannst du durch Erklärungen oder gelernte Merksätze begründen.*

22 Aussagen über Dreiecke und Vierecke

Entscheide, ob die Aussagen wahr oder falsch sind.
Begründe deine Entscheidung.

a) Es gibt ein Dreieck mit zwei stumpfen Innenwinkeln.

b) Alle vier Innenwinkel in einem Trapez können spitze Winkel sein.

c) Wenn ein Viereck ein Quadrat ist, dann ist es auch ein Parallelogramm.

d) Ein Quadrat besitzt genau vier Symmetrieachsen.

e) Jede Raute ist ein Quadrat.

f) Wenn ein Dreieck gleichseitig ist, dann hat es genau drei Symmetrieachsen.

g) Jeder Drachen ist eine Raute.

23 Gleichungen lösen

Du hast verschiedene Möglichkeiten zum Lösen von Gleichungen kennengelernt.

a) Kira löst die Gleichung $3x + 18 = 57$ durch Ausprobieren.
   Sie setzt verschiedene Zahlen für x ein und findet so die Lösung.
   Welche Lösung hat Kira gefunden?

   ① 7   ② 10   ③ 13   ④ 20   ⑤ 5

b) Pia löst die Gleichung $12 - 4x = 36$ rechnerisch durch schrittweises Umformen.
   Schreibe Pias Lösungsweg in dein Heft.

c) Finde zwei Gleichungen, die sich sehr gut durch Ausprobieren lösen lassen, und zwei Gleichungen, die sich besser durch Umformungen lösen lassen. Begründe deine Wahl.

24 Würfel

Im Technikunterricht hat Zehra kleine
Würfel aneinandergeklebt:

a) Zwei der Ansichten gehören zu Zehras Würfelfigur. Notiere die richtigen im Heft.

① 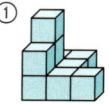   ② 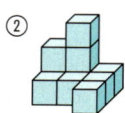   ③ 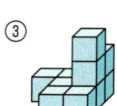   ④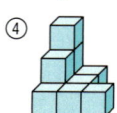

b) Aus wie vielen Würfeln besteht die Würfelfigur?

c) Zehra möchte nun so viele Würfel hinzufügen, dass ein großer Würfel entsteht.
   Wie viele Würfel fehlen dafür?

d) Ein kleiner Würfel hat ein Volumen von $1\,cm^3$. Wie groß ist das Volumen des großen Würfels, nachdem Zehra ihn zusammengebaut hat?

25 Schokoladenverpackung

Eine Schokoladenverpackung hat die Form eines Prismas mit
dreieckiger Grundfläche.

a) Wie viel cm^2 Karton benötigt man, um die abgebildete Verpackung herzustellen, wenn die Klebekanten nicht berücksichtigt werden?

b) Welche Seitenlängen muss ein Rechteck mindestens haben, damit man das Körpernetz des Prismas daraus herstellen kann?

c) Wie viel Prozent des Kartons ist Verschnitt, wenn eine Verpackung aus einem $264\,cm^2$ großen Rechteck gefertigt wird?

d) Schätze das Volumen der Verpackung. Wie gehst du dabei vor?

e) Welches Volumen erwartest du, wenn die Grundfläche gleich bleibt und die Höhe der Verpackung verdoppelt wird? Begründe.

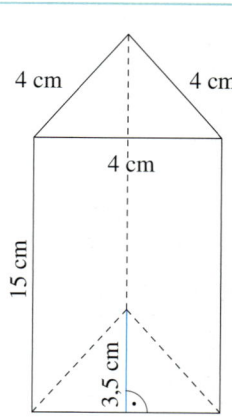

Prismen

Das Dockland steht seit 2005 in Hamburg an der Elbe.
Das Gebäude ist ein Prisma mit
einem Parallelogramm als Grundfläche.

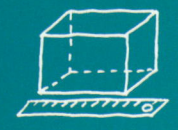

Noch fit?

Einstieg	Aufstieg

1 Schrägbild vervollständigen

Übertrage ins Heft und vervollständige zum Schrägbild eines Quaders.

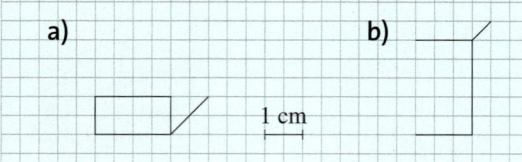

1 Schrägbild vervollständigen

Übertrage ins Heft und vervollständige zum Schrägbild eines Quaders.

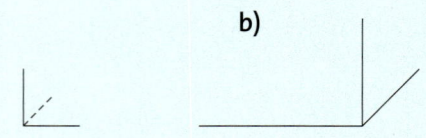

2 Würfelnetz zeichnen

Zeichne zwei verschiedene Netze eines Würfels mit der Kantenlänge $a = 3\,cm$.

2 Quadernetz zeichnen

Zeichne verschiedene Netze eines Quaders mit $a = 3\,cm$, $b = 2\,cm$ und $c = 1,5\,cm$.

3 Volumen und Oberfläche

Zeichne das Schrägbild eines Würfels mit einer Kantenlänge von $5\,cm$.
Berechne das Volumen des Würfels.
Berechne seine Oberfläche.

3 Volumen und Oberfläche

Zeichne das Schrägbild eines Quaders mit den Kantenlängen $a = 4,2\,cm$, $b = 2,3\,cm$, $c = 70\,mm$. Berechne das Volumen und die Oberfläche des Quaders.

4 Einheiten umrechnen

Rechne in die in Klammern angegebene Einheit um.

a) $4\,cm$ (mm) b) $2500\,m$ (km)
c) $4\,cm^2$ (mm²) d) $300\,m^2$ (dm²)
e) $4\,cm^3$ (mm³) f) $9000\,m^3$ (dm³)

4 Einheiten umrechnen

Rechne in die in Klammern angegebene Einheit um.

a) $4,3\,cm$ (dm) b) $67\,mm$ (cm)
c) $51\,cm^2$ (dm²) d) $382\,cm^2$ (m²)
e) $3,81\,l$ (cm³) f) $56\,cm^3$ (mm³)

5 Umfänge und Flächeninhalte verschiedener Figuren

Bestimme die Umfänge und Flächeninhalte der folgenden Flächen.
Miss die notwendigen Maße der Figuren in der Zeichnung nach.

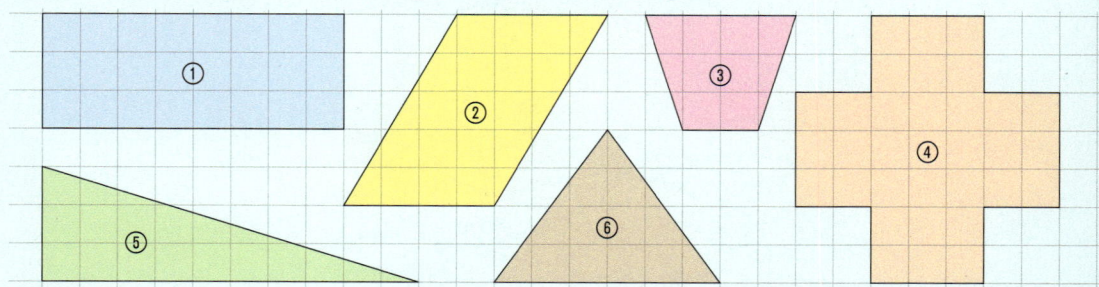

6 Kurz und knapp

a) Nenne Eigenschaften von Schrägbildern.
b) Nenne die Eigenschaften eines Parallelogramms.
c) Ist $0,24 : 0,6 = 24 : 6$? Begründe.
d) Nenne zwei Formeln zur Berechnung des Flächeninhalts eines Trapezes.
e) Gib die Flächengrößen Ar und Hektar in m² und km² an.

ERINNERE DICH
Zeichnen eines
Schrägbildes:
– *Vorderseite zeichnen*
– *nach hinten verlaufende Kanten z. B. mit halber Länge und α = 45° antragen*
– *verdeckte Kanten stricheln*

94

Lösungen ab Seite 182

Prismen erkennen und beschreiben

Entdecken

1 Betrachtet die abgebildeten Verpackungen.

a) Nennt Gemeinsamkeiten und Unterschiede der Verpackungen.

b) Saskia behauptet, dass die Verpackungen hauptsächlich aus Rechtecken bestehen. Kann das sein? Begründet und diskutiert darüber.

c) Nennt weitere Dinge aus eurer Umgebung (z. B. andere Verpackungen, Möbel und Gebäude), die eine ähnliche Form besitzen.

ZUM WEITERARBEITEN
Überlege, warum die Hersteller solche Formen als Verpackungen verwendet haben.

2 Welcher Körper passt nicht in die Reihe? Begründet eure Auswahl.

a)

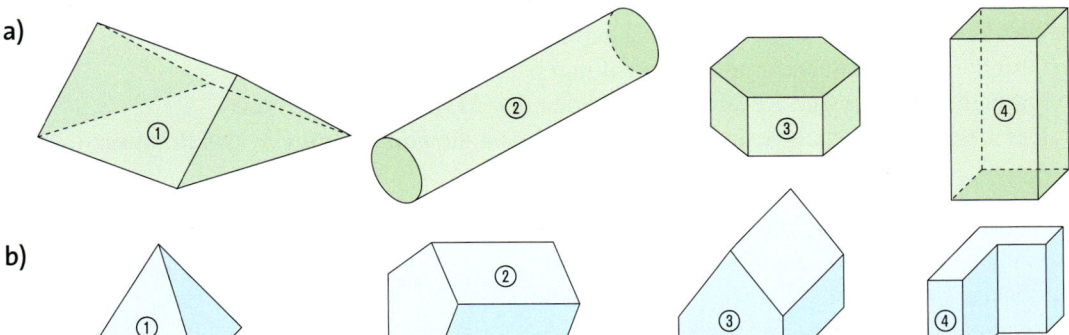

b)

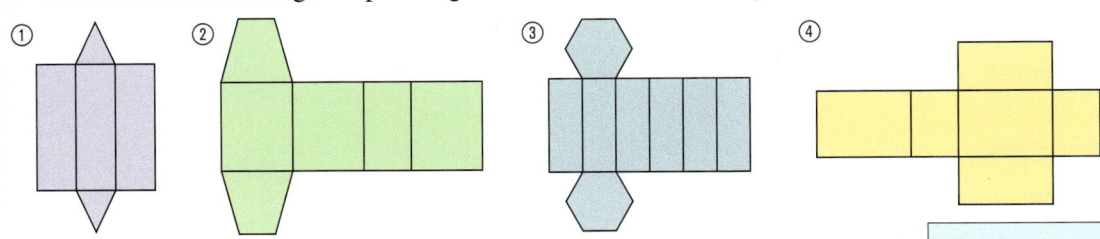

3 Karl zerschneidet einige Verpackungen und erhält dadurch folgende Netze.

① ② ③ ④

a) Kannst du erkennen, um welche Körper es sich handelt? Findest du sie in Aufgabe 1 wieder?

b) Wie viele Kanten, Ecken und Flächen haben die einzelnen Körper der abgebildeten Netze? Welche Flächen im Netz sind jeweils gleich groß?

c) Erstelle selber ein Netz eines Würfels mit der Kantenlänge $a = 5$ cm. Vergleiche dein Netz mit denen deiner Mitschüler. Was stellst du fest?

d) Erstelle einen Steckbrief über einen Körper deiner Wahl auf einem Plakat. Präsentiere dein Ergebnis in der Klasse.

Name:
Anzahl der Flächen:
Anzahl der Kanten:
Grund- und Deckfläche:
Wo kommt dieser Körper im Alltag vor?
Netz:

Verstehen

Die meisten Verpackungen sind quaderförmig.
Um nicht so gewöhnlich auszusehen und schnell wiedererkannt zu
werden, nutzen viele Hersteller besondere Verpackungsformen.

Hierzu werden manchmal Prismen mit verschiedenen
Grundflächen verwendet.

BEISPIEL 1
Dreiecksprisma
Schrägbild: *Körpernetz:*

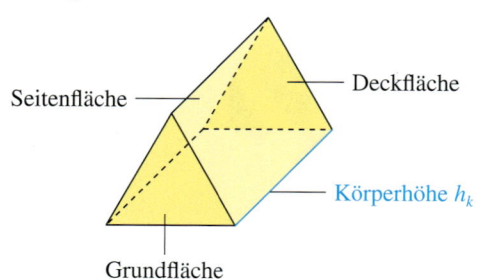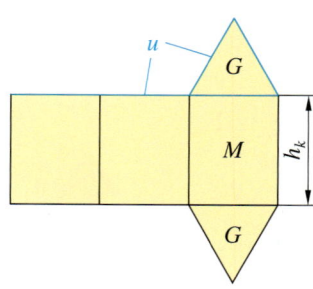

ERINNERE DICH
Kongruent be-
deutet deckungs-
gleich.

> **Merke** Ein Prisma hat folgende Eigenschaften:
> – Grund- und Deckfläche sind kongruent und parallel zueinander.
> – Die Seitenflächen sind Rechtecke, sie bilden den **Mantel M** des Prismas.
> – Der Abstand zwischen Grund- und Deckfläche ist die **Körperhöhe h_k** des Prismas.

Der Name des Prismas ist abhängig von der
Eckenanzahl von Grund- und Deckfläche. Ist die
Grundfläche ein Dreieck (Viereck, …), dann heißt
das Prisma Dreiecksprisma (Vierecksprisma, …).

BEISPIEL 2
Sechseckprisma
Schrägbild: *Körpernetz:*

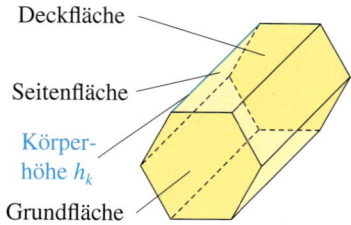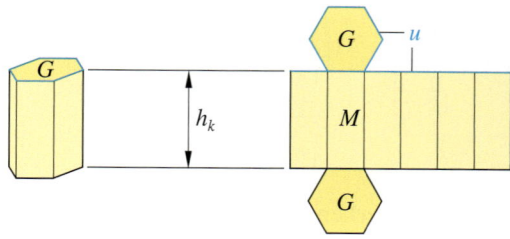

HINWEIS
In diesem Kapitel
werden nur gera-
de Prismen
berechnet.

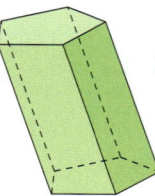

Stehen die Seitenflächen eines Prismas nicht senkrecht auf der Grund- und Deckfläche, so spricht man von einem **schiefen Prisma**.

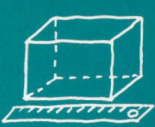

Üben und anwenden

1 Welche der Körper sind Prismen?
Stehen sie auf der Grundfläche oder liegen sie auf einer Seitenfläche? Begründe.

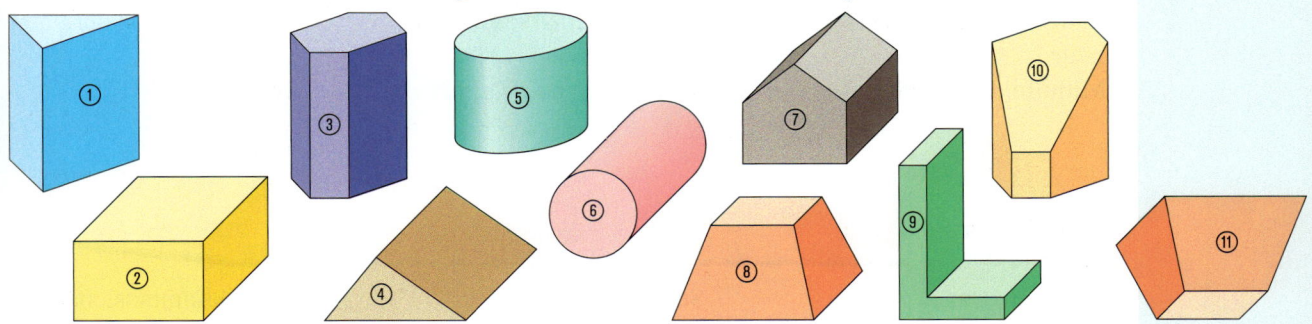

2 Handelt es sich bei dem Schuttcontainer bzw. den Goldbarren um Prismen? Begründe.

2 Wenn man aufmerksam durch Wohngebiete geht, kann man sehr unterschiedliche Hausformen entdecken.
Die verschiedenen Dachformen haben sogar eigene Namen:

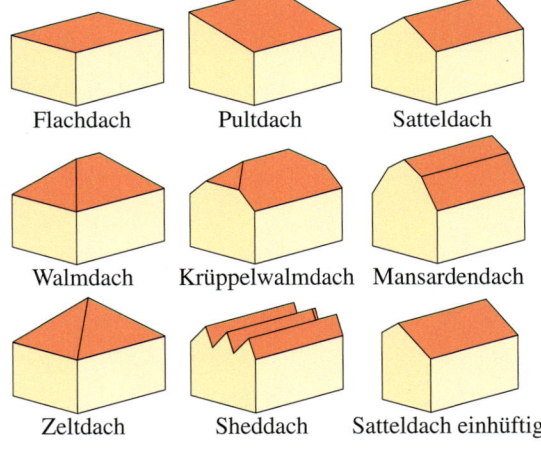

Welche Häuser sind Prismen? Benenne ihre Dachformen. Begründe.

3 Die Ecken des Prismas mit dreieckiger Grundfläche sind rot und die Kanten grün gefärbt.

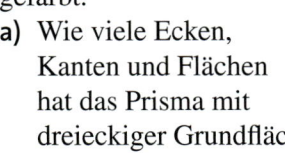

a) Wie viele Ecken, Kanten und Flächen hat das Prisma mit dreieckiger Grundfläche?

b) Wie viele Ecken, Kanten und Flächen hat ein Prisma mit fünfeckiger Grundfläche?

c) Erstelle ein Kantenmodell aus Knete mit Strohhalmen.

3 Wie verhält sich die Anzahl der Ecken, Kanten und Flächen bei Prismen? Ergänze.

a)

Grundfläche des Prismas	Anzahl am Prisma		
	Ecken	Kanten	Flächen
Dreieck	6		
Viereck		12	
Fünfeck			7
Sechseck			
Siebeneck			
Achteck			

b) Wähle ein Prisma und erstelle dazu ein Kantenmodell aus Knete mit Strohhalmen.

97

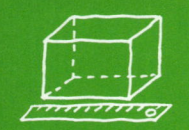

Methode: Schrägbilder zeichnen

Bevor Verpackungen in die Produktion gehen, erstellt ein Verpackungsdesigner zunächst einen zeichnerischen Entwurf der Verpackung.

In der **Vorderansicht** zeichnet er die Verpackung von vorne, in der **Seitenansicht** von der Seite.

Mithilfe des **Schrägbilds** kann man sich die ganze Verpackung besser vorstellen.

Vorderansicht   Seitenansicht   Gesamtansicht

Schrägbild eines Dreiecksprismas zeichnen

Das Schrägbild eines Dreiecksprismas mit den Seiten $a = 3\,cm$; $b = 3\,cm$; $c = 3\,cm$ und $h_k = 12\,cm$ kann nach den bereits bekannten Regeln gezeichnet werden.

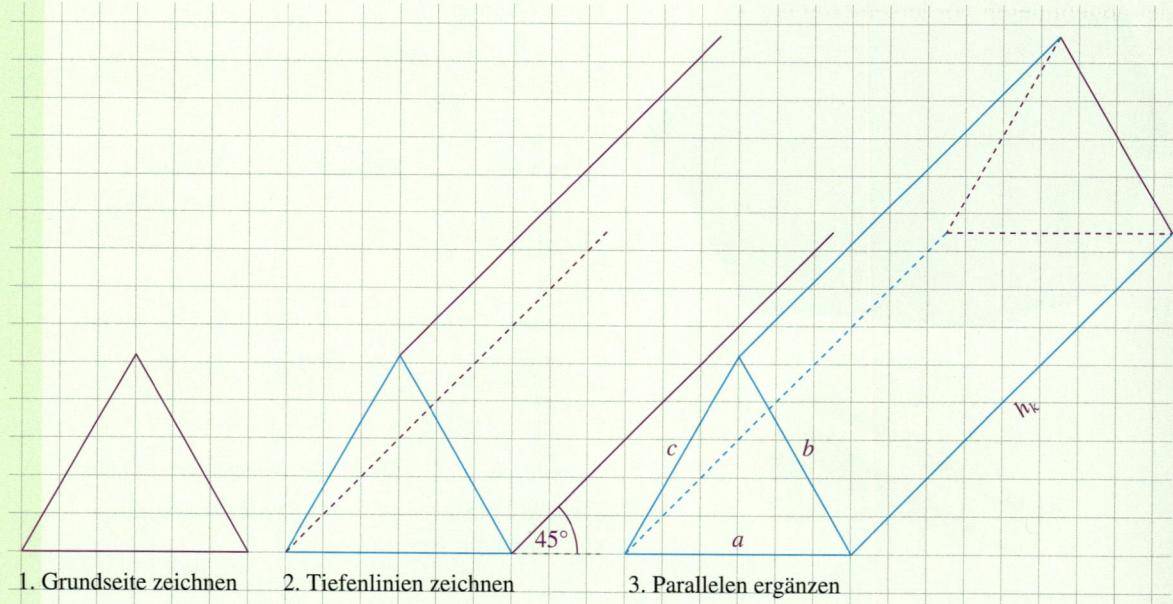

1. Grundseite zeichnen   2. Tiefenlinien zeichnen   3. Parallelen ergänzen

1. Zuerst wird die Grundseite des Dreiecksprismas in **Originalgröße** gezeichnet:
   $a = 3\,cm$; $b = 3\,cm$ und $c = 3\,cm$

2. Die nach hinten verlaufenden Kanten werden in den Eckpunkten der Grundseite in einem Winkel von **45°** und in **halber Länge** angetragen:

   $h_k = \frac{1}{2} \cdot 12\,cm = 6\,cm$

   Alle nach hinten verlaufenden Kanten sind gleich lang und parallel zueinander. Somit werden die anderen Kanten durch eine Parallelverschiebung eingezeichnet. Aufgepasst: Alle verdeckten Kanten werden **gestrichelt** gezeichnet.

3. Die Eckpunkte werden verbunden. Die Kanten des Dreieckprismas werden beschriftet.

1 Nenne die Eigenschaften von Schrägbildern.

2 Zeichne die abgebildeten Prismen als Schrägbild.

a)

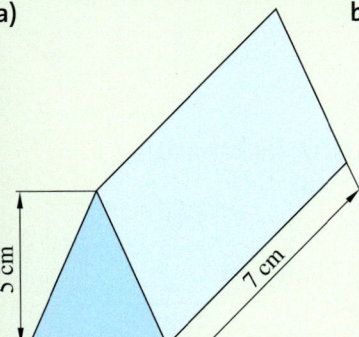

5 cm

7 cm

4 cm

b) Höhe $h_k = 8$ cm

2 cm

2 cm

c) Höhe $h_k = 5$ cm

3 cm

5 cm

7 cm

d) Höhe $h_k = 5$ cm

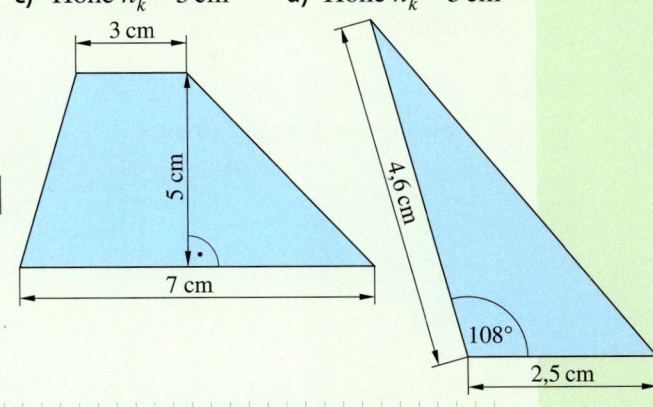

4,6 cm

108°

2,5 cm

3 Zeichne das Schrägbild eines Prismas zu der abgebildeten Vorderseite mit der Körperhöhe $h_k = 10$ cm.

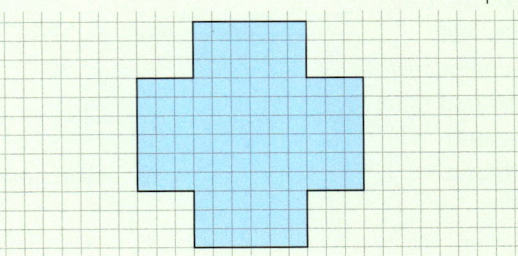

4 Ergänze die folgenden Grundflächen von Prismen zu einem Schrägbild in deinem Heft. Die Prismen sollen 10 cm hoch sein.

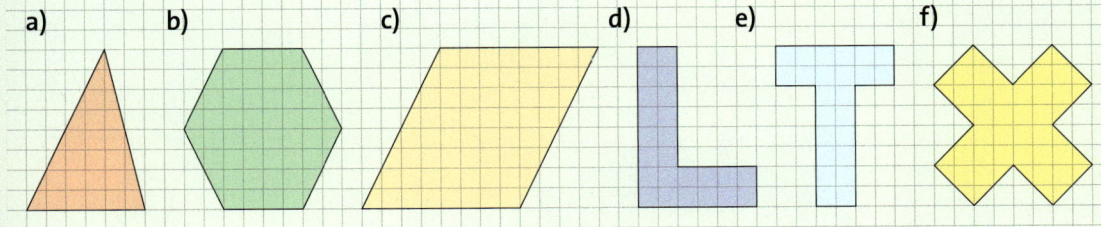

a) **b)** **c)** **d)** **e)** **f)**

5 Die Firma „Elektro-Trapp" möchte ihr Logo „ET" für einen Messeauftritt aus einem Styroporblock mit den Abmessungen 90 cm × 120 cm × 60 cm ausschneiden. Zeichne ein Schrägbild des Styroporblocks im Maßstab 1 : 10.

6 Dieses Haus ist 11 m lang.
a) Zeichne ein Schrägbild des Hauses im Maßstab 1 : 100.
b) Ergänze in deiner Zeichnung Fenster und Türen.
  Denke an eine ausreichende Höhe und Breite von Fenstern und Türen.

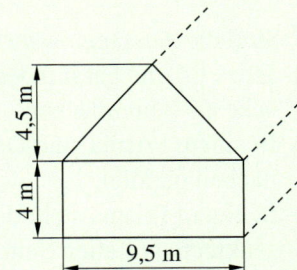

4,5 m

4 m

9,5 m

4 Übertrage das Netz auf kariertes Papier und schneide es aus. Kennzeichne Grund- und Deckfläche sowie die Mantelfläche mit verschiedenen Farben. Trage auch die Körperhöhe h_k ein. Überprüfe durch zusammenfalten, ob ein Prisma entsteht.

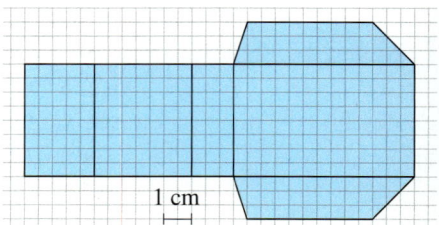

1 cm

5 Zeichne das Netz des Prismas.

a)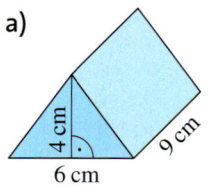

4 cm   9 cm   6 cm

b)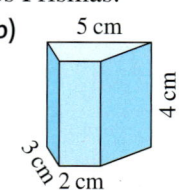

5 cm   4 cm   3 cm   2 cm

5 Zeichne das Netz des Prismas.

a)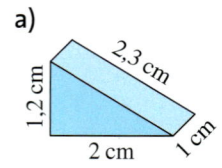

1,2 cm   2,3 cm   2 cm   1 cm

b)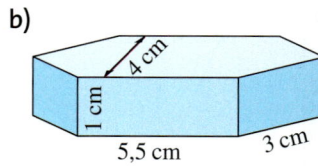

4 cm   1 cm   5,5 cm   3 cm

6 Übertrage das Netz. Schneide es aus und falte es zum Prisma.

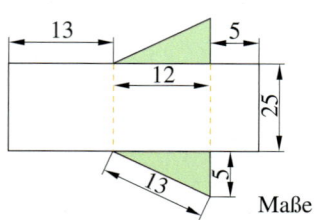

13   5   12   25   13   5

Maße in cm

6 Übertrage das Netz. Schneide es aus und falte es zum Prisma.

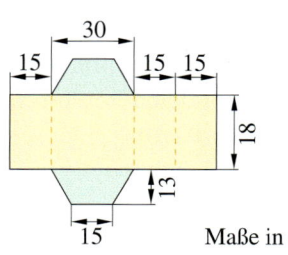

30   15   15   15   18   13   15

Maße in cm

7 Ist es möglich, aus allen abgebildeten Netzen Prismen zu falten? Begründe. Ergänze ansonsten die Netze im Heft, schneide sie aus und falte sie zu Prismen.

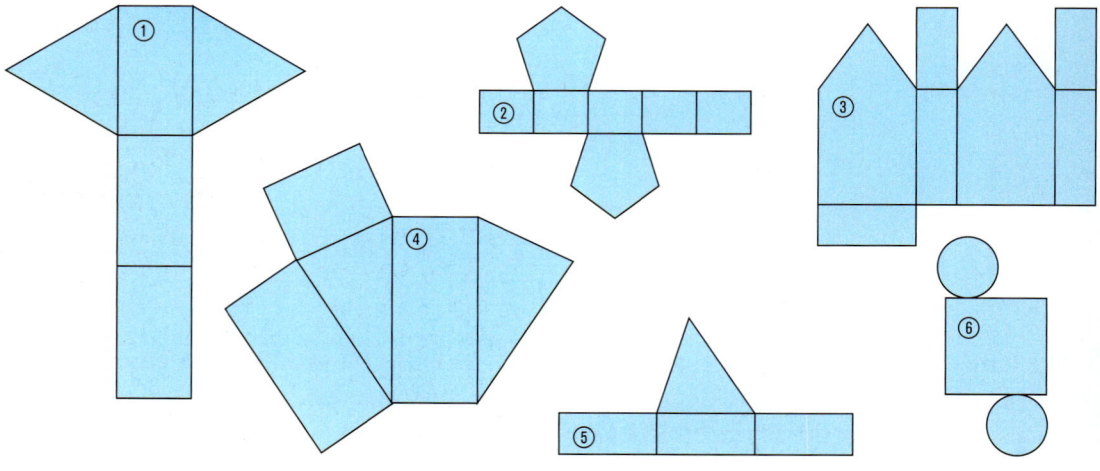

① ② ③ ④ ⑤ ⑥

8 Sind die Aussagen wahr? Begründe.
a) Jedes Prisma hat mindestens drei Rechtecke als Seitenflächen.
b) In einem Prisma sind Deck- und Seitenflächen parallel.
c) In einem Prisma steht die Grundfläche senkrecht auf allen Seitenflächen.
d) Es gibt kein Prisma mit 10 Ecken.

8 Sind die Aussagen wahr? Begründe.
a) Ein Prisma besitzt immer mehr Ecken als Kanten.
b) Bei einem Quader kann man nicht genau sagen, ob er auf der Grund- oder Seitenfläche steht.
c) Es gibt kein Prisma, das doppelt so viele Ecken wie Flächen besitzt.

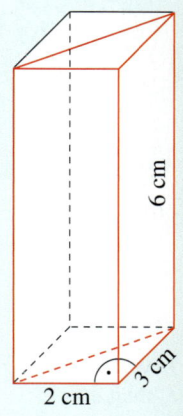

Mantelfläche und Oberfläche von Prismen

Entdecken

1 In das Schrägbild eines 2 cm breiten, 3 cm tiefen und 6 cm hohen Quaders wurde ein Prisma mit einem rechtwinkligen Dreieck als Grundfläche eingezeichnet (siehe Randspalte).
Sophia ist der Meinung, dass die Oberfläche des Quaders doppelt so groß ist wie die des Prismas. Tom ist anderer Ansicht.
Welcher Ansicht bist du? Begründe.

Um die Oberfläche zu vergleichen, haben Tom und Sophia Netze des Quaders und des Dreiecksprismas gezeichnet.

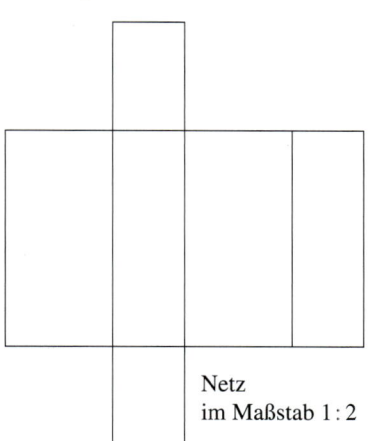

Netz
im Maßstab 1 : 2

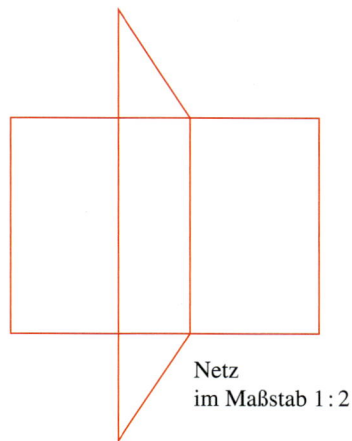

Netz
im Maßstab 1 : 2

a) Welches Netz gehört zum Dreiecksprisma, welches zum Quader? Begründe.
b) Zeichne die Netze mit den gegebenen Längen in dein Heft.
c) Markiere gleich große Flächen im Netz des Quaders und des Dreiecksprismas in den gleichen Farben.
d) Berechne die Flächeninhalte der Dreiecke und Rechtecke in den Netzen.
e) Bestimme die Oberfläche des Quaders und die des Dreiecksprismas.
f) Wer von beiden hat Recht? Sophia oder Tom?

2 Dies ist die aufgeschnittene Schachtel der in der Randspalte abgebildeten Süßigkeit.
a) Um welche Verpackungsform handelt es sich? Begründe.
b) Bei welchen Flächen handelt es sich um Klebelaschen? Welche Flächen besitzen die gleichen Abmessungen?

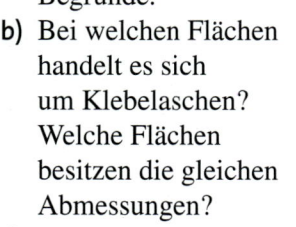

c) Die Verpackung ist im Original 20,8 cm hoch und hat eine Seitenlänge von 3,5 cm.
Zeichne das Netz der Verpackung in einem geeigneten Maßstab in dein Heft.
Klebelaschen müssen nicht mitgezeichnet werden.
d) Bestimme die Oberfläche der Verpackung (ohne Klebelaschen).
Vergleicht die Lösungen in der Klasse.

Verstehen

Herr Meyer ist Designer. Für einen Süßwarenhersteller soll er sich eine originelle Verpackung für Schokolinsen einfallen lassen. Er hat sich für ein Prisma mit dreieckiger Grundfläche entschieden.

Der Süßwarenhersteller möchte aus Kostengründen wissen, wie viel Pappe für die reine Oberfläche der Verpackung mindestens benötigt wird. Dazu zeichnet Herr Meyer das Netz der Verpackung.

Alle Seitenflächen eines Prismas zusammen bilden ein Rechteck, dessen Flächeninhalt wir als Mantelfläche M bezeichnen

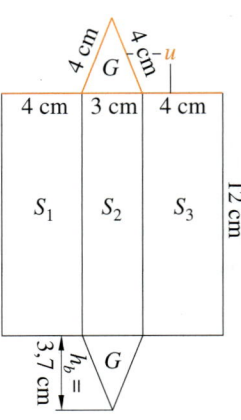

BEISPIEL 1

Gesucht ist die Mantelfläche der Verpackung.

HINWEIS
S_1 steht als Abkürzung für Seite 1, S_2 für Seite 2 usw.

1. Möglichkeit:
Teilflächenberechnung:
$S_1 = 4\,\text{cm} \cdot 12\,\text{cm} = 48\,\text{cm}^2$
$S_2 = 3\,\text{cm} \cdot 12\,\text{cm} = 36\,\text{cm}^2$
$S_3 = S_1 = 48\,\text{cm}^2$
Mantelfläche:
$M = S_1 + S_2 + S_3$
$M = 2 \cdot 48\,\text{cm}^2 + 36\,\text{cm}^2$
$M = 132\,\text{cm}^2$

2. Möglichkeit:
Umfang der Grundfläche:
$u = a + b + c$
$u = 4\,\text{cm} + 3\,\text{cm} + 4\,\text{cm}$
$u = 11\,\text{cm}$
Mantelfläche:
$M = u \cdot h_k$
$M = 11\,\text{cm} \cdot 12\,\text{cm}$
$M = 132\,\text{cm}^2$

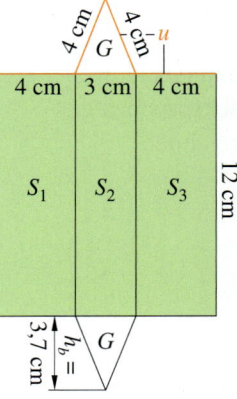

> **Merke** Der **Mantelflächeninhalt M** eines Prismas lässt sich nach folgender Formel berechnen: $M = S_1 + S_2 + \ldots + S_n$
> Es gilt demnach auch: $\boldsymbol{M = u \cdot h_k}$

Für die Berechnung des Oberflächeninhalts des Prismas muss man zum Mantelflächeninhalt noch den Flächeninhalt der Grund- und der Deckfläche hinzurechnen.

Beispiel 2

Gesucht ist der Oberflächeninhalt der Verpackung oben.

Flächeninhalt der Grundfläche: $G = \frac{g \cdot h}{2}$

$\qquad\qquad = \frac{3\,\text{cm} \cdot 3{,}7\,\text{cm}}{2}$

$\qquad\qquad = 5{,}55\,\text{cm}^2$

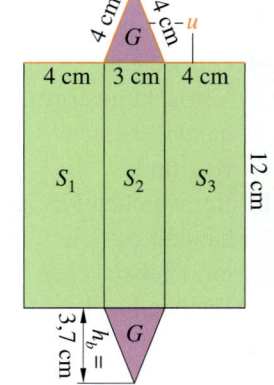

Oberflächeninhalt des Prismas: $O = 2 \cdot G + M$
$\qquad\qquad = 2 \cdot 5{,}55\,\text{cm}^2 + 132\,\text{cm}^2$
$\qquad\qquad = 143{,}1\,\text{cm}^2$

Für die Verpackung werden $143{,}1\,\text{cm}^2$ Pappe (plus Klebelaschen) benötigt.

> **Merke** Die Oberfläche eines Prismas besteht aus dem Mantel sowie der Grund- und der Deckfläche. Der **Oberflächeninhalt O** berechnet sich deshalb so:
> $O = 2G + S_1 + S_2 + \ldots + S_n$ $\qquad$ bzw. $\qquad O = 2G + M$

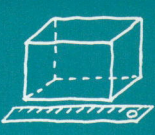

Üben und anwenden

1 Übertrage die Netze der Prismen ins Heft. Kennzeichne die Mantelfläche blau und die Grund- und Deckfläche grün.

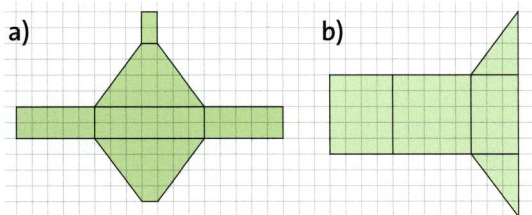

a)

b)

2 Zeichne das Schrägbild eines Prismas, zu dem das folgende Netz gehört, auf einer Seitenfläche stehend.
Entnimm die Maße (in cm) der Zeichnung.

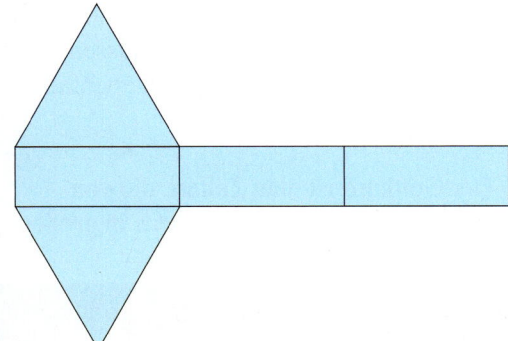

Wie groß ist die Mantelfläche?

3 Berechne den Umfang der Grundfläche und die Mantelfläche (Maße in cm).

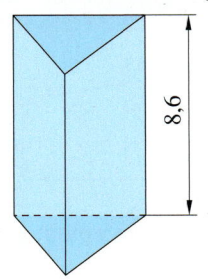

8,6

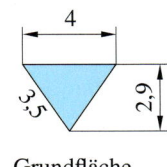

4

3,5   2,9

Grundfläche

1 Zeichne die Netze der folgenden Prismen mit $h_k = 3$ cm und der gegebenen Grundfläche in dein Heft.

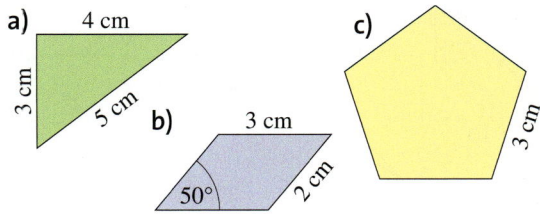

a) 4 cm

3 cm   5 cm

b) 3 cm

50°   2 cm

c) 3 cm

2 Zeichne das Schrägbild eines Prismas, zu dem das folgende Netz gehört, auf einer Seitenfläche stehend.
Entnimm die Maße (in cm) der Zeichnung.

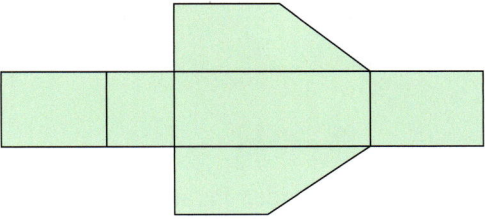

Wie groß ist die Mantelfläche?

3 Berechne die Oberfläche und die Gesamtlänge aller Kanten des Prismas (Maße in cm).

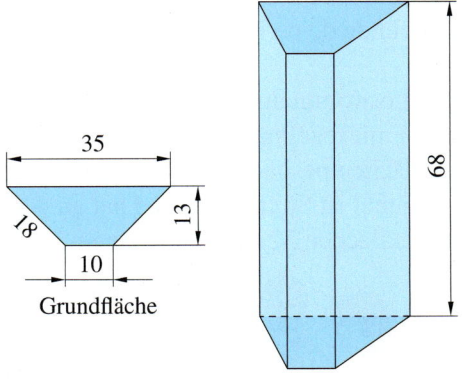

35

18   13

10

Grundfläche

68

4 Berechne den Oberflächeninhalt des Prismas.

	Grundfläche	Seitenlängen der Grundfläche	Körperhöhe h_k
a)	Quadrat	$a = 3$ cm	$h_k = 10$ cm
b)	Rechteck	$a = 4,5$ cm; $b = 6$ cm	$h_k = 5$ cm
c)	gleichseitiges Dreieck	$c = 4$ cm; $h_c = 3,5$ cm	$h_k = 8$ cm
d)	unregelmäßiges Dreieck	$a = 4$ cm; $b = 6$ cm; $c = 9$ cm; $h_a = 4,8$ cm	$h_k = 4$ cm
e)	gleichschenkliges Dreieck	$a = b = 4,5$ cm; $c = 5$ cm; $h_c = 3,7$ cm	$h_k = 6$ cm

5 Zeichne Netze der Prismen und berechne ihre Oberflächen (Maße in cm).

a)   b)   c)

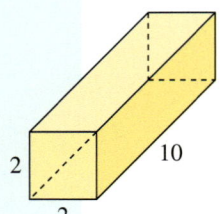
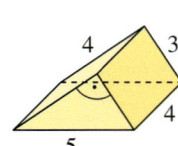
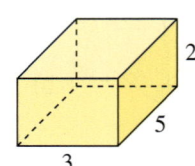

5 Zeichne die Netze der Prismen. Berechne ihre Oberflächen und die Gesamtlänge ihrer Kanten (Maße in cm).

a)   b)   c)

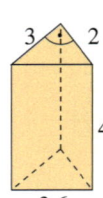
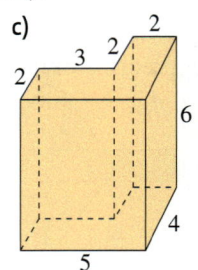

6 Betrachte die beiden Parallelogramme. (2 Kästchen ≙ 1 cm)

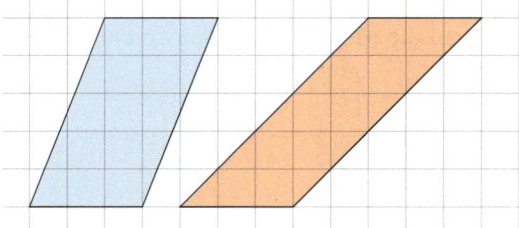

a) Zeige, dass die beiden Parallelogramme den gleichen Flächeninhalt besitzen.
b) Die Parallelogramme sind jeweils Grundfläche eines 10 cm hohen Prismas. Besitzen die Prismen die gleichen Oberflächen? Begründe deine Meinung.

7 Bei Lostrommeln sind die Formen von Prismen mit regelmäßigen sechseckigen Grundflächen besonders beliebt. Eine solche Lostrommel ist 86 cm breit und hat an den Sechseckflächen 32 cm Kantenlänge.

HINWEIS ZU
AUFGABE 7
So sieht die Grundfläche der Lostrommel aus:

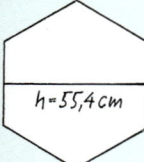

h = 55,4 cm

a) Berechne den Umfang der Grundfläche.
b) Wie groß ist die Mantelfläche des Prismas?
c) Berechne den Flächeninhalt der Grundfläche und die Oberfläche der Lostrommel.

6 Ein 10 cm hohes Prisma besitzt eine dreieckige Grundfläche mit 15 cm Umfang.
a) Zeichne drei Dreiecke, die Grundflächen des Prismas sein könnten.
b) Begründe, warum die Mantelflächen der Prismen gleich groß sein müssen.
c) Ist die Oberfläche der Prismen ebenfalls gleich groß? Begründe.

7 Der Gotthard ist eine Zeltart, die von Pfadfindern vor allem zum Lagern in großen Höhen verwendet wird.

Querschnitt (Maße in cm)

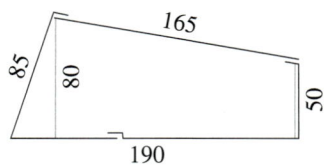

a) Übertrage den Querschnitt in einem geeigneten Maßstab in dein Heft.
b) Handelt es sich bei der Zeltform um ein Prisma? Begründe.
c) Das Zelt wird aus quadratischen Zeltbahnen mit einer Seitenlänge von 1,65 m zusammengebaut. Wie viele Zeltbahnen benötigt man, wenn Grund- und Deckfläche nicht verschlossen werden?
d) Welche Zeltaufbauten gibt es noch? Sind darunter noch andere Prismen zu finden?

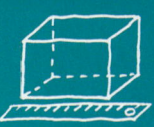

Volumen von Prismen

Entdecken

1 Die Kantenlänge der abgebildeten Würfel beträgt immer 1 cm.
a) Welche Körperform hat der gelb (rot) gefärbte Teil des Quaders?
b) Aus wie vielen Würfeln besteht der gelb (rot) gefärbte Teil des Quaders?
c) Aus wie vielen Würfeln besteht der gelb (rot) gefärbte Teil des Quaders,
    wenn zwei Schichten hintereinander stehen?
d) Übertrage die folgende Tabelle in dein Heft und vervollständige sie.

Anzahl Schichten	Anzahl gelbe Würfel	Anzahl rote Würfel
1	4,5	
2		
3		
4		
5		

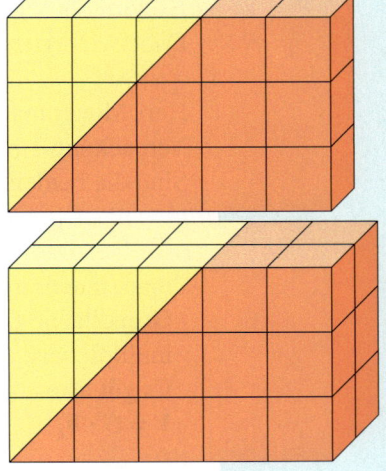

2 Diese „Trapez-Plus-Verpackung" wurde entwickelt, um die Portokosten gering zu halten.
Die Maße lassen sich dem Foto entnehmen.

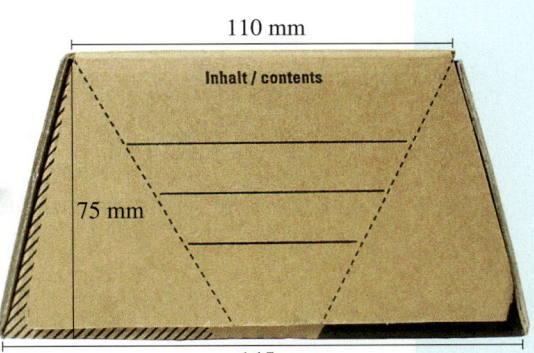

110 mm

Inhalt / contents

75 mm

145 mm

a) Welcher der folgenden Quader besitzt das gleiche Volumen wie die „Trapez-Plus-Ver-
    packung"? Begründe deine Meinung und bestimme den Rauminhalt des Quaders und der
    Trapezverpackung.
    Quader 1:   110 mm × 75 mm × 610 mm   Quader 2:   145 mm × 110 mm × 75 mm
    Quader 3: 127,5 mm × 75 mm × 610 mm   Quader 4: 127,5 mm × 75 mm × 430 mm
b) Die „Trapez-Plus-Verpackung" gibt es – bei gleichen Trapezabmessungen – auch in einer
    Länge von 860 mm. Was muss für das Volumen der 430 mm und 860 mm langen
    Verpackungen gelten?
c) Für Poster gibt es auch die Tripac-Verpackungen. Die Grundfläche
    ist ein gleichseitiges Dreieck. Die Seitenlänge beträgt 139 mm,
    die Höhe 120 mm. Die Länge der Verpackung beträgt 610 mm.
    Gib einen Quader an, der das gleiche Volumen wie die Tripac-
    Verpackung besitzt.
    Erläutert in der Klasse, wie ihr dabei vorgegangen seid.
    Gibt es verschiedene Lösungswege?

Verstehen

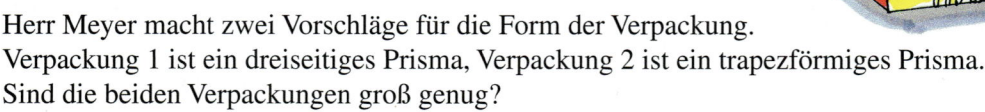

Der Süßwarenhersteller ist sich nicht sicher, ob die Schokolinsen in der von Herrn Meyer vorgeschlagenen Verpackung Platz finden. Es wird ein Volumen von mindestens $100\,\text{cm}^3$ benötigt. Daher erfragt er bei ihm das Volumen der Verpackung.

Herr Meyer macht zwei Vorschläge für die Form der Verpackung. Verpackung 1 ist ein dreiseitiges Prisma, Verpackung 2 ist ein trapezförmiges Prisma. Sind die beiden Verpackungen groß genug?

> **Merke** Das **Volumen V** eines Prismas bestimmt man, indem man den Flächeninhalt der Grundfläche G mit der Körperhöhe h_k des Prismas multipliziert.
> Es gilt also:
> $$V = G \cdot h_k$$
>
> Kurz gesagt:
> Volumen eines Prismas = Grundfläche mal Höhe

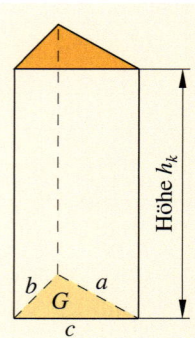
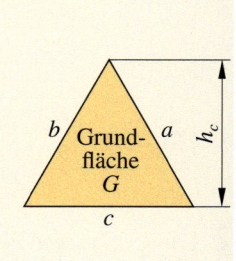

Beispiel 1

Herr Meyers dreiseitiges Prisma hat folgende Maße:
$a = 5\,\text{cm}$; $b = 5\,\text{cm}$; $c = 4\,\text{cm}$; $h_c = 4{,}6\,\text{cm}$; $h_k = 12\,\text{cm}$
Berechnung der Grundfläche (Dreieck):

$$G = \frac{c \cdot h_c}{2}$$
$$= \frac{4\,\text{cm} \cdot 4{,}6\,\text{cm}}{2} = 9{,}2\,\text{cm}^2$$

Berechnung des Volumens:
$$V = G \cdot h_k$$
$$= 9{,}2\,\text{cm}^2 \cdot 12\,\text{cm} = 110{,}4\,\text{cm}^3$$

Die vorgeschlagene Verpackung hat ein Volumen von $110{,}4\,\text{cm}^3$.

Beispiel 2

Der trapezförmige Vorschlag hat folgende Maße:
$a = 3\,\text{cm}$; $c = 1{,}5\,\text{cm}$; $h_a = 4\,\text{cm}$; $h_k = 12\,\text{cm}$
Berechnung der Grundfläche (Trapez):

$$G = \frac{(a + c)}{2} \cdot h_a$$
$$= \frac{(3\,\text{cm} + 1{,}5\,\text{cm})}{2} \cdot 4\,\text{cm}$$
$$= 2{,}25\,\text{cm} \cdot 4\,\text{cm} = 9\,\text{cm}^2$$

Berechnung des Volumens:
$$V = G \cdot h_k$$
$$= 9\,\text{cm}^2 \cdot 12\,\text{cm} = 108\,\text{cm}^3$$

Die vorgeschlagene Verpackung hat ein Volumen von $108\,\text{cm}^3$. Beide Verpackungen sind groß genug.
Der Süßwarenhersteller entscheidet sich für Verpackung 2.

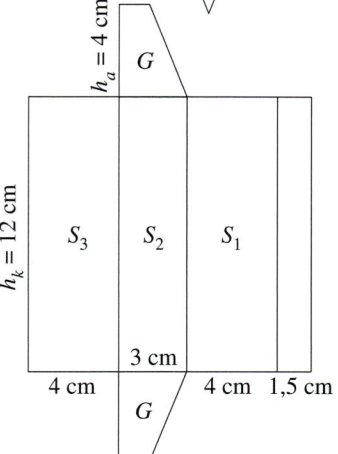

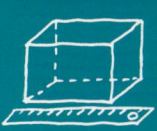

Üben und anwenden

1 Berechne das Volumen des Prismas.
a) $G = 25\,\text{cm}^2$; $h_k = 8\,\text{cm}$
b) $G = 12,5\,\text{m}^2$; $h_k = 10\,\text{m}$
c) $G = 49,5\,\text{m}^2$; $h_k = 12\,\text{m}$
d) $G = 17,5\,\text{dm}^2$; $h_k = 23\,\text{cm}$

1 Gib das Volumen des Dreiecksprismas an.

	a)	b)	c)	d)
Grundseite	8 m	13 cm	3,5 dm	13,1 m
Dreieckshöhe	6 m	9 cm	2,4 dm	17,4 m
Körperhöhe	10 m	17 cm	67 cm	120 dm

2 Berechne das Volumen des Prismas.
a)   b)

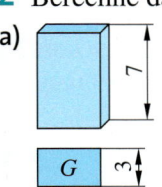
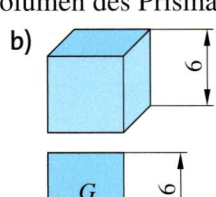

Maße in cm

2 Berechne das Volumen des Prismas.
a)   b)

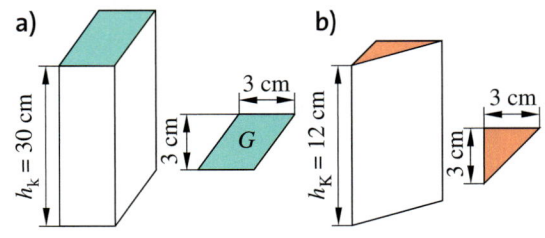

3 Der Flächeninhalt der Grundfläche eines Prismas beträgt $12\,\text{cm}^2$ und die Körperhöhe 4 cm. Gib das Volumen des Prismas an.

3 Ein dreiseitiges Prisma hat bei einer Höhe von 14 cm ein Volumen von $392\,\text{cm}^3$. Wie groß ist die Grundfläche? Welche Formen und Maße könnte die Grundfläche haben?

4 Berechne im Heft die fehlenden Größen der Prismen. Gib auch alle Formelumstellungen an.

	Grundfläche G	Körperhöhe h_k	Volumen V
a)	$42\,\text{cm}^2$	13 cm	
b)	$5,8\,\text{dm}^2$		$11,6\,\text{dm}^3$
c)		19,3 m	$887,8\,\text{m}^3$

5 Berechne das Volumen des Prismas.
a) Grundfläche: Quadrat mit $a = 2,4\,\text{cm}$; Höhe: $h_k = 8,5\,\text{cm}$
b) Grundfläche: Rechteck mit $a = 3,2\,\text{cm}$; $b = 1,2\,\text{cm}$; Höhe: $h_k = 14,2\,\text{cm}$
c) Grundfläche: Parallelogramm mit $a = 7,8\,\text{cm}$; $h_a = 2,5\,\text{cm}$; Höhe: $h_k = 25\,\text{cm}$
d) Grundfläche: rechtwinkliges Dreieck mit $\gamma = 90°$; $a = 4,2\,\text{m}$; $b = 5,1\,\text{m}$; Höhe: $h_k = 20\,\text{m}$

5 Berechne das Volumen des Prismas.
a) Grundfläche: gleichschenkliges Dreieck mit Basis $c = 6,5\,\text{dm}$; $h_c = 5,2\,\text{dm}$; Höhe: $h_k = 9,4\,\text{dm}$
b) Grundfläche: Dreieck mit $b = 4,5\,\text{cm}$; $h_b = 3,6\,\text{cm}$; Höhe: $h_k = 15\,\text{cm}$
c) Grundfläche: Trapez mit $a \parallel c$; $a = 7,8\,\text{dm}$; $c = 2,5\,\text{dm}$; $h = 3\,\text{dm}$; Höhe: $h_k = 12\,\text{dm}$
d) Grundfläche: Drachenviereck mit $e = 6,5\,\text{cm}$; $f = 9,7\,\text{cm}$; Höhe: $h_k = 3,8\,\text{cm}$

6 Berechne das Volumen des Prismas. Die Grundfläche ist ein Trapez. Die 1. und 2. Grundseite sind die zwei zueinander parallelen Seiten des Trapezes.

	a)	b)	c)
1. Grundseite	6 m	20 dm	4,5 cm
2. Grundseite	2 m	30 dm	1,5 cm
Trapezhöhe	5 m	8 dm	9 cm
Körperhöhe	10 m	40 dm	11 cm

6 Die Deckensteine zum Eingangsstollen der Cheopspyramide sind Prismen mit trapezförmigen Grundflächen. Berechne ihr Volumen.

	$a \parallel c$ (Maße in m)			
	a	c	h_a	h_k
oben links	4,70	2,98	1,85	2,24
unten links	3,83	2,28	2,13	2,07
oben rechts	4,93	3,07	2,56	2,24
unten rechts	4,25	2,73	2,35	2,07

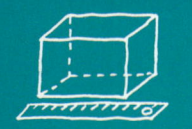

7 Der „Stein des Südens" ist der größte bisher bekannte von Menschen geschaffene Quader.
Er liegt in einer Tempelanlage im Libanon. Die Länge des Steins beträgt 21,40 m, die Breite 4,60 m und die Höhe 4,30 m. Berechne das Volumen des Quaders.

8 Berechne das Volumen des Prismas.

a)   b)

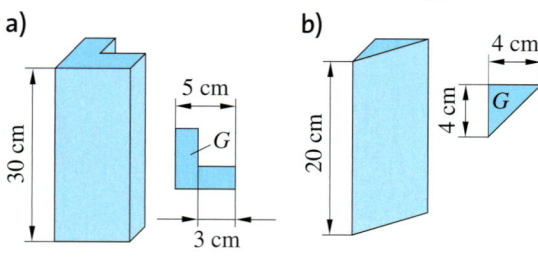

9 Der Luftfrachtcontainer hat die Form eines fünfseitigen Prismas mit den gegebenen Maßen. (Maße in cm)

a) Bestimme die Größe der Grundfläche.
b) Wie viel Kubikmeter Volumen hat der Container?

10 Ein Kinderplanschbecken hat eine regelmäßige sechseckige Grundfläche von $G = 6,65\,\text{m}^2$ und 40 cm Randhöhe.

a) Wie viel Liter Wasser sind nötig, um das Becken bis zum Rand zu füllen?
b) Mit wie vielen 10-Liter-Eimern müsste das Becken gefüllt werden, wenn das Wasser mindestens 25 cm hoch stehen soll?

7 Familie Jansen will das Dachgeschoss ihres Hauses mit einem Kaminofen beheizen. Das Dachgeschoss ist am Boden 8 m breit und 12 m lang. Der Giebel ist 4 m hoch.
Für das Heizen mit einem Kaminofen müssen bei 1 kW Heizleistung mindestens $4\,\text{m}^3$ Raum vorhanden sein.

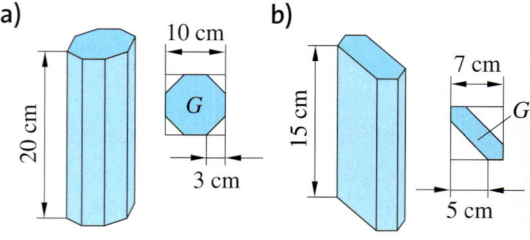

a) Welches Volumen hat das Dachgeschoss?
b) Welche Leistung (in kW) darf der Ofen höchstens haben?

8 Berechne das Volumen des Prismas.

a)   b)

9 Ein Aquarium mit der skizzierten Grundfläche eignet sich gut zum Aufstellen in einer Zimmerecke.

a) Bestimme die Fläche der Grundfläche.
b) Das Becken ist 65 cm hoch. Wie viel Liter Wasser können in das Becken gefüllt werden?
c) Welches Gewicht hat die Wasserfüllung, wenn das Aquarium bis 5 cm unter den Rand gefüllt wird? 1 l Wasser wiegt 1 kg.

10 Eine Schiene aus Metall hat ein U-Profil mit den in der Skizze gegebenen Maßen.

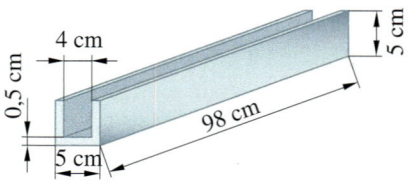

a) Welches Volumen hat die Schiene?
b) Wie viel Gramm wiegt die Schiene, wenn $1\,\text{cm}^3$ des Materials 7,8 g wiegt?

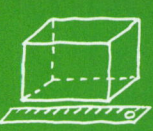

Thema: Gestalte eigene Geschenkverpackungen

Beim Schenken kann auch eine ungewöhnliche
Verpackung Freude bereiten.
Oft werden besondere Verpackungen noch
lange aufgehoben und zur Aufbewahrung
verschiedener Dinge genutzt.
Außergewöhnliche Geschenkverpackungen für
Freundschaftsringe, Glücksbringer und Co.
lassen sich mit einfachen Mitteln selbst her-
stellen.
Dabei sind der Gestaltung keine Grenzen gesetzt.

1 Jetzt bist du als Designer gefragt. Entwirf außergewöhnliche Verpackung für einen Gegen-
stand deiner Wahl.
Plane nicht einfach drauf los, sondern entwickle einen Arbeitsplan:
① Überlege dir zuerst welche Form deine Verpackung haben sollte.
② Fertige einen Entwurf an. (Skizze, Netz, etc.)
③ Berechne das Material.
④ Erstelle aus Pappe ein Modell deiner Verpackung.
⑤ Beschreibe deine Verpackung.
⑥ Notiere deine Aufzeichnungen in Form eines Lerntagebuchs, aus dem hervorgeht, wie du
   vorgegangen bist und welche Probleme sich ergeben haben und wie du sie gelöst hast.
⑦ Präsentiere deine Verpackung in der Klasse.

2 Dreieckige Prismen kennst du wahrscheinlich von Schokoladenverpackungen.
Ein solches Prisma kannst du zum Beispiel für die Verpackung eines Stiftes verwenden.

a) Zeichne wie vorgegeben auf die Rückseite eines festeren
   Kalenderblatts oder auf Tonpapier einen Bastelbogen
   für das dreiseitige Prisma und bastele die Schachtel.
b) Bestimme das Volumen des Prismas.
c) Falls diese Verpackung im Handel für Süßigkeiten verwendet werden würde, müsste sie mindestens zu 70%
   gefüllt sein, damit keine Mogelpackung entsteht.
   Bis zu welcher Höhe müsste ein solches Prisma dann
   gefüllt werden?

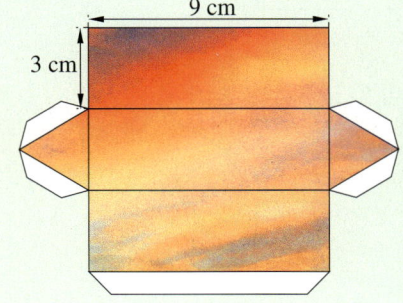

HINWEIS
Mogelpackun-gen nennt man
eine Verpackung,
die über die
wirkliche Menge
oder Beschaffen-
heit des Inhalts
hinwegtäuscht.

3 Diese Schachtel ist ein aus einer Landkarte gefaltetes Prisma mit
trapezförmiger Grundfläche.
Die parallelen Seiten des Trapezes sind 10 cm und 4 cm lang, die
Höhe des Trapezes beträgt 6 cm.
a) Zeichne die Grundfläche als gleichschenkliges Trapez und
   berechne den Flächeninhalt und den Umfang der Schachtel.
b) Bestimme die Mantelfläche der Schachtel, wenn die Körperhöhe 6 cm beträgt. Miss fehlende Längen.
c) Berechne die Oberfläche und das Volumen des Prismas.
d) Zeichne ein Netz des Prismas und ergänze es mit Klebelaschen an den notwendigen Stellen.
   Bastele die Schachtel.

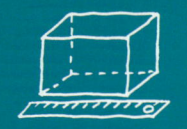

Klar so weit?

→ Seite 96

Prismen erkennen und beschreiben

1 Nenne die Eigenschaften eines Prismas.

2 Entscheide und begründe, ob der jeweilige Körper ein Prisma ist.

a)   b)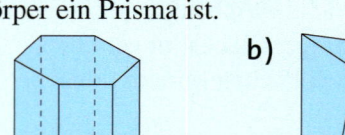

c) d)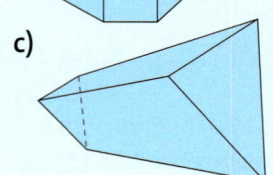

2 Entscheide und begründe, ob der jeweilige Körper ein Prisma ist.

a)   b)

c) 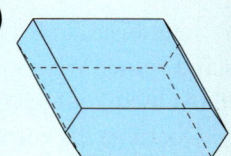   d)

3 Können die jeweiligen Netze zu einem Prisma zusammengebaut werden?

a)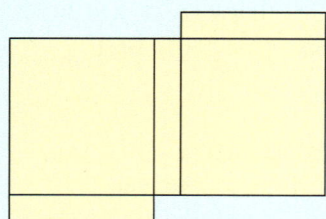

b)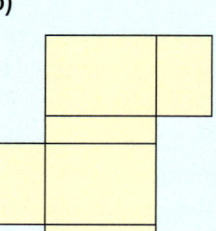

c)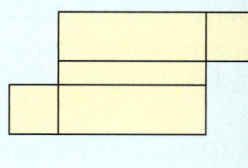

d)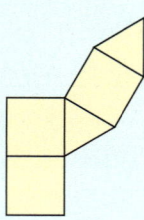

e)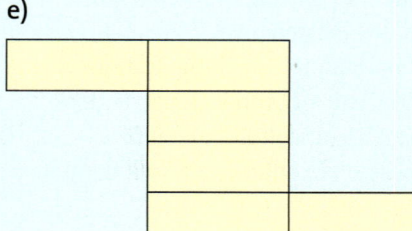

f)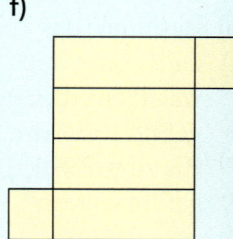

4 Die Figuren im folgenden Bild sind Grundflächen von Prismen. Die Höhe der Prismen beträgt 4 cm.
Zeichne jeweils ein Schrägbild.

a) 2 cm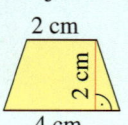
2 cm
4 cm

b) 1,8 cm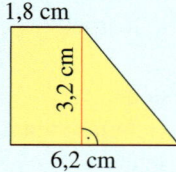
3,2 cm
6,2 cm

4 Die Figuren sind die Grundflächen von Prismen. Die Höhe der Prismen beträgt 5,5 cm. Zeichne jeweils ein Schrägbild des Prismas ins Heft.

a)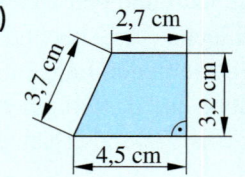
2,7 cm
3,7 cm
3,2 cm
4,5 cm

b)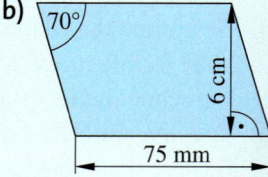
70°
6 cm
75 mm

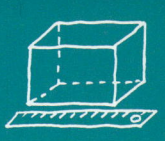

Mantelfläche und Oberfläche von Prismen

→ *Seite 102*

5 Gegeben ist das Netz eines Prismas.

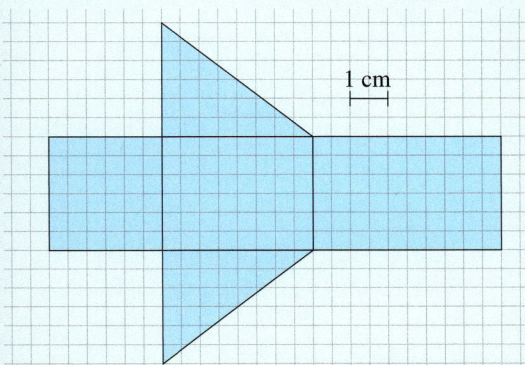

1 cm

a) Entnimm der Zeichnung alle Längen und berechne den Umfang der Grundfläche.
b) Wie groß ist die Mantelfläche des Prismas?
c) Berechne die Oberfläche.

6 Berechne die Oberfläche des abgebildeten Prismas. Die Maße sind in cm gegeben.

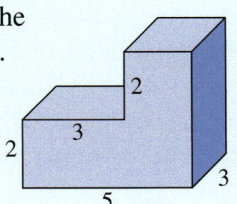

5 Für ein Frühbeet wurde ein Kasten aus Plexiglas gebaut (siehe Skizze). Wie viel Quadratmeter Plexiglas waren dazu mindestens nötig?

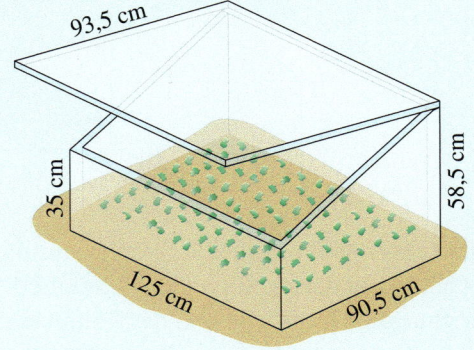

93,5 cm
35 cm
58,5 cm
125 cm
90,5 cm

6 Ein Werbeprisma hat ein gleichseitiges Dreieck als Grundfläche. Eine Kante an der Grundfläche ist 1,90 m lang. Die Grundfläche ist 1,65 m hoch. Die Höhe des Prismas beträgt 2,25 m. Berechne die Mantelfläche und die Oberfläche des Prismas.

Volumen von Prismen

→ *Seite 106*

7 Berechne das Volumen der Prismen. Beachte die Maßeinheiten.

	Grundfläche G	Höhe h_k
a)	$70\,cm^2$	$8\,cm$
b)	$0{,}75\,dm^2$	$1{,}2\,dm$
c)	$7{,}4\,cm^2$	$12\,mm$
d)	$28{,}4\,dm^2$	$0{,}07\,m$

7 Berechne die fehlenden Größen der Prismen und ergänze die Tabelle im Heft.

	Grundfläche G	Höhe h_k	Volumen V
a)	$56\,cm^2$	$17\,cm$	
b)	$3{,}8\,dm^2$		$66{,}5\,dm^3$
c)		$12{,}8\,m$	$853{,}76\,m^3$
d)	$23\,500\,cm^2$	$5{,}7\,dm$	

8 Zerlege das Prisma in Quader und berechne so das Volumen des Prismas.

(Maße in cm)

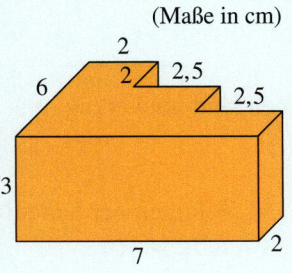

2
2
2,5
6
2,5
3
7
2

8 Das Holzstück ist 80 cm lang. Berechne das Volumen dieses Holzstücks (Maße in cm).

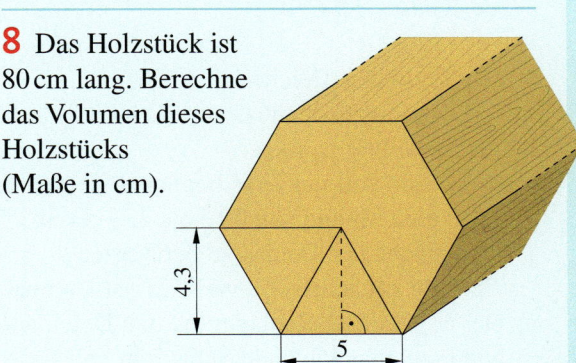

4,3
5

Vermischte Übungen

1 Abgebildet sind vier Prismen.

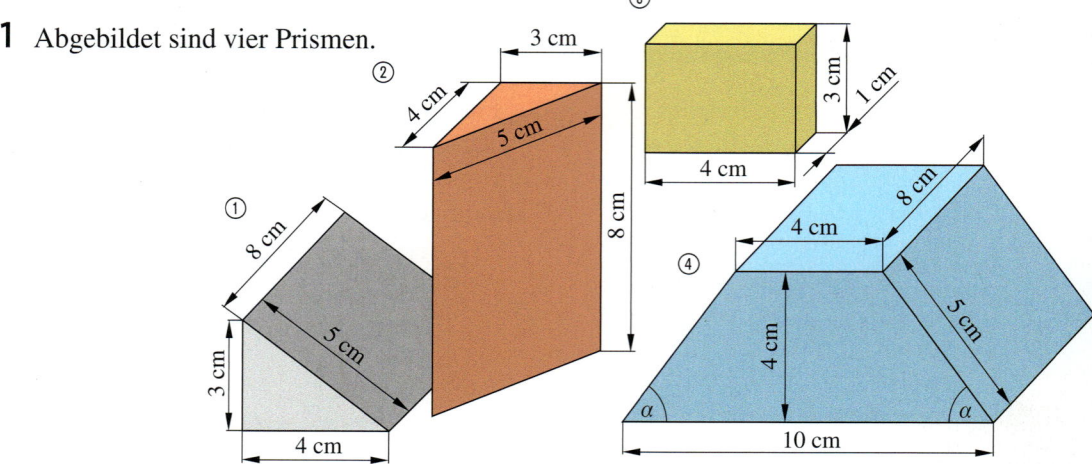

a) Wähle eins der abgebildeten Prismen aus und zeichne das Netz.

b) Zeichne einen dieser Körper als Schrägbild.

c) Berechne die Oberfläche und das Volumen der vier Körper.

HINWEIS ZU AUFGABE 2
Ein gerades Prisma mit quadratischer (oder rechteckiger) Grundfläche ist einfach ein Quader.

2 Ein Prisma hat ein Parallelogramm als Grundfläche, dessen Seiten $a = 4\,cm$ und $b = 7\,cm$ lang sind. Die Höhe des Parallelogramms beträgt $h_b = 3\,cm$.
Das Prisma ist 10 cm hoch.

a) Berechne die Oberfläche des Prismas.

b) Genügt ein DIN-A4-Blatt, um dieses Prisma vollständig von außen zu bekleben? Begründe.

2 Ein Prisma mit quadratischer Grundfläche ($a = 2\,cm$) hat eine Höhe von 8 cm.
Das Prisma wird durch zwei Schnitte in vier Prismen mit quadratischer Grundfläche und einer Höhe von 8 cm zerlegt.

a) Skizziere die Zerlegung des Prismas.

b) Um wie viel Prozent vergrößert sich die Oberfläche der vier Prismen im Vergleich zum Ausgangsprisma?

3 Ein Briefbeschwerer aus Kristallglas hat die in der Zeichnung vorgegebene Form und die angegebenen Maße.

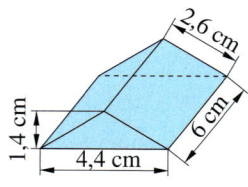

a) Berechne das Volumen des Briefbeschwerers.

b) Wie viel wiegt das Prisma, wenn 1 cm³ des Glases 2,9 g wiegt?

3 Ein Aquarium mit der skizzierten Grundfläche wird 60 cm hoch mit Wasser gefüllt. Wie viel Liter Wasser werden dazu benötigt?

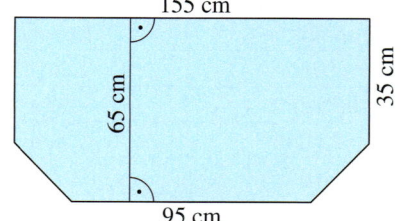

4 Der Bau eines Deiches.

a) Wie viel m³ Erde mussten für einen 5 km langen Deich aufgeschüttet werden.

b) Der Deich soll mit Gras bepflanzt werden. Empfohlen wird eine Menge von 20 g bis 25 g pro m². Wie viel kg Grassamen sind notwendig, um die Oberfläche des Deichs zu bepflanzen?
Schätze zunächst, wie viel Grassamen benötigt wird.

c) Der abgebildete Radlader hat den Deich aufgeschüttet. Schätze das Volumen der Schaufel und berechne wie viele Schaufeln voll Erde für den Deichbau notwendig waren.

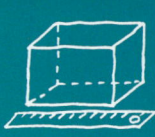

5 Das Bild zeigt einen Hausanbau, einen so genannten Wintergarten.

Der Wintergarten ist 3 m breit und 6 m lang. Er hat vorne eine Höhe von 2 m und am Haus eine Höhe von 3 m.

a) Zeichne ein Schrägbild des Wintergartens im Maßstab 1 : 100.

b) Gib das Volumen des Wintergartens an.

c) Zeichne ein maßstäbliches Netz der Glasflächen des Wintergartens.
Der Boden und die Hauswand werden also nicht mitgezeichnet.
Vernachlässige dabei die Balken.

d) Wie groß ist die Glasfläche?

---

6 In einem Garten stehen Betonelemente, die als Sitzmöglichkeit oder auch als Stellmöglichkeit für Blumenschalen genutzt werden können.

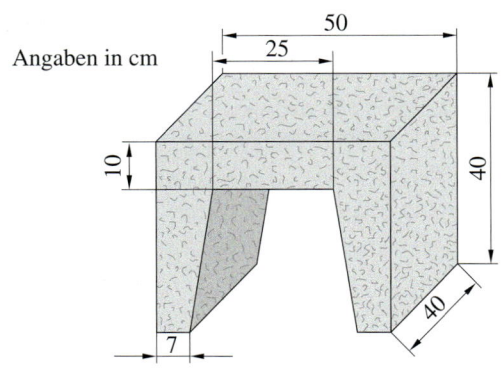

Angaben in cm

a) Zerlege die Grundfläche in drei Vierecke und berechne ihren Flächeninhalt.

b) Wie viel Kubikmeter Beton wurden für dieses Betonelement verarbeitet?
Vergleicht eure Lösungswege.

c) Wie schwer ist das Betonelement, wenn 1 m³ Beton 1200 kg wiegt?

5 Das Bild zeigt eine Schubkarre, die im Verkauf mit einem Volumen von 250 l angepriesen wird.

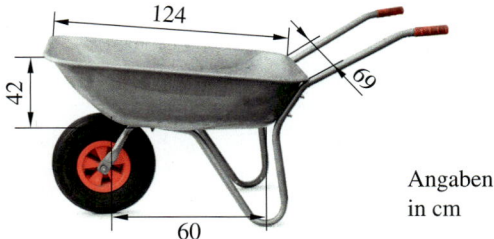

Angaben in cm

a) Überprüfe, ob das Volumen der Schubkarre tatsächlich 250 l beträgt.

b) Wie viel Blech benötigt man zur Herstellung der Wanne?

c) Welche Maße könnte eine 160 l Schubkarre besitzen?

d) Herr Borne legt einen quaderförmigen, 2,20 m breiten, 3,60 m langen und 1,20 m tiefen Teich an.
Die Erde entsorgt er 150 m entfernt.
Wie viele Meter legt er zurück, wenn er die 250 l Schubkarre nimmt?

---

6 Die Abbildung zeigt einen Container von der Seite.
Er ist 2 m tief und 0,90 m hoch.

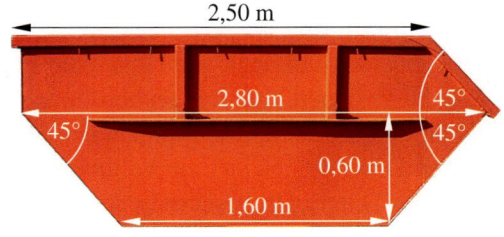

a) Zeichne ein Schrägbild des Containers im Maßstab 1 : 20.

b) Berechne das Fassungsvermögen des Containers.

c) Der Container ist bis zur halben Höhe mit Schutt gefüllt. Ist er jetzt auch „halb voll"?

d) Betrachte die Zuordnung
Schutthöhe → Volumen.
Ergänze die folgende Wertetabelle in deinem Heft und stelle sie grafisch dar.

Schutthöhe (in cm)	0	30	60	90
Volumen (in m³)	0			

Im Freibad
Die Stadt plant den Bau eines Freibads. Das große Becken soll die folgenden Maße haben.

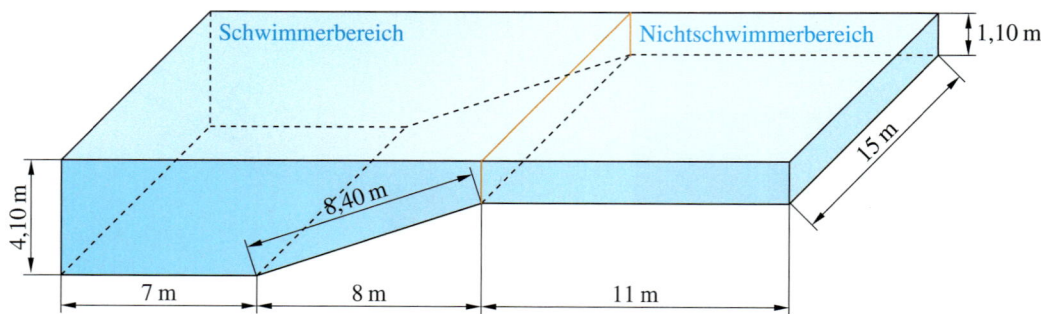

Schwimmerbereich · Nichtschwimmerbereich · 1,10 m · 15 m · 4,10 m · 8,40 m · 7 m · 8 m · 11 m

7 Das Schwimmbecken
Das Schwimmbecken ist in einem Schwimmer- und einem Nichtschwimmerbereich unterteilt.
a) Berechne das Volumen des Nichtschwimmerbereichs.
b) Berechne das Volumen des Schwimmerbeckens. Dazu gehört auch der Übergang zwischen Schwimmer- und Nichtschwimmerbereich.
c) Wie viel Liter Wasser befinden sich im gesamten Becken?

8 Wasserkosten
Die Stadtverwaltung kalkuliert die anfallenden Wasserkosten.
a) Berechne, was eine Füllung kostet.
b) Im Jahr soll das Wasser durchschnittlich 3-mal gewechselt werden. Berechne die anfallenden Gesamtkosten.

> ***Auszug vom Wasserwerk***
> 1 Liter Frischwasser: 0,016 ct
> Monatliche Grundgebühr: 9,70 €
> 7% MwSt. zu allen Angaben

HINWEIS ZU AUFGABE 9
Die Fördermenge pro Pumpe beträgt 25 000 $\frac{l}{h}$.

9 Beckenbefüllung
Der Bademeister überlegt, wie lange eine Befüllung des Beckens mit 17 Pumpen dauert.
a) Wie lange dauert eine Beckenbefüllung?
b) Es fallen kurzfristig drei Pumpen aus. Wie viel Zeit muss er mehr einplanen?
c) In den Diagrammen ist dem Volumen die Füllhöhe zugeordnet. Welches Diagramm beschreibt den Füllverlauf des Beckens? Begründe.

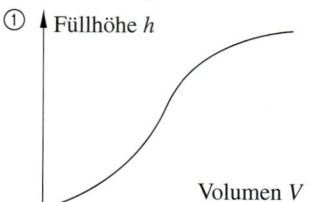

① Füllhöhe h · Volumen V

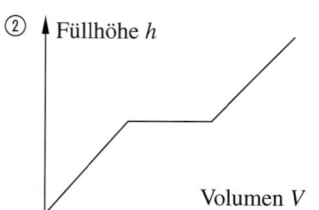

② Füllhöhe h · Volumen V

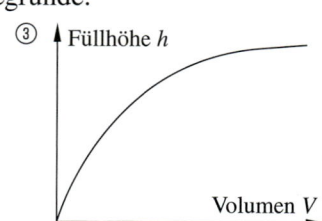

③ Füllhöhe h · Volumen V

10 Das Kinderbecken
Für die kleinen Gäste wird zusätzlich ein Kinderbecken gebaut.
a) Berechne das Volumen des Beckens bei einer Tiefe von 0,3 m.
b) Das Becken erhält eine Sicherheitsumrandung aus Gummi. Wie viel Meter Gummi werden benötigt.
c) Aus hygienischen Gründen wird das Beckenwasser jede Woche erneuert. Berechne die Frischwasserkosten für eine Füllung.

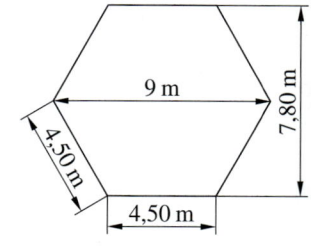

9 m · 7,80 m · 4,50 m · 4,50 m

Zusammenfassung

Prismen erkennen und beschreiben

→ *Seite 96*

Ein (gerades) **Prisma** ist ein geometrischer Körper,
- dessen Grundfläche G und Deckfläche Vielecke sind, die deckungsgleich und zueinander parallel sind,
- dessen Seitenflächen Rechtecke sind, die senkrecht auf der Grund- und der Deckfläche stehen.

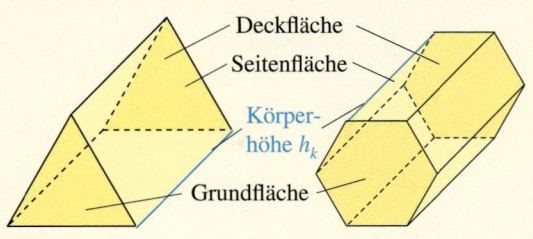

Mantelfläche und Oberfläche von Prismen

→ *Seite 102*

Um den **Mantel M** oder die **Oberfläche O** eines Prismas zu bestimmen muss der Flächeninhalt der einzelnen Flächen berechnet und addiert werden.
Die Anzahl der Seitenflächen ist abhängig von der geometrischen Form der Grundfläche.

Der Mantel M eines Prismas besteht aus allen rechteckigen Seitenflächen.
$M = S_1 + S_2 + \ldots + S_n$ bzw. $\boldsymbol{M = u \cdot h_k}$

Die Oberfläche O eines Prismas besteht aus dem Mantel M sowie der Grund- und Deckfläche.
$O = 2\,G + S_1 + S_2 + \ldots + S_n$ bzw.
$O = 2\,G + M$

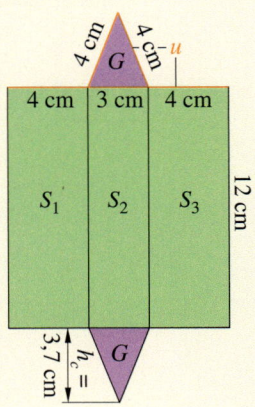

$S_1 = S_3 = 4\,\text{cm} \cdot 12\,\text{cm} = 48\,\text{cm}^2$
$S_2 = 3\,\text{cm} \cdot 12\,\text{cm} = 36\,\text{cm}^2$
$M = 2 \cdot S_1 + S_2 = 132\,\text{cm}^2$
$G = \frac{1}{2} \cdot 3\,\text{cm} \cdot 3{,}7\,\text{cm} = 5{,}55\,\text{cm}^2$
$O = 2 \cdot 5{,}55\,\text{cm}^2 + 132\,\text{cm}^2 = 143{,}1\,\text{cm}^2$

Volumen von Prismen

→ *Seite 106*

Das **Volumen V** eines Prismas bestimmt man, indem man den Flächeninhalt der Grundfläche G mit der Körperhöhe h_k des Prismas multipliziert.
Es gilt also: $\boldsymbol{V = G \cdot h_k}$

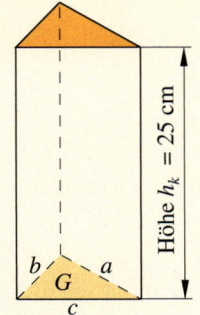

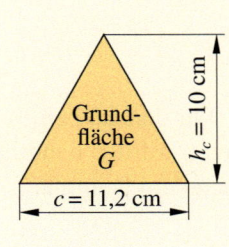

$G = \frac{c \cdot h_c}{2} = \frac{11{,}2\,\text{cm} \cdot 10\,\text{cm}}{2} = 56\,\text{cm}^2$

$V = G \cdot h_k = 56\,\text{cm}^2 \cdot 25\,\text{cm} = 1400\,\text{cm}^3$

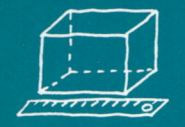

Teste dich!

5 Punkte

1 Welche der abgebildeten Körper sind Prismen? Welche Formen haben ihre Grundflächen?

① 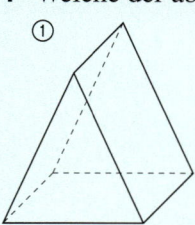 ② 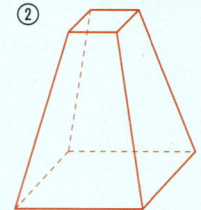 ③ 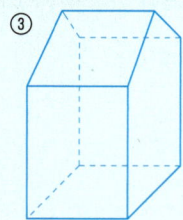 ④ 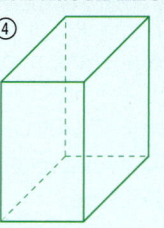 ⑤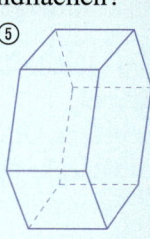

2 Punkte

2 Zeichne das Schrägbild eines Prismas mit dreieckiger Grundfläche.

a) Das abgebildete
Dreieck ist
die Grundfläche.
Die Körperhöhe
beträgt 8 cm.

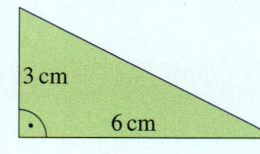

3 cm   6 cm

b) Die Grundfläche ist ein rechtwinkliges
Dreieck mit den Seitenlängen
$b = c = 3,8$ cm. Die Höhe beträgt 5,6 cm.

4 Punkte

3 Berechne das Volumen und die Oberfläche der Prismen. (Maße in cm)

a)

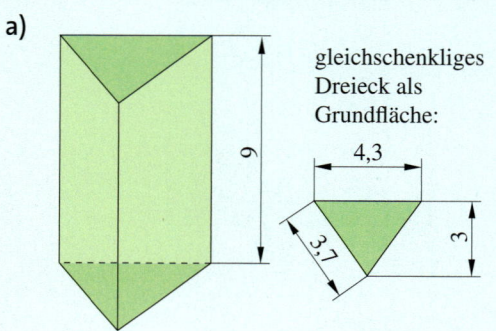

gleichschenkliges
Dreieck als
Grundfläche:

4,3

3,7   3

b)

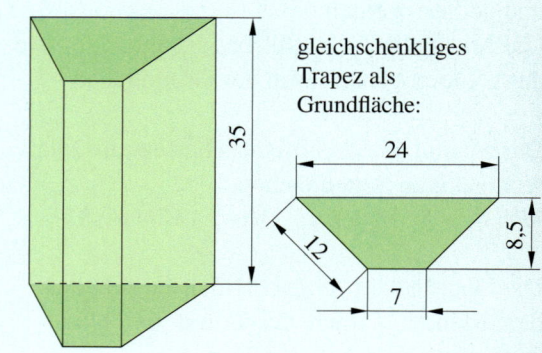

gleichschenkliges
Trapez als
Grundfläche:

24

12   8,5

7

35

9

10 Punkte

4 Berechne das Volumen und die Oberfläche der Prismen mit den im folgenden Bild dargestellten Grundflächen.
Entnimm die benötigten Größen aus dem Bild.

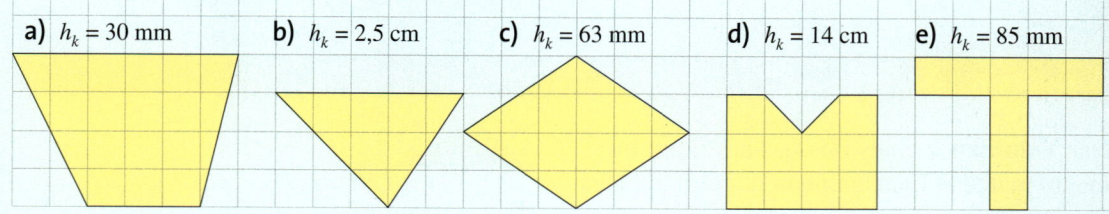

a) $h_k = 30$ mm   b) $h_k = 2,5$ cm   c) $h_k = 63$ mm   d) $h_k = 14$ cm   e) $h_k = 85$ mm

3 Punkte

5 Für den Bau eines Hauses wird eine 19 cm dicke Betonplatte gegossen. Wie viel Kubikmeter
Beton werden benötigt, wenn die Grundfläche des Hauses 51 m² beträgt? Runde auf eine Stelle
nach dem Komma.

1 Punkte

6 Ein größerer Tauchsportverein hat ein Tauchbecken mit einer rechteckigen Grundfläche
von 5 m Breite und 8,40 m Länge.
In dem Tauchbecken können Tauchübungen bis zu 9 m Tiefe durchgeführt werden.
Mit wie vielen Kubikmetern Wasser muss das Tauchbecken gefüllt werden?

Gold: 25–23 Punkte, Silber: 22–19 Punkte, Bronze: 18–15 Punkte   Lösungen ab Seite 182

Rechnen mit Klammern

In der Mathematik verwendet man Klammern, um Terme zusammenzufassen und zu strukturieren.

Noch fit?

Einstig

1 Terme zusammenfassen
Ordne und fasse dann zusammen.
a) $a + b + a + b + b + a + b$
b) $o + o - p + o + p - o - p - p$
c) $r^2 + s^2 + t + r - s^2 - t - r - s + s$
d) $-c^2 + d - c - e + d + e - e - c^2 + c$
e) $7 \cdot a \cdot a \cdot b$
f) $y \cdot 5x \cdot y$

Aufstieg

1 Terme vereinfachen
Vereinfache so weit wie möglich.
a) $5x + 3y + 4x + 14y + 12x$
b) $3a + 16a^2 + 7 + 19a + 8$
c) $35m - 55n - 29m - 65n + 17$
d) $5x + 3y^2 - 3x^2 - 11x + 4y^2 + 7y^2$
e) $4a \cdot 3a \cdot 7b$
f) $7y \cdot x^2 \cdot 3 \cdot y$

ZU DEN AUFGA-BEN 2 UND 2
Berechne den Wert der Terme
① *für a = 3; b = 2*
② *für a = 0; b = 5*

2 Klammer auflösen
Schreibe den Term ohne Klammer.
a) $a \cdot (b + 3)$
b) $a \cdot (b - a)$
c) $(7 - a) \cdot 2$
d) $5 + (3 + a)$
e) $a - (2 - a)$
f) $12 - (-2 - b)$

2 Klammer auflösen
Schreibe ohne Klammer. Kannst du vorher bereits erkennen, ob du zusammenfassen kannst?
a) $a \cdot (7 + 2b)$
b) $b^2 \cdot (3 - a)$
c) $(b - a) \cdot a \cdot 5b$
d) $55 - (-2 - b^2)$
e) $4b - (2 - 7a + 3a \cdot 2b - a^2)$

3 Zahlenrätsel
Sina: „Ich denke mir eine Zahl. Dann addiere ich zu dieser Zahl das Dreifache der Zahl und ziehe anschließend 10 ab."
a) Gib einen Term für das Rätsel von Sina an.
b) Welches Ergebnis erhält Sina, wenn sie 8 einsetzt?
c) Welche Zahl muss man in Sinas Term einsetzen, um als Ergebnis 2 zu erhalten?

4 Lösungen prüfen
Überprüfe die angegebenen Lösungen.
Korrigiere, falls erforderlich.
a) $x + 8 = 15$; $x = 7$
b) $x + 12 = 21$; $x = 9$
c) $x + 15 = 6$; $x = 10$
d) $4x = 16$; $x = 3$
e) $4 + x = 15$; $x = 11$
f) $5x = 50$; $x = 0$
g) $4x + 5 = 21$; $x = 4$

4 Gleichungen lösen
Löse die Gleichungen.
a) $20 - 5x = 10$
b) $48 + 36a = -60$
c) $24 - 6d + 14d = 0$
d) $-35 + 8y + 9y = 64 + 26y$
e) $12v - 12 + 16 + 8v = 0$
f) $-11u - 96 = -5 - 4u$
g) $35 + 15x + 10 - 6x = 0$
h) $-8y - 4 = -6 - 2y$

5 Terme aufstellen
👥 Jule und Jakob haben das Kantenmodell eines Quaders aus Draht gebaut.
a) Stellt jeweils einen passenden Term auf.
  ① Wie lang sind die Kanten des Quaders insgesamt?
  ② Stellt euch den Quader mit Begrenzungsflächen vor.
     Wie groß ist die Oberfläche des Quaders?
  ③ Wie groß ist sein Volumen?
b) Setzt für die Variablen ein: $a = 4\,\text{dm}$; $b = 1\,\text{dm}$; $c = 5\,\text{dm}$.
  Berechnet die gesamte Kantenlänge, die Oberfläche und das Volumen.

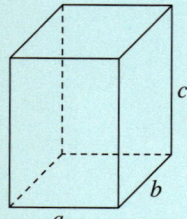

Lösungen ab Seite 182

Klammern auflösen und setzen

Entdecken

1 👥 Die Grundstücke der Familien Klein und Schmid grenzen aneinander. Da Familie Klein eine Garage anbauen will, kauft sie einen 2,50 m breiten Streifen vom Nachbargrundstück hinzu.

bisherige Grundstücksaufteilung

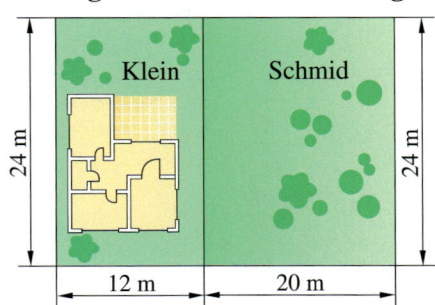

geplante Grundstücksaufteilung

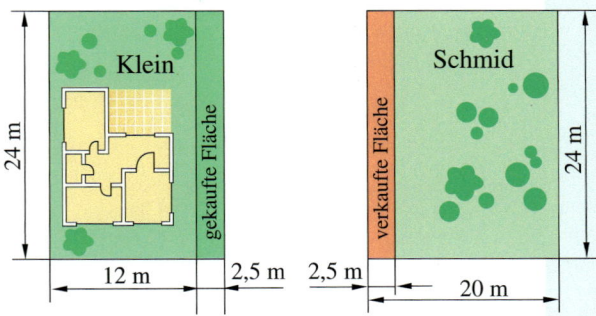

a) Durch den Kauf des Streifens wird das Grundstück der Familie Klein vergrößert. Gebt zwei verschiedene Terme an, mit denen man den neuen Flächeninhalt berechnen kann.

b) Das Grundstück der Schmids wird durch den Verkauf kleiner. Gebt auch hier zwei verschiedene Terme an, die zum neuen Flächeninhalt passen.

c) Nun sollen die Seitenlängen der Grundstücke mit Variablen so angegeben werden wie in der Randspalte gezeigt. Zeichnet die Skizzen ab und beschriftet sie mit den Variablen.

d) Sara und Antonia geben die *Gesamtfläche* der Grundstücke unterschiedlich an:
Sara: $a \cdot c + b \cdot c$
Antonia: $c \cdot (a + b)$
Erklärt beide Terme anhand eurer Skizze aus Aufgabe c). Warum passen beide Terme?

e) Gebt zwei verschiedene Terme an, mit denen man den Flächeninhalt des vergrößerten Grundstücks der Kleins berechnen kann. Verwendet die Variablen aus eurer Skizze.
Überprüft durch Einsetzen, ob ihr zum gleichen Ergebnis kommt wie in Aufgabe a).

f) Stellt auch für das verkleinerte Grundstück der Schmids zwei Terme auf und überprüft sie.

ZU AUFGABE 1c
bisher:
geplant:

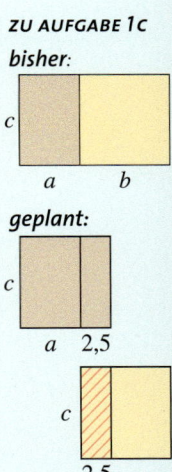

2 👥 Arbeitet zu zweit oder in kleinen Gruppen.

Die Terme sind doch sowieso alle gleich.

$3 \cdot (x+y)$ $xy + 3x$ $x \cdot (y+3)$ $xy + 3y$ $y \cdot (x+3)$ $3x + 3y$

a) Überprüft, ob wirklich alle Terme oben gleich sind, indem ihr für x und für y Zahlen einsetzt.

b) Findet jeweils einen Term ohne Klammer, der zu dem gegebenen Term gleichwertig ist:
   ① $4 \cdot (a + b)$ ② $6 \cdot (x + y)$ ③ $8 \cdot (k - m)$ ④ $a \cdot (r + 2)$

c) Findet jeweils einen Term mit Klammer, der zu dem gegebenen Term gleichwertig ist:
   ⑤ $7x + 7y$ ⑥ $3s + 3t$ ⑦ $x \cdot y - x \cdot z$ ⑧ $a \cdot b - 3a$

d) Wie kann man die Klammer in einem Term der Form $a \cdot (b + c)$ auflösen?
Formuliert Regeln und überprüft sie.

Verstehen

Maria und Lars haben ein Kantenmodell eines Quaders aus Draht gebaut. Sie sollen nun einen Term zur Berechnung der gesamten Kantenlänge des Quaders angeben.
Beim Aufstellen der Terme gehen sie unterschiedlich vor.

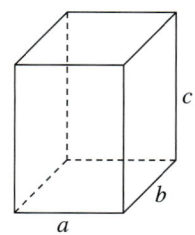

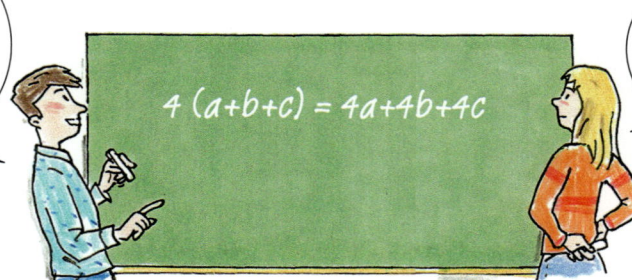

Ich addiere zunächst alle Kanten $a + b + c$. Da jede Kante viermal vorkommt, multipliziere ich anschließend mit 4.

$$4\,(a+b+c) = 4a+4b+4c$$

Ich multipliziere jede Kante mit 4 und addiere dann die Produkte.

HINWEIS
Das Malzeichen vor der Klammer kann weggelassen werden:
$7 \cdot (x - 3) = 7(x - 3)$

Beispiele 1

$4(a + b + c) = 4a + 4b + 4c$

$3(5 + 2) = 3 \cdot 5 + 3 \cdot 2$

$(8 - 6 + 2) \cdot 4 = 8 \cdot 4 - 6 \cdot 4 + 2 \cdot 4$

$3(x + 2y) = 3x + 6y$

Erinnere dich an das **Verteilungsgesetz** (Distributivgesetz), es gilt auch bei Termen mit Variablen:
Wird eine Summe (oder Differenz) mit einer Zahl multipliziert, kann man folgendermaßen die **Klammer auflösen**:

$$a\,(b + c) = a \cdot b + a \cdot c$$
$$a\,(b - c) = a \cdot b - a \cdot c$$

Anschließend betrachten Maria und Lars das Drahtmodell eines Sechsecks. Sie sollen einen Term zur Berechnung der Drahtlänge angeben.
Die beiden stellen die Terme unterschiedlich auf.

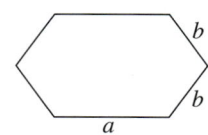

Maria fasst zuerst alle Kanten der Länge a und dann alle Kanten der Länge b des Sechsecks zusammen:

$\qquad 2a + 4b$

Lars sieht, dass die Kombination aus einer Strecke a und zwei Strecken b zweimal vorkommt:

$\qquad 2(a + 2b)$

Maria und Lars stellen fest:
$$2a + 4b = 2(a + 2b)$$

HINWEIS
Auch zwischen Zahl und Variable bzw. zwischen Variablen kann man das Malzeichen weglassen:
$a \cdot b = ab$

Beispiele 2

$4x + 4y = 4(x + y)$

$ab - bc = b(a - c)$

$16x + 24 = 8 \cdot 2x + 8 \cdot 3 = 8(2x + 3)$

$ab + a = a \cdot b + a \cdot 1 = a(b + 1)$

Merke Das Verteilungsgesetz kann man auch umgekehrt anwenden:
Eine Summe kann man in ein Produkt umwandeln, indem man aus allen Summanden **einen gemeinsamen Faktor ausklammert**. Das nennt man **Faktorisieren**.

$$\underbrace{ab + ac}_{\text{Summe}} = \underbrace{a \cdot (b + c)}_{\text{Produkt}}$$

Üben und anwenden

1 Ordne im Heft die Terme mit Klammer und die Terme ohne Klammer einander zu.

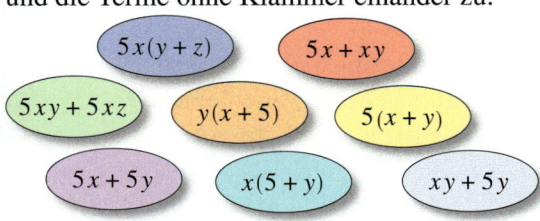

$5x(y + z)$

$5x + xy$

$5xy + 5xz$

$y(x + 5)$

$5(x + y)$

$5x + 5y$

$x(5 + y)$

$xy + 5y$

1 Sind die Terme gleich? Begründe. Übertrage ins Heft und setze = oder ≠ ein.

a) $x(4 + x)$ ☐ $(4 + x)x$
b) $x(4 + x)$ ☐ $x(x + 4)$
c) $x(4 - x)$ ☐ $x(x - 4)$
d) $x(-4 - x)$ ☐ $x(x - 4)$
e) $x(-4 + x)$ ☐ $x(x - 4)$
f) $x(4 - x)$ ☐ $(-x + 4)x$

2 Löse die Klammer auf.

a) $2(a + b)$　　　**b)** $4(m - n)$
c) $3(x + y)$　　　**d)** $a(b - c)$
e) $4(11 + c)$　　　**f)** $15(3 - 2a)$

2 Löse die Klammer auf.

a) $5(x + y)$　　　**b)** $7(a - b)$
c) $25(3 - y)$　　　**d)** $8(x + 3y)$
e) $a(12a - 3y)$　　**f)** $12(m + 10)$

3 Löse die Klammer auf.

a) $3(a + b + c)$　　　**b)** $7(2a + 3b + 2c)$
c) $6(x + y + 2)$　　　**d)** $13(c - d - 7)$
e) $8(2k - 3l + 4m)$　**f)** $15(-2 + 3x - 5y)$
g) $c(3a + c)$　　　　**h)** $m(3a + 4m + b)$

3 Löse die Klammer auf.

a) $4(x + y - z)$　　　**b)** $2(3a - 2b - c)$
c) $2(13k + 4l - m)$　**d)** $6(-3 + 4x + 6y)$
e) $2a(a + 3b + 4)$　　**f)** $3x\left(7 - 5m - \frac{y}{x}\right)$
g) $(3a + 7b) \cdot \frac{1}{2}$　　**h)** $(19 - 8b)ab$

4 Auch beim Auflösen der Klammer kann man seine Lösung überprüfen.
Löse die Klammer auf.
Setze dann in *beide* Terme für die Variablen Zahlen ein: Sind die Ergebnisse gleich?

a) $4(x - 2y)$　　**b)** $m(4 - 7)$　　**c)** $2(d + 3)$　　**d)** $b(2a + b)$

TIPP
Bei der Probe solltest du für die Variablen nicht 0 und nicht 1 einsetzen.

5 Löse die Klammer auf. Mache anschließend die Probe wie in Aufgabe 4.

a) $(4 + b) \cdot 2$　　　**b)** $(c - 5) \cdot 4$
c) $(2x + 6y) \cdot 5$　　**d)** $(3c - 7) \cdot 4$
e) $(9a - 3b) \cdot 5$　　**f)** $(11x + 30) \cdot y$
g) $(12c - 5d) \cdot 7$　　**h)** $(4x + 7y) \cdot a$

5 Löse die Klammer auf. Mache anschließend die Probe wie in Aufgabe 4.

a) $(3 - 5b) \cdot 4$　　**b)** $(3c - 6) \cdot 3$
c) $(6x - 3y) \cdot 2z$　**d)** $(4a + 15) \cdot y$
e) $(3a - 5b) \cdot 3y$　**f)** $(8a + 7b) \cdot 2c$
g) $2,4 \cdot (x^2 - 0,1)$　**h)** $(30x + 24) \cdot 0,03$

6 Löse die Klammer auf. Wenn du dir nicht sicher bist, mache anschließend die Probe.

a) $-1(x + 2)$　　　**b)** $-9(x^2 + 1)$
c) $-3z(-z + 9)$　　**d)** $-a(a - b)$
e) $-2(-5y - 6z)$　　**f)** $-2xy(-4a + 7b)$
g) $-3z(x + 9)$　　　**h)** $(9a + 7c) \cdot (-2c)$

6 Löse die Klammer auf. Wenn du dir nicht sicher bist, mache anschließend die Probe.

a) $-3(x + 4)$　　　**b)** $-4a(-x - 8yz)$
c) $-1,5z(x + 5)$　　**d)** $(12x + 6y)3x$
e) $0,1(x + 6)$　　　**f)** $-x(x^2 + x)$
g) $-8,9(x^2 - 0,5)$　**h)** $(10x + 8) \cdot (-0,25)$

7 Bilde mindestens elf verschiedene Produkte und löse die Klammer auf.
Verwende jeweils einen Faktor aus der linken und einen Faktor aus der rechten Kiste.
Beispiel $-7x \cdot (4 + 5y) =$ ☐
Mache mindestens zweimal die Probe.

$-7x$
-12
$2a$　$-0,2a$
$\frac{1}{2}x$

$4 + 5y$　$3a + 4b$
$-5x - 2$
$0,5x + 0,7y$　$4b - 7x$

NACHGEDACHT
Wie viele Produkte kann man in Aufgabe 7 höchstens bilden?

8 👥 Memory mit Termen: Bereitet zunächst mindestens 20 Karten vor. Jeweils zwei Karten gehören zusammen: Auf eine Karte schreibt ihr einen Term mit Klammer und auf eine andere Karte den aufgelösten Term ohne Klammer. Spielt Memory mit den Karten.

9 Klammere einen gemeinsamen Faktor aus.
Beispiel $15x + 3y = 3(5x + y)$
a) $19a - 19b$ b) $17r - 17ab$
c) $3y - 3x$ d) $2ab - 4c$
e) $9a - 18$ f) $7x^2 - 14y$
g) $2a + 2b + 2c$ h) $3b^2 - 6a$

9 Klammere einen gemeinsamen Faktor (eine Zahl oder eine Variable) aus.
a) $17c - 10cd$ b) $6b - 9ac$
c) $-xy + 3x$ d) $2x - 4z + 8y$
e) $7c - 15cd - 5ac$ f) $7x^2 - 15x$
g) $4ab + a$ h) $3x + 6$

10 Paul soll einen möglichst großen Faktor ausklammern. Er macht einen Zwischenschritt.

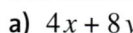

① $24xy - 40a$
$= 3 \cdot \textcircled{8} \cdot x \cdot y - 5 \cdot \textcircled{8} \cdot a$
$= 8(3xy - 5 \cdot a)$

② $35x^2y^3 - 63xy^2$
$= 5 \cdot \textcircled{7} \cdot \textcircled{x} \cdot x \cdot \textcircled{y}\textcircled{y} \cdot y - \textcircled{7} \cdot 9 \cdot \textcircled{x}\textcircled{y}\textcircled{y}$
$= 7xy^2(5xy - 9)$

a) Erkläre seine Vorgehensweise.
b) Löse die Aufgaben auf gleiche Weise.
  ① $30ab + 45c$ ② $48x^2 - 64xy$
c) Prüfe deine Ergebnisse aus b), indem du jeweils die Klammer wieder auflöst.

11 Sarah soll den Term $9x + 27xy + 6xz$ vereinfachen.
Sie schreibt:

$9x + 27xy + 6xz$
$= x(9 + 27y + 6z)$

Ist das richtig?
Begründe deine Antwort.

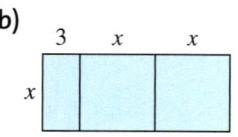

11 Überprüfe und korrigiere die Fehler.
a) $5ab + 5ac = 5(ab + c)$
b) $12xy - 8xz = 2x(10y - 4z)$
c) $4a - 8b + 4 = 4(a - 2b)$
d) $x^3y - xz = x^2(xy - z)$
e) $a^3b - a^2b^4 = a^2b(a - b^2)$

*ZU DEN AUFGA-
BEN 12 UND 13*
Es gibt hier zwei Möglichkeiten, die Probe zu machen.
– Du kannst die Klammer wieder auflösen.
– Du setzt in beide Terme (mit und ohne Klammer) für die Variablen die gleichen Zahlen ein.

12 Klammere gemeinsame Faktoren aus. Mache anschließend eine Probe, beachte dazu den Hinweis in der Randspalte.
a) $4x + 8y$ b) $27 - 9x$
c) $3x - 12$ d) $18 - 9x$
e) $14a + 28ab$ f) $36r - 24s$

12 Klammere gemeinsame Faktoren aus. Mache eine Probe, wenn du dir nicht sicher bist.
a) $27c - 45d$ b) $-15p + 45q$
c) $50ab - 125a$ d) $42xz - 63yz$
e) $bx - b$ f) $5x + 35$
g) $-14z - 35xz$ h) $8d - 72cd$

13 Klammere gemeinsame Faktoren aus. Mache eine Probe, wenn du dir nicht sicher bist.
a) $20c + 5b - 40d$
b) $16a + 24b - 8c$
c) $48x + 8y + 6z$
d) $36w - 12x + 20y - 24z$
e) $8ab + 4b - 2bc - 12bd$

13 Klammere gemeinsame Faktoren aus.
a) $ax - 4az + 5ay$
b) $21abx - 6by + 15bz$
c) $24ab - 12bc + 48ab$
d) $5bx - by - 15bz$
e) $25ab + 125ac + 75ax$
f) $16qrs - 12rst + 8stu$

14 Gib je einen Term *mit* und einen Term *ohne* Klammer für den Flächeninhalt an.

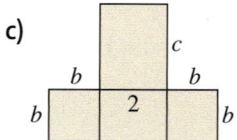

a)
b)
c)

Summen multiplizieren

Entdecken

1 Eine Architektin erstellt einen Bauantrag für einen Supermarkt, den die Baubehörde vor Beginn der Bauarbeiten genehmigen muss.
Zu diesem Bauantrag gehört neben den Grundrisszeichnungen auch eine Berechnung der genutzten Fläche.
Entnimm die Maße der Zeichnung.
a) Berechne die Fläche der einzelnen Räume.
b) Berechne die Fläche der gesamten genutzten Fläche.
c) Zeige, dass es verschiedene Möglichkeiten gibt, die Gesamtfläche zu berechnen.

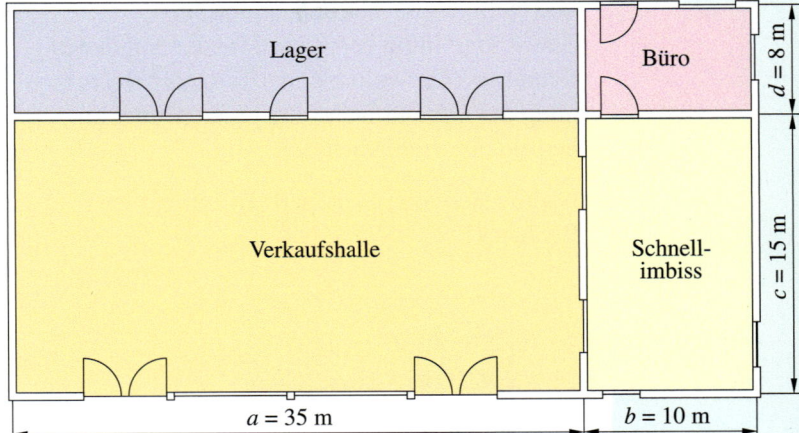

d) Für ähnliche Gebäude berechnet die Architektin die Fläche mit ihrem Tabellenkalkulationsprogramm.
Gib einen Term oder mehrere mögliche Terme für die Formel in Zelle **F3** an.

	A	B	C	D	E	F
1	**Supermarkt**	**Verkaufshalle**	**Imbiss**	**Imbiss**	**Büro**	**Supermarkt**
2		**Länge a**	**Breite b**	**Länge c**	**Breite d**	**Gesamtfläche**
3	wie im Bild	35	10	15	8	
4	Alternative 1	38	12	16	10	
5	Alternative 2	42	10	17	12	
6	...					
7						
8						

2 👥 Arbeitet zu zweit oder in kleinen Gruppen.
a) Findet heraus, welche Rechenaufgabe in der Tabelle gelöst wurde und erläutert den Rechenweg.
b) Überlegt euch selbst weitere Rechenaufgaben (tauscht sie evtl. untereinander) und löst sie auf die gleiche Weise mit einer Tabelle.

	30	8	
20	600	160	760
7	210	56	266
			1026

c) Tabellen können beim Multiplizieren von Summen hilfreich sein. Übertragt folgende Tabellen in eure Hefte. Geht bei jeder Aufgabe so vor:
– Füllt zunächst die gelben Felder aus.
– Addiert dann die Terme aus den gelben Feldern.
– Fasst nun den Gesamtterm so weit wie möglich zusammen.
– Vergleicht eure Lösungen.

HINWEIS
Multiplizieren von Summen:
$(5 + 3) \cdot (a + 9)$
Summe mal Summe

① $(a + 5) \cdot (a + 4)$

	a	4	
a	a^2	$4a$	$a^2 + 4a$
5			

② $(x + 5) \cdot (y + 6)$

	y	6
x		
5		

③ $(3 + 2a) \cdot (a + 5)$

	a	5
3		
$2a$		

d) Formuliert eine Regel für die Multiplikation von zwei Summen.

123

Verstehen

Im Ort soll ein Skatepark gebaut werden.
Bei einer öffentlichen Sitzung wollen Nina
und Nadine ihre Wünsche einbringen.
Zur Vorbereitung betrachten sie den geplanten
Grundriss. Sie wollen einen Term zur Berechnung der Gesamtfläche aufstellen. Dabei gehen sie unterschiedlich vor.

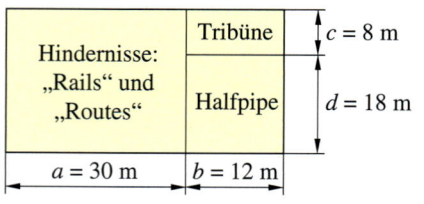

Nadine sieht den Skatepark als ein großes
Rechteck.

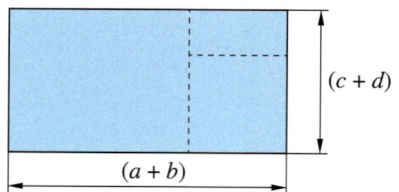

Nadine rechnet:
$$(a + b) \cdot (c + d) = (30 + 12) \cdot (8 + 18)$$
$$= \quad 42 \quad \cdot \quad 26$$
$$= 1\,092$$

Nina zerlegt den Grundriss in vier Teilflächen
und stellt je einen Term zur Berechnung der
Teilfläche auf.

Nina hat dabei die Klammern aufgelöst:

$$(a + b) \cdot (c + d)$$

$$= a \cdot c + a \cdot d + b \cdot c + b \cdot d$$
$$= 30 \cdot 8 + 30 \cdot 18 + 12 \cdot 8 + 12 \cdot 18$$
$$= \quad 240 \quad + \quad 540 \quad + \quad 96 \quad + \quad 216 \quad = 1\,092$$

Merke **Multiplizieren von zwei Summen**
Jeder Summand der ersten Summe wird **mit jedem** Summanden der zweiten Summe
multipliziert. Anschließend werden die vier Teilprodukte addiert.

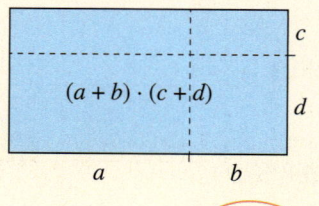

$$(a + b) \cdot (c + d) = a \cdot c + a \cdot d + b \cdot c + b \cdot d$$

Die Regel für das Multiplizieren von Summen gilt auch, wenn in den Klammern ein Minuszeichen steht.
Beachte: Dabei muss man immer das vorstehende Rechenzeichen „mitnehmen".

Beispiel 1
$$(a - 4) \cdot (b + 6)$$
$$= a \cdot b + a \cdot 6 - 4 \cdot b - 4 \cdot 6$$
$$= ab + 6a - 4b - 24$$

Beispiel 2
$$(a - 5) \cdot (b - 2)$$
$$= a \cdot b - a \cdot 2 - 5 \cdot b - 5 \cdot (-2)$$
$$= ab - 2a - 5b + 10$$

Üben und anwenden

1 Ordne den Produkten jeweils die passende Summe zu.

a) $(a+2) \cdot (b+6)$ **d)** $(a+5) \cdot (9+b)$ ① $ab + 3a + 4b + 12$ ④ $6a + ab + 6 + b$

b) $(a+4) \cdot (b+3)$ **e)** $(a+9) \cdot (b+3)$ ② $ab + 3a + 9b + 27$ ⑤ $9a + ab + 45 + 5b$

c) $(a+1) \cdot (6+b)$ **f)** $(a+4) \cdot (b+4)$ ③ $ab + 6a + 2b + 12$ ⑥ $ab + 4a + 4b + 16$

---

2 Löse die Klammern auf.

a) $(a+4) \cdot (b+8)$

b) $(x+1) \cdot (y+3)$

c) $(a+2) \cdot (12+b)$

d) $(3+d) \cdot (e+8)$

e) $(11+a) \cdot (b+5)$

2 Löse die Klammern auf.

a) $(12+a) \cdot (b+11)$

b) $(2f+3) \cdot (g+5)$

c) $(4+3u) \cdot (v+6)$

d) $(4a+8) \cdot (2b+7)$

e) $(9+2x) \cdot (5y+3)$

---

3 Gib einen Term zur Berechnung der Gesamtfläche an. Löse dann die Klammern auf.

a) 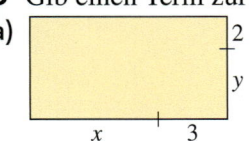 2, y, x, 3

b) 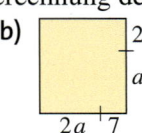 20, a, 2a, 7

c) 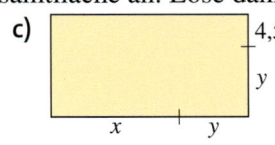 4,5, y, x, y

d) 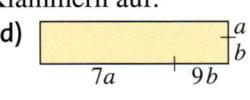 a, b, 7a, 9b

Flächen nicht maßstabsgetreu

---

4 Ergänze die Lücken im Heft.

a) $(x+2) \cdot (y+4) = xy + 4x + 2y + \blacksquare$

b) $(a+5) \cdot (b+6) = ab + 6a + \blacksquare + \blacksquare$

c) $(x+7) \cdot (y+z) = xy + xz + 7y + \blacksquare$

d) $(c+11) \cdot (3+d) = 3c + \blacksquare + \blacksquare + \blacksquare$

e) $(3+a) \cdot (8+b) = 24 + \blacksquare + \blacksquare + \blacksquare$

f) $(4+x) \cdot (y+2) = 4y + 8 + \blacksquare + \blacksquare$

4 Übertrage ins Heft und ergänze.

a) $(x+\blacksquare) \cdot (y+5) = xy + 5x + 7y + 35$

b) $(\blacksquare+a) \cdot (\blacksquare+2) = 3b + 6 + ab + \blacksquare$

c) $(3+n) \cdot (\blacksquare+\blacksquare) = 3p + 6 + \blacksquare + 2n$

d) $(x+\blacksquare) \cdot (\blacksquare+2) = xy + \blacksquare + 4y + 8$

e) $(\blacksquare+3) \cdot (a-4) = \blacksquare - y \cdot 4 + 3a - \blacksquare$

f) $(z \ \blacksquare \ 2) \cdot (x \ \blacksquare \ 7) = \blacksquare - z \cdot 7 - 2x + \blacksquare$

ZU AUFGABE 5
Im Stoffmuster haben alle dünnen Streifen die Breite b und alle dicken Streifen die Breite c. Zudem gilt a = b + c.

---

5 Ab dem 17. Jahrhundert war der Kilt ein typisches Kleidungsstück schottischer Männer. Normalerweise sind Kilts (auch Schottenrock genannt) kariert, wie hier beispielhaft zu sehen.

a) Beschreibe das Muster des Kilts.

b) Gib einen Term für die Gesamtfläche es Stoffstücks an.

c) Finde mindestens 10 unterschiedlich große Teilflächen in diesem Muster.

d) Finde Rechtecke, die die folgenden Flächeninhalte haben.

① $(a+b) \cdot c$ ② $(a+b)(b+c)$

③ $4b^2$ ④ $(b+c)(b+c)$

⑤ $a \cdot (b+c)$ ⑥ $c \cdot (a+b)$

⑦ $bc + 2b^2$ ⑧ $ac + 2bc + 2b^2$

e) Zeichne ein ähnliches Bild in dein Heft. Beachte, dass $c = 5b$ und $a = 6b$ ist. Färbe das Muster nach deinem Geschmack ein und finde Formeln für mindestens 5 unterschiedliche Teilflächen.

BEACHTE
Hier wird von
Summe *gespro-*
chen, obwohl
auch subtrahiert
wird:
    $7a - ab + 2.$
Denn in diesem
Term kann man
auch eine Sum-
me erkennen:
    $7a - ab + 2$
$= (+7a) + (-ab) + (+2)$

6 Ordne dem Produkt die passende Summe zu. Setze anschließend zur Probe ein: $a = 3$; $b = 7$.

a) $(a - 3) \cdot (b + 2)$ ① $7a - ab - 21 + 3b$
b) $(a + 4) \cdot (b - 5)$ ② $7a - ab - 14 + 2b$
c) $(a - 2) \cdot (7 - b)$ ③ $ab + 2a - 3b - 6$
d) $(a - 3) \cdot (7 - b)$ ④ $-ab + 5a - 11b + 55$
e) $(-a - 11) \cdot (b - 5)$ ⑤ $ab - 5a + 4b - 20$

6 Ergänze die Lücken im Heft.

a) $(x - 4) \cdot (y - 6) = xy - 6x - 4y + \blacksquare$
b) $(b + 7) \cdot (c - 3) = bc - 3b + \blacksquare - \blacksquare$
c) $(a - 1) \cdot (5 - b) = 5a - ab - \blacksquare + b$
d) $(d - 3) \cdot (8 + e) = \blacksquare + de - \blacksquare - \blacksquare$
e) $(x - 9) \cdot (-y - 3) = -xy - 3x + \blacksquare + \blacksquare$
f) $(12 - b) \cdot (3 - c) = 36 - \blacksquare - \blacksquare + \blacksquare$
g) $(u \, \blacksquare \, v) \cdot (u \, \blacksquare \, w) = \blacksquare^2 - \blacksquare - \blacksquare + \blacksquare$

7 Multipliziere.

a) $(x + 2) \cdot (y - 10)$
b) $(b - 3) \cdot (c - 5)$
c) $(d - 8) \cdot (9 + e)$
d) $(11 - b) \cdot (2 - c)$
e) $(b - 7) \cdot (-c - 16)$
f) $(d + 12) \cdot (f - 10)$
g) $(-4 - g) \cdot (h + 3)$

7 Multipliziere je einen Term aus dem linken mit einem Term aus dem rechten Kästchen.

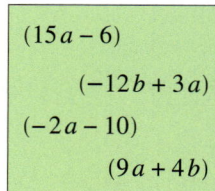

$(a + b)$
$(b - 7a)$
$(3a - 8b)$
$(-b + 4a)$

$(15a - 6)$
$(-12b + 3a)$
$(-2a - 10)$
$(9a + 4b)$

8 Der Flächeninhalt der orangen Fläche lässt sich auf verschiedene Arten berechnen.

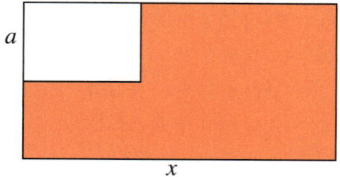

a) Welche Terme sind dafür geeignet? Begründe jeweils anhand der Zeichnung.
   ① $x \cdot y - a \cdot b$
   ② $x \cdot (y - a) + a \cdot (x - b)$
   ③ $x \cdot y + a \cdot b$
   ④ $(x - b) \cdot (y - a) + a \cdot (x - b) + b \cdot (y - a)$

b) Zeige durch Ausmultiplizieren, dass die Terme ①, ② und ④ gleich sind.

9 Ein Schwimmbecken ist von Steinplatten umrandet.

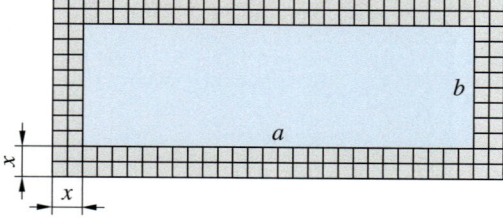

a) Wie kann man den Inhalt der Fläche berechnen, die mit Steinplatten ausgelegt ist?

b) Zeige an der Zeichnung, dass beide Terme den Flächeninhalt der Steinplatten-Umrandung angeben:
   $(a + 2x) \cdot (b + 2x) - ab$ und
   $2ax + 2x(b + 2x)$.

c) Bestätige durch Ausmultiplizieren, dass die beiden Terme gleichwertig sind.

d) Berechne den Flächeninhalt für $a = 15\,\text{m}$, $b = 8\,\text{m}$ und $x = 1,2\,\text{m}$.

10 Multipliziere und fasse anschließend, wenn möglich, zusammen.

a) $(x - y) \cdot (2x + y)$
b) $(x - 3) \cdot (4x - 7)$
c) $(6a - 8) \cdot (a - 6)$
d) $(-12 - 3a) \cdot (a - 3b)$
e) $(a + 2b) \cdot (4b - a)$
f) $(-6x - 3) \cdot (2x - 4)$
g) $(8y - 5) \cdot (4y - 6)$

10 Multipliziere und fasse zusammen.

a) $(2a - b) \cdot (7a - 8b)$
b) $(6a - 2) \cdot (5 + 3a)$
c) $(s + 3t) \cdot (9s - t)$
d) $(-3d - 5) \cdot (4d + 10)$
e) $(6x - 15y) \cdot (3x + 9y)$
f) $(-7b + 8) \cdot (-16 - 12b)$
g) $(9x - 13y) \cdot (4y - 5x)$
h) $(10a - 25b) \cdot (3b + 2a)$

Binomische Formeln

Entdecken

1 Jedes der Quadrate ist in vier rechteckige Teilflächen zerlegt, zwei davon sind quadratisch.

① 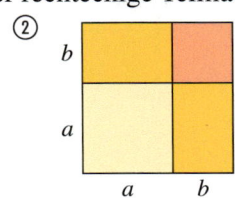   ② 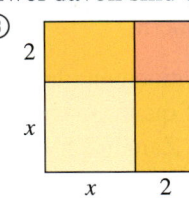   ③

a) Wie könnte man den Flächeninhalt der Figur ① berechnen?
Die Flächeninhalte der zwei quadratischen Teilquadrate sind schon eingetragen.

b) Gib verschiedene Terme für den Flächeninhalt der Figur ② an, z. B. einen Term mit Klammern und einen ohne Klammern.

c) Übertrage Figur ③ in dein Heft (x ist beliebig).
Trage in jede Teilfläche einen Term ein, der ihren Flächeninhalt bestimmt.
Gib dann den Flächeninhalt des Gesamtquadrats auf verschiedene Weisen an.

2 In der Klasse 8 b wird dieses Quadrat an die Tafel gezeichnet. Frau Bauer fragt: „Wie kann man den Flächeninhalt des roten Quadrats berechnen?"

a) Lea stellt sich vor, dass $a = 5\,\text{cm}$ und $b = 2\,\text{cm}$ wäre.
Wie würde sie dann vorgehen, um den Flächeninhalt des roten Quadrats zu berechnen?

b) Niko meint: „Den Flächeninhalt kann man mit $(a - b) \cdot (a - b)$ berechnen." Hat er recht?

c) Milena rechnet den Flächeninhalt des roten Quadrats aus.
$$(a - b)^2 = (a - b) \cdot (a - b) = a^2 - ab - ab + b^2$$
$$= a^2 - 2ab + b^2$$
Skizziere die Zeichnung in deinem Heft.
Milena meint, dass man ihre Rechnung auch in der Zeichnung erkennen kann.
Wo befinden sich in der Zeichnung die Flächen, die a^2, ab und b^2 entsprechen?
Warum wird b^2 addiert?

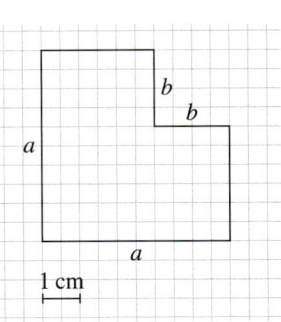

3 Übertrage die Figur auf ein Blatt Papier und schneide sie aus.

a) Zerlege die Figur durch einen geraden Schnitt so in zwei Teile, dass man aus den beiden Teilen ein Rechteck legen kann.

b) Berechne den Flächeninhalt des Rechtecks.

c) Gib einen Term (mit Variablen) für den Flächeninhalt der ursprünglichen Figur an.

d) Gib einen Term (mit Variablen) für den Flächeninhalt des zusammengelegten Rechtecks an.

e) Zeige durch Termumformungen, dass die beiden Terme identisch sind.

4 Berechne zuerst: $(3a + b)^2$.
Nun ergänze: $9x^2 + 6xy + y^2 = (\ \Box\ +\ \Box\ )^2$. Beschreibe, wie du dabei vorgehst.
Finde weitere Aufgaben, die sich auf diese Art zusammenfassen lassen.

127

Verstehen

Die Bauernfamilie Heinrich möchte ihren Hof auf den Verkauf von Bio-Eiern umstellen. Deswegen müssen sie den Hühnerauslauf vergrößern.

Die Heinrichs möchten, dass auch der neue Hühnerauslauf quadratisch ist, deswegen wollen sie den Zaun nach Norden und nach Osten um jeweils die gleiche Strecke (um b Meter) verlängern.

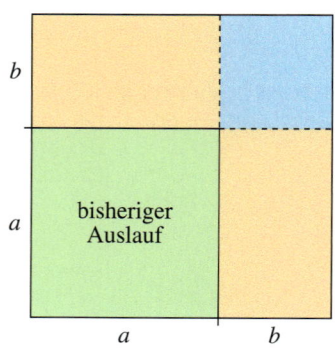

Sie überlegen, wie sie die Fläche des neuen Auslaufs berechnen können.

① Herr Heinrich multipliziert die Summen so, wie ihr es in der vorigen Lerneinheit gelernt habt:

$$(a + b)^2 = (a + b) \cdot (a + b)$$
$$= a \cdot a + a \cdot b + b \cdot a + b \cdot b$$
$$= a^2 + 2ab + b^2$$

② Seine Schwester betrachtet die obige Skizze. Sie kommt gleich auf das Ergebnis:

$$(a + b)^2 = \boxed{a^2} + \boxed{2ab} + \boxed{b^2}$$

Merke Bei der Multiplikation von Summen gibt es drei Sonderfälle, bei denen sich die Ergebnisse leicht zusammenfassen lassen. Diese heißen **binomische Formeln**. Sie ermöglichen eine **Abkürzung** der ausführlichen Berechnung.

	Quadrat des 1. Summanden	doppeltes Produkt beider Summanden	Quadrat des 2. Summanden

1. binomische Formel
$(a + b)^2 = a^2 + 2ab + b^2$

$$(a + b)^2 = \quad a^2 \quad + \quad 2ab \quad + \quad b^2$$

2. binomische Formel
$(a - b)^2 = a^2 - 2ab + b^2$

$$(a - b)^2 = \quad a^2 \quad - \quad 2ab \quad + \quad b^2$$

3. binomische Formel
$(a + b) \cdot (a - b) = a^2 - b^2$

$$(a + b) \cdot (a - b) = \quad a^2 \quad \underbrace{-ab + ab}_{0} \quad - \quad b^2$$
$$= \quad a^2 \quad 0 \quad - \quad b^2$$

Beispiele 1

$(x + 4)^2 = x^2 + 2 \cdot 4x + 4^2 = x^2 + 8x + 16$
$(y - 5)^2 = y^2 - 2 \cdot 5y + 5^2 = y^2 - 10y + 25$
$(y + 3) \cdot (y - 3) = y^2 - 3^2 = y^2 - 9$

Auch ein Binom wie z. B. $(2x + 3y)^2$ kann man mit der 1. binomischen Formel lösen. Dazu setzt man $a = 2x$ und $b = 3y$.

Beispiele 2

$$\overset{a}{(2x} + \overset{b}{3y})^2 = \overset{a^2}{(2x)^2} + \overset{2ab}{2 \cdot 2x \cdot 3y} + \overset{b^2}{(3y)^2} = \overset{a^2}{4x^2} + \overset{2ab}{12xy} + \overset{b^2}{9y^2}$$

$$\overset{a}{(4a} - \overset{b}{5b})^2 = \overset{a^2}{(4a)^2} - \overset{2ab}{2 \cdot 4a \cdot 5b} + \overset{b^2}{(5b)^2} = \overset{a^2}{16a^2} - \overset{2ab}{40ab} + \overset{b^2}{25b^2}$$

$$\overset{a}{(4k} + \overset{b}{7m}) \cdot \overset{a}{(4k} - \overset{b}{7m}) = \overset{a^2}{(4k)^2} - \overset{b^2}{(7m)^2} = \overset{a^2}{16k^2} - \overset{b^2}{49m^2}$$

Üben und anwenden

1 Überprüfe alle drei binomischen Formeln für die Zahlen $a = 14$ und $b = 18$.

2 Übertrage ins Heft, ergänze + oder −.
a) $(x + 8)^2 = x^2 \;\blacksquare\; 16x \;\blacksquare\; 64$
b) $(c \;\blacksquare\; 2d)^2 = c^2 - 4cd + 4d^2$
c) $(2 \;\blacksquare\; a)(2 \;\blacksquare\; a) = 4 - a^2$
d) $(y \;\blacksquare\; 3z)^2 = y^2 - 6yz \;\blacksquare\; 9z^2$
e) $(w \;\blacksquare\; 4x)(w \;\blacksquare\; 4x) = w^2 - 16x^2$
f) $(2 - x)^2 = 4 \;\blacksquare\; 4x \;\blacksquare\; x^2$

2 Ergänze.
a) $(k - 7)(k + \;\blacksquare\;) = \;\blacksquare\;^2 - 49$
b) $(a - 2b)^2 = \;\blacksquare\; - 4ab + \;\blacksquare\; b^2$
c) $(x + 2)^2 = x^2 + \;\blacksquare\; + 4$
d) $(y - 4)^2 = y^2 - \;\blacksquare\; + 16$
e) $(6 + x)^2 = \;\blacksquare\; + 12x + x^2$
f) $(3 + b)^2 = 9 + \;\blacksquare\; + b^2$

3 Ergänze die fehlenden Terme im Heft.
a) $(c + d)^2 = \;\blacksquare\; + 2cd + d^2$
b) $(x - 5)(x + 5) = \;\blacksquare\; - 25$
c) $(d - 5)^2 = \;\blacksquare\; - 10d + 25$
d) $(4 - m)^2 = 16 - 8m + \;\blacksquare\;$
e) $(9 + y)^2 = 81 + 18y + \;\blacksquare\;$

3 Übertrage ins Heft und vervollständige.
a) $(0,2 - b)(0,2 + b) = \;\blacksquare\; - b^2$
b) $(0,5 + r)^2 = 0,25 + r + \;\blacksquare\;$
c) $(1,3 - c)^2 = 1,69 \;\blacksquare\; + c^2$
d) $(a \;\blacksquare\; 1)^2 = a^2 + \;\blacksquare\; + 1$
e) $(v \;\blacksquare\; 2)^2 = v^2 - 4v + \;\blacksquare\;$

4 Ist die erste binomische Formel richtig angewandt worden?
Verbessere, wenn es nötig ist.
a) $(6 + x)^2 = 36 + 6x + x^2$
b) $(a + 8)^2 = a^2 + 16a + 64$
c) $(3 + b)^2 = 3 + 6b + b^2$
d) $(y + 5)^2 = y^2 + 10y + y^2$
e) $(o + p)^2 = o^2 + 2op + p^2$
f) $(3a + b)^2 = 9a + 3ab + b^2$

4 Wo stecken die Fehler? Korrigiere sie.

a) $(x - a)^2 = x^2 - 2ax - a^2$
b) $(2x - 4)^2 = 4x^2 - 8x + 16$
c) $(3a + 5b)^2 = 3a^2 + 30ab + 25b^2$
d) $(2x + y)(2x - y) = 4x^2 + y^2$
e) $(11 - 4x)^2 = 121 - 44x + 16x^2$
f) $(5g + 3h)^2 = 25g^2 + 30gh + 9h$

5 Die binomischen Formeln lassen sich noch schneller anwenden, wenn man die Quadratzahlen auswendig kennt.
Lerne die Quadratzahlen der Zahlen von 1 bis 20 auswendig.

6 Löse die Klammer auf. Verwende die erste binomische Formel.
a) $(4 + y)^2$
b) $(a + 5)^2$
c) $(x + 12)^2$
d) $(s + 15)^2$

6 Löse die Klammer mithilfe der ersten binomischen Formel auf.
a) $(4a + 14)^2$
b) $(6 + 3b)^2$
c) $(2x + 3)^2$
d) $(x + y)^2$

7 Löse die Klammer auf. Verwende die zweite binomische Formel.
a) $(5 - t)^2$
b) $(b - 4)^2$
c) $(8 - p)^2$
d) $(c - 7)^2$

7 Löse die Klammer mithilfe der zweiten binomischen Formel auf.
a) $(11 - 2y)^2$
b) $(3y - 3)^2$
c) $(1 - c)^2$
d) $(10 - 5x)^2$

8 Löse die Klammer auf. Verwende die dritte binomische Formel.
a) $(x + 2)(x - 2)$
b) $(8 + a)(8 - a)$
c) $(a + 9)(a - 9)$
d) $(y + z)(y - z)$

8 Löse die Klammer mithilfe der dritten binomischen Formel auf.
a) $(4 - x)(4 + x)$
b) $(2c + 3)(2c - 3)$
c) $(6 - xy)(6 + xy)$
d) $(d + 20e)(d - 20e)$

ZU AUFGABE 1
So hat Tim die 1. binomische Formel überprüft:
$(14 + 18)^2 = 32^2$
$= \;\blacksquare\;$
und
$14^2 + 2 \cdot 14 \cdot 18 + \;\blacksquare\;^2$
$= \;\blacksquare\;$

ZU AUFGABE 5
$1^2 = 1$
$2^2 = 4$
$3^2 = 9$
$4^2 = 16$
$5^2 = 25$
$6^2 = 36$
$7^2 = 49$
$8^2 = 64$
$9^2 = 81$
$10^2 = 100$
$11^2 = 121$
$12^2 = 144$
$13^2 = 169$
$14^2 = 196$
$15^2 = 225$
$16^2 = 256$
$17^2 = 289$
$18^2 = 324$
$19^2 = 361$
$20^2 = 400$

ZU AUFGABE 8
Bei 8a hat die Aufgabe nicht die Form
$(a + b) \cdot (a - b)$
Warum gilt die 3. binomische Formel trotzdem?

9 Ordne jedem Term aus dem linken Kästchen einen gleichwertigen Term aus dem rechten Kästchen zu. Je ein Term bleibt übrig, finde dafür einen Partner.

$$y^2 - 6y + 9 \qquad 9 - 6y + y^2 \qquad 4x^2 - y^2$$
$$x^2 - 2xy + y^2 \qquad x^2 + 6xy + 9y^2$$
$$x^2 - 6xy + 9y^2 \qquad 9x^2 + 6xy + y^2 \qquad 9 + 6x + x^2$$

$$(3 + x)^2 \qquad (y - 3)^2 \qquad (x - y)^2$$
$$(x - 3y)^2 \qquad (3x + y)^2$$
$$(3 - y)^2 \quad (4x + y)(4x - y) \quad (x + 3y)^2$$

10 Löse die Klammern auf. Welche binomische Formel kannst du benutzen?
a) $(y + 3)^2$ b) $(x - 4)^2$
c) $(a - 5)(a + 5)$ d) $(3 - c)^2$
e) $(a - 4)^2$ f) $(a - 9)^2$
g) $(x + 5)^2$ h) $(x + 9)(x - 9)$

10 Welche binomische Formel liegt vor? Schreibe ohne Klammern.
a) $(2x + 3)^2$ b) $(3x - 2)^2$
c) $(4x - 3)^2$ d) $(3x - 1)(3x + 1)$
e) $(5 + 2x)(5 - 2x)$ f) $(6x - 9)(6x + 9)$
g) $(6x + 7)^2$ h) $(10x - 5)^2$

11 Vervollständige im Heft.
a) $u^2 + 2uv + v^2 = (u + \square)^2$
b) $4 + 4b + b^2 = (\square + b)^2$
c) $4 - 9x^2 = (2 + \square)(2 - \square)$

11 Ergänze die Lücken im Heft.
a) $25a^2 + 30ab + 9b^2 = (5a + \square)^2$
b) $16d^2 - 4e^2 = (\square + \square)(\square - \square)$
c) $x^2 - 6xy + \square = (\square - \square)^2$

12

Die binomischen Formeln sind eine Abkürzung bei der Multiplikation von Summen.
Erkläre, was Jona damit meint. Vergleicht eure Erklärungen untereinander.

12 Kann der Term durch Anwendung einer binomischen Formel entstanden sein? Begründe deine Antwort.
a) $x^2 + y^2$ b) $-x^2 + 2xy + y^2$
c) $x^2 + 2xy - y^2$ d) $-x^2 + y^2$

ZU AUFGABE 13
Beispiele:
$36^2 = (30 + 6)^2$
$= 30^2 + 2 \cdot 30 \cdot 6 + 6^2$
$= 900 + 360 + 36$
$= 1296$

$29^2 = (30 - 1)^2$
$= 30^2 - 2 \cdot 30 \cdot 1 + 1^2$
$= 900 - 60 + 1$
$= 841$

13 Wende die erste oder zweite binomische Formel zur Berechnung der Quadratzahl an. Beachte die Beispiele in der Randspalte.
a) 31^2 b) 28^2 c) 34^2 d) 63^2
e) 47^2 f) 98^2 g) 205^2 h) 394^2

13 Mithilfe der dritten binomischen Formel kann man bestimmte Multiplikationsaufgaben schnell lösen.
Beispiel $58 \cdot 62 = (60 - 2)(60 + 2)$
$= 3600 - 4 = 3596$
a) Erkläre den Rechenweg.
b) Berechne auf die gleiche Weise die Produkte im Kopf.
① $46 \cdot 54$ ② $72 \cdot 68$ ③ $85 \cdot 75$
④ $98 \cdot 102$ ⑤ $45 \cdot 55$ ⑥ $204 \cdot 196$

*ZU DEN AUFGA-
BEN 14 UND 14*
Zeichne zu der Aufgabe je eine Skizze beider Grundstücke. Prüfe an der Skizze, ob die Grundstücke gleich groß sind.

14 Frau Meier besitzt ein quadratisches Grundstück. Dort soll ein Supermarkt gebaut werden. Zum Tausch bietet man ihr ein rechteckiges Grundstück an, das auf der einen Seite 5 m länger, aber auf der anderen Seite 5 m kürzer als ihr bisheriges Grundstück ist. Frau Meier nimmt das Angebot an. Ihre Freundin Louisa ist empört: „Da bist du ja ganz schön betrogen worden!"
Überprüfe, ob der Tausch fair war.
Tipp: Stelle einen Term auf.

14 Beim Ausmessen eines quadratischen Grundstücks hat man versehentlich die Breite um 60 cm zu kurz und die Länge um 60 cm zu weit abgesteckt. Jemand sagt: „Das macht gar nichts. Der Flächeninhalt ist der gleiche." Stimmt die Aussage? Begründe.

15 Ergänze in deinem Heft.
a) $(\square + \square)^2 = a^2 + \square + 9b^2$
b) $(\square - \square)^2 = 4x^2 - \square + y^2$
c) $(\square - 4z)^2 = \square - 24z + \square$

15 Es ist $a^2 - b^2 = (a + b) \cdot (a - b)$. Warum ist dann $a^2 + b^2$ nicht gleich $(a + b) \cdot (a + b)$? Begründe.

Thema: Das Pascal'sche Dreieck

3. Diagonale   2. Diagonale

Blaise Pascal (1623–1662 in Frankreich) war als Kind oft krank und wurde von seinem Vater zu Hause unterrichtet. Mit zwölf Jahren beschäftigte er sich mit Zusammenhängen bei Dreiecken.

Sein erstes Buch veröffentlichte er mit 16 Jahren. Mit 18 Jahren konstruierte er die weltweit erste Rechenmaschine, um seinem Vater bei Steuerberechnungen zu helfen; er nannte sie **Pascaline**.

Als Erwachsener berechnete er Wahrscheinlichkeiten beim Glücksspiel. Dazu untersuchte er auch das abgebildete **Pascal'sche Dreieck**.

1 Das Pascal'sche Dreieck ist niemals fertig.

a) Erkläre, wie man mithilfe der Zahlen einer Zeile die Zahlen der nachfolgenden Zeile berechnen kann.

b) Übertrage das Pascal'sche Dreieck in dein Heft und ergänze die nächsten 5 Zeilen.

2 Blaise Pascal beschäftigte sich auch mit Potenzen von Binomen.

Er schrieb z. B. Terme wie $(a + b)^2$; $(a + b)^3$ und $(a + b)^4$ … als Summen:

$$(a + b)^2 = (a + b)(a + b)$$
$$= \mathbf{1} \cdot a^2 + \mathbf{2} \cdot ab + \mathbf{1} \cdot b^2$$

a) Berechne. Dann färbe die Zahlen vor den Variablen (**Koeffizienten**) ein.
  ① $(a + b)^3 = (a + b)(a + b)(a + b)$
  ② $(a + b)^4 = (a + b)(a + b)(a + b)(a + b)$

b) An welcher Stelle findest du die eingefärbten Koeffizienten im Pascal'schen Dreieck?

c) Wo im Pascal'schen Dreieck stehen die Koeffizienten, wenn man $(a + b)^5$ als Summe darstellst?

d) Die vollständigen Summanden zu $(a + b)^5$ erhältst du mithilfe dieses Schemas:

1	5	10	10	5	1
a^5	a^4 b	a^3 b^2	a^2 b^3	a b^4	b^5
$a^5 + 5\,a^4 b + 10\,a^3 b^2 + 10\,a^2 b^3 + 5\,a b^4 + b^5$					

Erkläre das Schema und berechne anschließend $(a + b)^6$ und $(a + b)^7$.

3 👥 Das Pascal'sche Dreieck enthält viele überraschende Zusammenhänge, die man entdecken kann, wenn man bestimmte Zahlen farbig markiert.

Teilt euch in Gruppen auf und erstellt zunächst ein Pascal'sches Dreieck mit 17 Zeilen. Bearbeitet einen der folgenden Aufträge. Präsentiert danach eure Ergebnisse.

> Markiert alle Zahlen, die durch 3 teilbar sind.
> Welches Muster entsteht?

> Markiert alle Zahlen, die durch 2 teilbar sind.
> Was stellt ihr fest?

> Berechnet in jeder Zeile des Dreiecks die Summe der Zahlen. Die entstehende Folge von Summen ist nach einem bestimmten Muster aufgebaut.
> Beschreibt das Muster.

> Färbt man die Zahlen auf den Diagonalen ein, erhält man eine Folge von Zahlen. Auf der zweiten Diagonale von links oben nach rechts unten liegen z. B. die Zahlen 1, 2, 3, 4 usw. Färbt die Zahlen der dritten Diagonale ein. Welchen Zusammenhang gibt es mit der Abbildung? Setzt die Folge fort.
> Nach welchem Muster ist die Zahlenfolge aufgebaut?

Klar so weit?

→ Seite 120

Klammern auflösen und setzen

1 Löse die Klammer auf.

a) $4(a + b)$ b) $3(3a - 5b)$

c) $5(x + y + 7)$ d) $12(x - 6 - y)$

e) $a(2a + b + c)$ f) $y(7m + 3x + 4y)$

g) $(12a + 4b) \cdot 3a$ h) $(2 - 9a)ab$

1 Multipliziere aus.

a) $6(a + b - c)$ b) $8(4a - 3b - c)$

c) $3(10x + 4y - z)$ d) $9(-2x + 5 + 9y)$

e) $12a(3a + b + 7)$ f) $5y(10m - 4xy - 1)$

g) $(2a + 3b) \cdot 17$ h) $(21 - 6b)ab$

2 Klammere den größten gemeinsamen Faktor aus.

a) $3c - 3d$ b) $3a - 6c$

c) $xy - xz$ d) $4xy - 7xz$

e) $13c - 13$ f) $14xyz - 36ax$

g) $4a + 4b + 4c$ h) $6x^2 + 16x$

2 Klammere den größten gemeinsamen Faktor aus.

a) $7c - 12cd$ b) $2ab - 4ac$

c) $-15xy + 5x$ d) $3xy - 6xz + 9xyz$

e) $7c - 14cd - 21ac$ f) $6x^2 - 17x$

g) $2ab^2 + 12a^2$ h) $5x + 10x^2y^2$

3 Fasse zusammen.

a) $2 + (4 + 5)$ b) $10 - (2 + 8)$

c) $16 - (3 + x)$ d) $12 + (x + y)$

e) $20 + (x + 5)$ f) $3 - (a + b)$

3 Fasse zusammen.

a) $13 - (a - 2b)$ b) $2 + (6 - x)$

c) $8 - (x + 12)$ d) $11 - (x - y)$

e) $m - (-n + 9)$ f) $a + 2(-14 - b)$

4 Paul soll den Term $18a + 69ab + 6ac$ vereinfachen.
Er schreibt:

$$18a + 69ab + 6ac = 3a(18 + 69b + 2c)$$

Ist Pauls Lösung richtig? Begründe deine Antwort.

→ Seite 124

Summen multiplizieren

5 Multipliziere jeweils einen Term aus dem linken Kästchen mit einem Term aus dem rechten Kästchen. Fasse, wenn möglich, zusammen.
Bilde und bearbeite mindestens zehn solcher Terme.

$(a + b)$

$(4a + 6b)$

$(b - 14a)$

$(-a + 4b)$

$(16a + 5)$

$(-14b - 30)$

$(10b + 6a)$

$(11a + 25b)$

6 Löse die Klammern auf und fasse, wenn möglich, zusammen.

a) $(a + 5) \cdot (b + 8)$ b) $(x + 6) \cdot (y + 7)$

c) $(c + 1) \cdot (c + 6)$ d) $(4 + u) \cdot (v + 5)$

e) $(3 + a) \cdot (a + 12)$ f) $(y + 8) \cdot (y + 4)$

6 Löse die Klammern auf und fasse, wenn möglich, zusammen.

a) $(d + 7) \cdot (d + 9)$ b) $(y + 2) \cdot (y + 4)$

c) $(11 + a) \cdot (b + 10)$ d) $(x + 5) \cdot (x + \frac{13}{5})$

e) $(3g + 4) \cdot (g + 6)$ f) $(6 + 5v) \cdot (v + 8)$

7 Löse die Klammern auf.

a) $(a - 2) \cdot (b - 4)$ b) $(c - 4) \cdot (d - 8)$

c) $(x - 3) \cdot (y - 5)$ d) $(3 - u) \cdot (v - 6)$

e) $(f - 5) \cdot (g - 6)$ f) $(x - 8) \cdot (y + 3)$

g) $(9 + a) \cdot (b - 2)$ h) $(4 - u) \cdot (v + 9)$

7 Löse die Klammern auf.

a) $(x - 10) \cdot (y - 15)$ b) $(a - 2) \cdot (b - 7)$

c) $(4 - u) \cdot (v - 3)$ d) $(-6 + c) \cdot (d - 8)$

e) $(x - 9) \cdot (11 + y)$ f) $(7 + a) \cdot (-4 + b)$

g) $\left(5 - \frac{4u}{3}\right) \cdot \left(v + 9\right)$ h) $\left(2c - \frac{5}{3}\right) \cdot \left(d - 8\right)$

8 Multipliziere. Wo kannst du zusammenfassen?

a) $(x + 2y)(x + 11)$

b) $(3 + b)(a - 9)$

c) $(11t - 9)(4 - t)$

d) $(16p + 25q)(-p + 12)$

8 Löse die Klammern auf. Fasse zusammen,
falls möglich.

a) $(-7 + 8c)(10b - 25)$

b) $(5x - 2)(3x + 2y)$

c) $(2u - 18v)(3 - 5v)$

d) $(-5r + 8t)(2r + 9t)$

9 Gib einen Term zur Berechnung der Gesamtfläche an.
Löse alle Klammern auf.

a)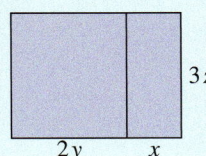

b)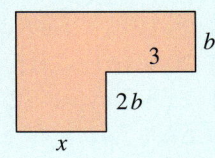

9 Gib einen Term zur Berechnung der Gesamtfläche an.
Löse alle Klammern auf.

a)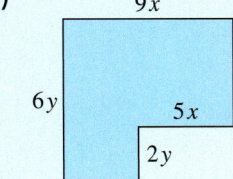

b)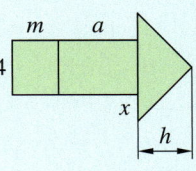

Binomische Formeln

→ *Seite 128*

10 Löse die Klammer auf.

a) $(u - 7)^2$ b) $(w + 9)^2$

c) $(8 - t)^2$ d) $(13 + s)^2$

e) $(m - 14)^2$ f) $(u + 18)^2$

10 Löse die Klammer auf.

a) $(17 - r)^2$ b) $(e + 10)^2$

c) $(15 + k)^2$ d) $(d - 20)^2$

e) $(x + 8)^2$ f) $(11 - p)^2$

11 Welche binomische Formel kannst du
anwenden? Schreibe ohne Klammern.

a) $(a - 12)^2$ b) $(x + 15)^2$

c) $(16 - x)^2$ d) $(m - 14)(m + 14)$

e) $(x + 25)^2$ f) $(a + 13)(a - 13)$

g) $(17 - b)^2$ h) $(2,5 + y)^2$

i) $(2x + 5)^2$ j) $(7x - 2y)^2$

11 Welche binomische Formel kannst du
anwenden? Schreibe ohne Klammern.

a) $(-d + 15)^2$ b) $(x - 18)^2$

c) $(12 - 3b)^2$ d) $(8p - 20)(8p + 20)$

e) $(17x + 9,5)^2$ f) $(5,5 + 0,5y)(5,5 - 0,5y)$

g) $\left(\frac{3}{4}m - 7\right)^2$ h) $(3,5 + 2,5x)^2$

i) $\left(\frac{2}{5}d + \frac{1}{10}\right)^2$ j) $\left(\frac{1}{2}st - \frac{3}{2}\right)\left(\frac{3}{2} + \frac{1}{2}st\right)$

12 Die Seiten des unten abgebildeten Quadrats mit der Seitenlänge a wurden um $2\,\text{cm}$
vergrößert.
Gib einen Term an, der den Flächeninhalt der
gesamten Fläche beschreibt.

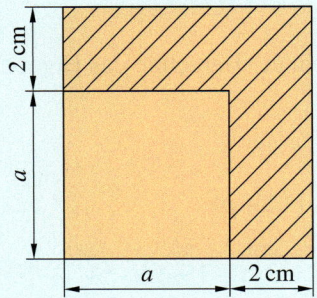

12 Die Seiten des unten abgebildeten Quadrats mit der Seitenlänge a wurden um $3,5\,\text{cm}$
vergrößert.
Gib einen Term an, der die Größe der *gestreif-
ten* Fläche beschreibt.

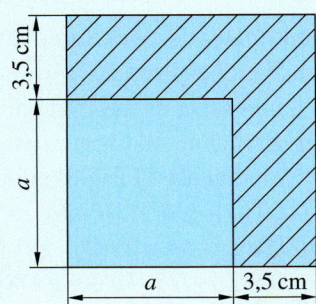

Vermischte Übungen

1 Ergänze die Tabelle im Heft.

·	3	–12	$5x$
$(7+x)$	$3(7+x) =$		
$(9-y)$			
$(8x+1)$			
$(-x+3y-2)$			

1 Ergänze die Tabelle im Heft.

·	–6	$-2a$	$1,5x$
$(5-y)$			
$(a+0,5)$			
$(-2,5a-1,2b)$			
$(0,1x^2-3x-0,5)$			

2 Ergänze so, dass die Gleichung stimmt.
a) $4(x + \;\;) = 4x + 20$
b) $7(\;\; - 3) = 7x - 21$
c) $\;\;(y + 8) = xy + 8x$
d) $3a + 6b = \;\;(a + 2b)$
e) $2x + 14y = \;\;(x + 7y)$
f) $8a + 12b = \;\;(2a + 3b)$

2 Ergänze so, dass die Gleichung stimmt.
a) $x(\;\; + \;\;) = 3x + xy$
b) $\;\;(9 + 2x) = 18x + 4x^2$
c) $2x(\;\; - \;\;) = 6xy - 16x$
d) $20 + 16x = \;\;(5 + 4x)$
e) $2x + 3xy = \;\;(2 + 3y)$
f) $5a + 7ab = \;\;(5 + 7b)$

3 Klammere jeweils den größten gemeinsamen Faktor aus.
a) $2x^2 + 4x$ b) $14x^2y - 7xy^2$
c) $x - x^3$ d) $48a^2b + 96a^3$
e) $x + x^2 + x^3$ f) $2x^2 + 4x + 6xy$
g) $6x^2 + 6x$ h) $-8x^2 - 8x$
i) $-7x - 14$ j) $-5x^2 - 5x - 5$

3 Klammere gemeinsame Faktoren aus und kürze die Brüche wie im Beispiel:

Beispiel $\dfrac{15a - 5b}{25 + 10ab} = \dfrac{\cancel{5}(3a - b)}{\cancel{5}(5 + 2ab)} = \dfrac{3a - b}{5 + 2ab}$

a) $\dfrac{3x + 6}{9x + 12}$ b) $\dfrac{4 + 6a}{10b + 4}$ c) $\dfrac{3x + 5xy}{xy + 7x}$

d) $\dfrac{a + ab}{a^2 + (ab)^2}$ e) $\dfrac{2m + 4}{2n + 4}$ f) $\dfrac{3x + 3}{1 + x}$

4 Multipliziere jeweils einen Term aus dem linken Kästchen mit einem Term aus dem rechten Kästchen.
Bilde mindestens zehn Produkte und löse die Klammern auf.

$(x + 4)$ $(3x - 5)$ $(3x + 4)$ $(x - 5)$

$(x - 5)$ $(x + 4)$ $(3x - 4)$ $(3x + 5)$ $(3x + 4)$ $(x - 4)$ $(3x - 5)$

5 Löse die Klammern auf und fasse anschließend zusammen.
a) $(2b - 7)(-3a + 8)$
b) $(x + 3y)(-y + 9)$
c) $(7 - x)(x^2 - 7)$
d) $(2a - 1,5)(3 + 0,6a)$

5 Ergänze die Multiplikationstabelle. Notiere die berechnete Aufgabe und das Ergebnis.

a)

·	$2x$	4
	$2xy$	
$3x$		

b)

·	$3b$	
$-5a$		$20a$
		$8b$

6 Summen mit mehr als zwei Summanden multiplizieren
a) Welches Produkt wird in der Randspalte berechnet? Berechne das Ergebnis und fasse es zusammen.
b) Berechne und fasse zusammen.
Du kannst Multiplikationstabellen nutzen.

·	a	$5b$	-3
$-a$		$-5ab$	
$2b$			

① $(a - b + 2)(b + 6)$ ② $(p + q - 4)(14 + p)$
③ $(2x - y + 6)(8 - 3x)$ ④ $(r + 4s)(15 - 2r + 3s)$
⑤ $(2u - v)(7u + 6v - 8)$ ⑥ $(5x^2 + 12x - 2y)(-1 + x^2 - y)$

7 Gib Terme zur Berechnung des Umfangs und des Inhalts der farbigen Fläche an.
Notiere jeweils auf zwei verschiedene Weisen: einmal mit und einmal ohne Klammern.

a)

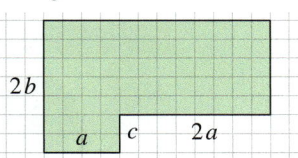

b)

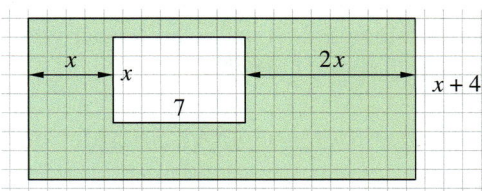

8 Gib einen Term zur Berechnung des Flächeninhalts des Rechtecks an. Wie kannst du die Klammern geschickt auflösen?

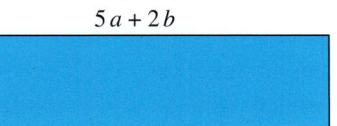

8 Jede Seite eines quadratischen Blumenbeets wird um 30 cm verkürzt.

a) Gib einen Term an, der den Flächeninhalt des Beets beschreibt, und vereinfache ihn.

b) Um wie viel Prozent verringert sich der Flächeninhalt des Beets, wenn es vorher eine Seitenlänge von 1,50 m hatte?

9 👥 Lena und Paul zeigen mit einer Zeichnung, warum man die Klammern so auflöst:

$(a + b) \cdot (c - d) = ac - ad + bc - bd$

a) Überlegt zu zweit, was ihre Zeichnung bedeutet.

b) Veranschaulicht auf ähnliche Weise:

① $(a - b) \cdot (c + d) = ac + ad - bc - bd$

② $(a - b) \cdot (c - d) = ac - ad - bc + bd$

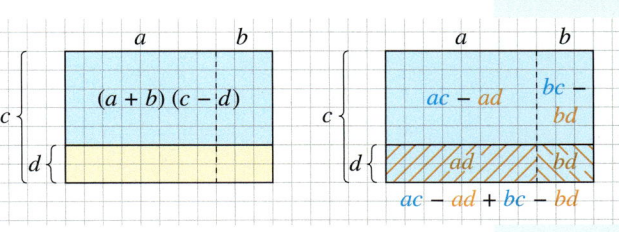

10 Löse die Klammern auf.

a) $(a + 10)^2$
b) $(b - 7)^2$
c) $(5 - c)^2$
d) $(x - 11)(x + 11)$
e) $(3z - 5)^2$
f) $(y + 0,5)(y - 0,5)$

10 Schreibe als Summe.

a) $(7x - 2)^2$
b) $(2x + 2y)(2x - 2y)$
c) $(5x + 7y)^2$
d) $(x + 8y)(x - 8y)$
e) $(6e - 7f)^2$
f) $(9x - 3,2)^2$

11 Setze eine eckige Klammer und berechne. Beachte die Hinweise in der Randspalte.

Beispiel $10 - (x + 2)(x - 3)$
$= 10 - [(x + 2)(x - 3)]$
$= 10 - [x^2 - 3x + 2x - 6] = \ldots$

a) $4 + (x + 1)(x - 2)$
b) $3a - (a - 3)(2a + 1)$
c) $y + 5 - (y - 4)(y + 2)$
d) $3b + 6 - (b - 2)(b + 3)$

11 Fasse so weit wie möglich zusammen.
Tipp: Setze zur Übersicht eine eckige Klammer, vergleiche das Beispiel links.

a) $(x + y)^2 + (x - y)^2$
b) $(a + 8)^2 + (a + 7)(a - 7)$
c) $(x - 3)(x + 3) - (x - 5)^2$
d) $(2a - b)^2 - (b - 3a)^2$

12 Die dritte binomische Formel lautet:
$(a + b)(a - b) = a^2 - b^2$
Kann man die Formel auch bei den folgenden Fällen anwenden? Erkläre.

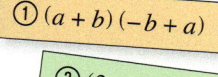 ① $(a + b)(-b + a)$

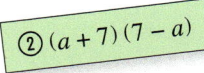 ② $(a + 7)(7 - a)$

③ $(3 - x)(3 + x)$

④ $-(a + 1)(a - 1)$

12 Denke dir eine Zahl.
① Berechne das Quadrat deiner Zahl.
② Multipliziere den Nachfolger deiner Zahl mit dem Vorgänger deiner Zahl.

a) Wiederhole für weitere drei Zahlen die beiden Rechnungen. Was fällt dir auf?

b) Gib einen Term an, mit dem man Aufgabe ② für eine Zahl n berechnen kann. Vereinfache den Term.
Nun erkläre deine Beobachtung bei a).

Neueröffnung in der Innenstadt

In der Innenstadt wird ein neues Bekleidungs- und Schuhgeschäft eröffnet. Die Inhaber haben einen riesigen Schuh ins Schaufenster gestellt, um viele Kunden anzulocken.

13 👥 Der Riesenschuh im Schaufenster

Schätzt zu zweit: Wie groß könnte der riesige Schuh auf dem Foto sein?
Beschreibt genau, wie ihr zu eurem Ergebnis gekommen seid.

14 Umbau vor der Eröffnung

Vor der Eröffnung wurde der Verkaufsraum aufwändig umgebaut: Er wurde durch einen quadratischen Anbau erweitert und drei Umkleidekabinen wurden hinzugefügt.

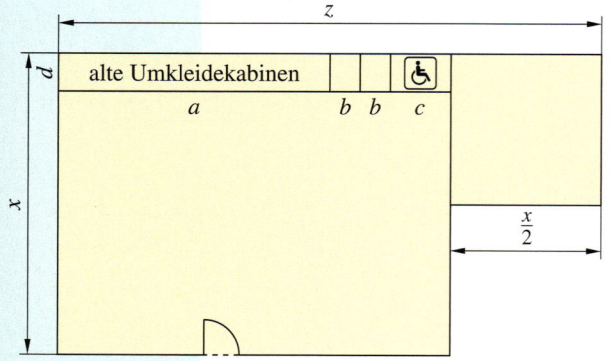

a) Gib je einen passenden Term an und vereinfache ihn so weit wie möglich:
   – Fläche des Verkaufsraums
   – Fläche der Umkleidekabinen
   Findest du verschiedene Möglichkeiten, den Term aufzustellen?

b) Die Skizze ist maßstabsgerecht. Die mit x bezeichnete Wand ist 12 m lang.
   Wie lang sind die anderen Seiten in Wirklichkeit? Beschreibe, wie du vorgegangen bist.

c) Berechne mit den Ergebnissen aus a) und b) die gefragten Flächeninhalte.

d) Mit welchem Bodenbelag würdest du den Verkaufsraum auslegen, mit welchem die Umkleidekabinen? Stelle eine allgemeine Formel zur Berechnung der Gesamtkosten auf: Setze für den Preis pro Quadratmeter eine Variable ein und plane mit 700 € Lohn für die Handwerker.

e) Die Eigentümer können höchstens 9 200 € für den gesamten Boden inklusive Lohn ausgeben.
   Erstelle ihnen drei verschiedene Vorschläge und gib jeweils die Kosten an.

Unsere Bodenbeläge (Preise pro Quadratmeter)			
Teppich	Laminat	Fliesen	Parkett
17,90 €	15,90 €	32,90 €	35,90 €
57,90 €	59,90 €	51,99 €	67,99 €

15 Feierliche Eröffnung

👥 Arbeitet zu zweit.

Am Eröffnungstag bieten die Inhaber allen Besuchern Getränke und Donuts an. Jeder Besucher isst einen Donut, 70 % der Besucher trinken ein Glas Wasser, 22 % ein Glas Cola und 38 % ein Glas Apfelsaft. 20 % der Besucher sind Kinder, jedes Kind erhält einen Luftballon.

a) Stellt einen Term zur Berechnung der Gesamtkosten für Bewirtung und Luftballons auf. Gibt es verschiedene Möglichkeiten, den Term anzugeben?

b) Schätzt die Einzelpreise für die Getränke, Donuts und Luftballons.
   Setzt die Preise in euren Term aus a) ein und vereinfacht den Term so weit wie möglich.

c) Es kommen insgesamt 350 Besucher.

TIPP
Wähle passende Buchstaben für die Variablen, z. B. „b" für die Anzahl der Besucher und „d" für den Preis eines einzelnen Donuts.

Zusammenfassung

Klammern auflösen und setzen

→ Seite 120

Das Verteilungsgesetz kann man auch umgekehrt anwenden:

Eine Summe kann man in ein Produkt umwandeln, indem man aus allen Summanden **einen gemeinsamen Faktor ausklammert**. Das nennt man **Faktorisierung**.

$$\underbrace{a\,b + a\,c}_{\text{Summe}} = \underbrace{a \cdot (b + c)}_{\text{Produkt}}$$

$$5\,x + a \cdot 5\,b = 5\,(x + a\,b)$$
$$42 + 12\,k = 6 \cdot 7 + 6 \cdot 2\,k = 6\,(7 + 2\,k)$$
$$y + xy = y\,(1 + x)$$

Summen multiplizieren

→ Seite 124

Bei der Multiplikation von Summen gilt:

Jeder Summand der ersten Summe wird mit **jedem** Summanden der zweiten Summe multipliziert. Anschließend werden die vier Teilprodukte addiert.

$$(a + b) \cdot (c + d) = a \cdot c + a \cdot d + b \cdot c + b \cdot d$$

$a \cdot c$	$b \cdot c$	c
$a \cdot d$	$b \cdot d$	d
a	b	

$$(5x + 3) \cdot (2 + y) = 10\,x + 5\,xy + 6 + 3\,y$$

$$
\begin{aligned}
21 \cdot 83 &= (20 + 1) \cdot (80 + 3) \\
&= 20 \cdot 80 + 20 \cdot 3 + 1 \cdot 80 + 1 \cdot 3 \\
&= 1\,600 + 60 + 80 + 3 \\
&= 1\,743
\end{aligned}
$$

Wenn in den Klammern ein **Minuszeichen** steht, geht man ganz ähnlich vor.

Beachte: Dann muss man das vorstehende Rechenzeichen „mitnehmen".

$$(a + b) \cdot (c - d)$$
$$= a \cdot c + a \cdot (-d) + b \cdot c + b \cdot (-d)$$
$$= a\,c - a\,d + b\,c - b\,d$$

$$(5 + 2x) \cdot (y - 4) = 5\,y - 20 + 2\,xy - 8\,x$$

$$(a - 3b) \cdot (-2 + b) = -2\,a + ab + 6\,b - 3\,b^2$$

Binomische Formeln

→ Seite 128

Bei der Multiplikation von Summen gibt es drei Sonderfälle, bei denen sich die Ergebnisse leicht zusammenfassen lassen. Diese heißen **binomische Formeln**.

1. binomische Formel
$$(a + b)^2 = a^2 + 2\,ab + b^2$$

$$
\begin{aligned}
(7 + 3y)^2 &= 7^2 + 2 \cdot 7 \cdot 3\,y + (3\,y)^2 \\
&= 49 + 42\,y + 9\,y^2
\end{aligned}
$$

2. binomische Formel
$$(a - b)^2 = a^2 - 2\,ab + b^2$$

$$
\begin{aligned}
(3\,a - 12\,b)^2 &= (3\,a)^2 - 2 \cdot 3\,a \cdot 12\,b + (12\,b)^2 \\
&= 9\,a^2 - 72\,ab + 144\,b^2
\end{aligned}
$$

3. binomische Formel
$$(a + b) \cdot (a - b) = a^2 - b^2$$

$$
\begin{aligned}
51 \cdot 49 &= (50 + 1) \cdot (50 - 1) \\
&= 50^2 - 1^2 = 2\,500 - 1 = 2\,499
\end{aligned}
$$
$$
\begin{aligned}
(2x + 1) \cdot (2x - 1) &= 4\,x^2 - 2\,x + 2\,x - 1 \\
&= 4\,x^2 - 1
\end{aligned}
$$

Teste dich!

6 Punkte

1 Löse die Klammern auf und fasse die Terme, wenn möglich, zusammen.

a) $3x + (2 - y)$

b) $12,5x - (15y - 13,7x - 15,9y)$

c) $(3 + x) - (8y - 5z)$

d) $3x + [4 - (x - 3) + 6x] - 5$

e) $b \cdot (a - 1)$

f) $20y - (3y - 6x) - [2y - (4x - 3y)]$

6 Punkte

2 Klammere jeweils den größtmöglichen Faktor aus.

a) $10x - 30y$

b) $12xy - 28x$

c) $az - bz$

d) $2ab - 7bx$

e) $7a + 14b + 35c$

f) $21abx - 6by + 15bz$

4 Punkte

3 Daniel hat zur Berechnung der Flächeninhalte der Rechtecke Terme aufgestellt.

Ⓐ $A = a \cdot b + a \cdot c = a \cdot (b + c)$

Ⓑ $A = e \cdot f + e \cdot g + e \cdot h = e \cdot (f + g + h)$

Ⓒ $A = a \cdot s + a \cdot t + b \cdot s + b \cdot t = (a + b) \cdot (s + t)$

a) Zu welcher Figur passt welcher Term? Skizziere die Figur im Heft und beschrifte sie mit den Variablen aus der passenden Formel.

b) Skizziere auch die übrig gebliebene Figur. Beschrifte sie sinnvoll und finde einen Term zur Berechnung ihres Flächeninhalts.

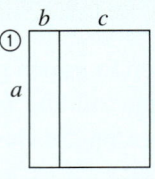

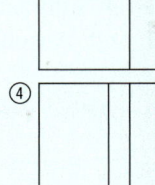

6 Punkte

4 Multipliziere und fasse, wenn möglich, zusammen.

a) $(x + 6)(x + 9)$

b) $(b + 8)(b - 12)$

c) $(s - 12)(s - 7)$

d) $(-r + s)(3 - s)$

e) $(3c + 4)(16 - c)$

f) $(x - 0,5)(2,5 + x)$

4 Punkte

5 Gib jeweils einen Term an. Löse anschließend die Klammer auf.

a) das Doppelte der Summe von a und b

b) die Hälfte des Umfangs eines Rechtecks

c) das Vierfache der Summe von einer Zahl und ihrem Nachfolger

d) die Differenz zwischen dem Quadrat einer Zahl und dem Quadrat des Vorgängers dieser Zahl

8 Punkte

6 Löse die Klammern auf und vereinfache so weit wie möglich.

a) $(a + b)^2 - (a - b)^2$

b) $(-x - y)^2 - (-y)^2$

c) $(a - 9)(a + 9)$

d) $(7 - x^2)^2$

e) $(-a^2 + b)^2$

f) $-(a - b)^2 - (a^2 - b^2)^2$

g) $(3x - 4y)^2 - (5y - 4x)^2 - (6x + 9y)^2$

h) $(5x - 7)(5x + 7) - (7 - 5x)(5x + 7)$

4 Punkte

7 Ein quadratisches Schwimmbecken wird vergrößert, indem die Seiten um je 3 m verlängert werden.

a) Gib einen Term an, der den Flächeninhalt des neuen Schwimmbeckens beschreibt. Multipliziere ihn aus.

b) Um wie viele Quadratmeter hat sich der Flächeninhalt des Schwimmbeckens vergrößert, wenn es vorher eine Seitenlänge von 15 m hatte?

Gold: 36–38 Punkte, Silber: 31–35 Punkte, Bronze: 23–30 Punkte   Lösungen ab Seite 182

Zuordnungen und Funktionen

Tropfsteine entstehen durch Wasser, das durch Kalkstein fließt.
Wenn das Wasser dann auf einen Hohlraum wie beispielsweise eine Höhle trifft, tropft es von der Decke herab.
An der Decke entstehen Stalaktiten, am Boden Stalagmiten.
Sie wachsen einander entgegen.
Durchschnittlich wachsen Stalaktiten und Stalagmiten in 100 Jahren 1 cm.

Noch fit?

Einstig

1 Terme berechnen
Berechne den Wert des Terms.
a) $6x + 5$ für $x = 1{,}5$
b) $10 - 2{,}5x$ für $x = 7$

2 Term finden
Finde einen passenden Term:
Die Grundgebühr beim Handyvertrag kostet $4{,}95\,€$, jede Gesprächsminute kostet $0{,}15\,€$.

3 Gleichungen lösen
Bestimme die Lösung der Gleichung.
a) $x + 12 = 35$ b) $2x + 12 = 30$
c) $80 = 100 - 5x$ d) $-7x - 5 = 44$

4 Graphen von Zuordnungen benennen
Welche der Graphen gehören zu einer proportionalen und welche zu einer antiproportionalen Zuordnung? Begründe.

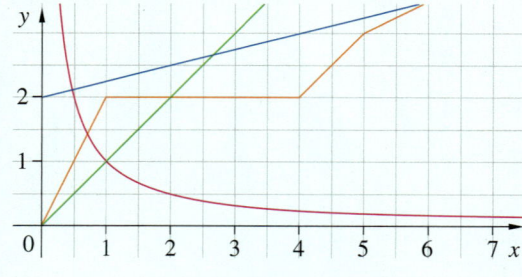

Aufstieg

1 Terme berechnen
Berechne den Wert des Terms.
a) $3(x - 4)$ für $x = 6$ und $x = -6$
b) $12(10x - 3y)$ für $x = 1{,}5$ und $y = -1{,}5$

2 Term finden
Finde einen passenden Term:
Ein rechteckiges Grundstück wird eingezäunt. Das Grundstück ist $10\,\text{m}$ länger als breit.

3 Gleichungen lösen
Bestimme die Lösung der Gleichung.
a) $3x + 5 = -6x + 41$ b) $5x + 11 = 3x + 7$
c) $2(3x + 2) = -6x + 5$ d) $4(y + 3) = 3y - 12$

4 Zuordnungen erkennen
Entscheide, ob die Zuordnung proportional oder antiproportional ist.
Begründe.
a) Menge Benzin → Kraftstoffkosten
b) Anzahl der Pumpen → Pumpdauer
c) Geschwindigkeit → Fahrzeit
d) Fahrzeit → Fahrstrecke
e) Arbeitszeit → Arbeitslohn
f) Anzahl der Arbeiter → Arbeitsdauer
g) täglicher Verbrauch → Vorratsdauer
h) Fahrstrecke → Benzinverbrauch

5 Eigenschaften von Zuordnungen
Erkläre die Begriffe produktgleich und quotientengleich. Gib jeweils eine Wertetabelle an.

6 Proportionale Zuordnungen
Ist die Zuordnung proportional?

x	2	4	6	8	10
y	6	7	8	9	10

6 Proportionale Zuordnungen
Ist die Zuordnung proportional?

x	4	8	12	16	20
y	0,5	1	1,5	2,5	3

7 Zuordnungen erkennen und darstellen
20 Eintrittskarten kosten $122{,}00\,€$.
a) Übertrage und ergänze die Tabelle. Wie viel kosten 31 Karten?

Anzahl	1	2	3	4	10	31
Preis in €						

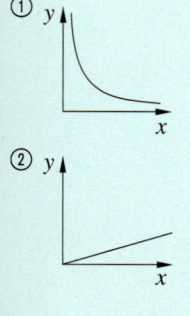

b) Ist die Zuordnung proportional oder antiproportional?
c) Welche grafische Darstellung ① oder ② gehört zu der Zuordnung?

Lösungen ab Seite 182

Zuordnungen und Funktionen beschreiben

Entdecken

1 👥 Arbeitet zu zweit.
Hier sind unterschiedliche Situationen beschrieben.
Zu jeder Situation gibt es einen Text, eine Werte-
tabelle und ein Diagramm. Ordnet zu.

② Ein Malermeister überlegt,
wie viele Maler er einsetzen
soll, um die Wände eines
großen Hauses zu streichen.

① Eine Pizza Margherita kostet
2 €, für jeden zusätzlichen Belag muss 1 € gezahlt werden.

④ Eine Badewanne
wird mit Wasser gefüllt.

③ Zahlen mit einer Nachkommastelle
wurden auf Einer gerundet.
Die gerundete Zahl wird ihren möglichen Ausgangszahlen zugeordnet.

⑤ Der Stöpsel einer gefüllten
Badewanne wird gezogen. Das
Wasser fließt gleichmäßig ab.

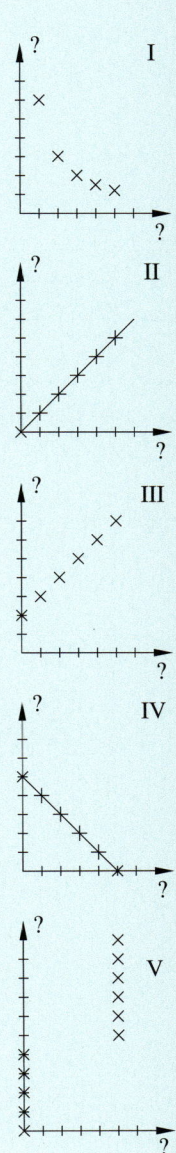

Ⓐ
?	0	1	2	3	4
?	2	3	4	5	6

Ⓑ
?	0	1	2	3	4	5
?	0	20	40	60	80	100

Ⓒ
?	1	2	3	4	5
?	60	30	20	15	12

Ⓓ
?	0	0	0	0	0	1	1	1	1	1	1
?	0,0	0,1	0,2	0,3	0,4	0,5	0,6	0,7	0,8	0,9	1,0

Ⓔ
?	0	1	2	3	4	5
?	100	80	60	40	20	0

2 Das Wasser aus tropfenden Wasserhähnen kostet Geld. Fabian hat die Wassermenge über
einen Zeitraum von 5 Minuten gemessen. Das Wasser tropft gleichmäßig aus dem Wasserhahn.
a) Ergänzt im Heft die Tabelle und zeichnet ein passendes Diagramm.

Zeit (in min)	1	2	3	4	5	6	7	8	9	10
Wassermenge (in ml)	20	40	60	80	100					

b) Welcher Zusammenhang besteht zwischen der vergangenen Zeit und der Wassermenge?
c) 1 000 Liter (= 1 m³) kosten etwa 2,50 €. Wie hoch sind die Kosten, die für das Wasser aus
diesem tropfenden Wasserhahn in einem Jahr anfallen?
d) Stellt zu Hause einen Messbecher unter einen tropfenden Wasserhahn und messt, wie viel
Liter Wasser in 10 Minuten aufgefangen werden. Gießt später mit dem Wasser eure Blumen.
Ergänzt die Wertetabelle und stellt die Zuordnung *Zeit → Wassermenge* grafisch dar.

Zeit (in min)	1	2	3	4	5	6	7	8	9	10
Wassermenge (in ml)										

Vergleicht untereinander: Worin unterscheiden sich die Diagramme und warum?

Verstehen

Die Kinder Franzi und Axel vergnügen sich an einem Sonntag im Planschbecken. Das Planschbecken ist 30 cm hoch mit Wasser gefüllt, aber beim Toben geht viel Wasser über den Rand des Beckens verloren.
Der ältere Bruder Max hat nachgemessen und die Ergebnisse aufgeschrieben.

Beispiel 1

Wasserverlust
(alle 10 min
gemessen)

x	Zeit (in min)	0	10	20	30	40	50	60
y	Wasserstand (in cm)	30	26	26	16	10	8	1

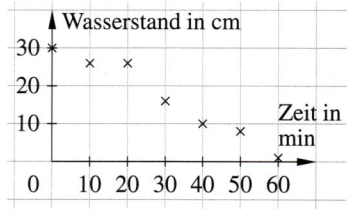

Im Beispiel 1 handelt es sich um eine **eindeutige Zuordnung** *Zeit → Wasserstand*, weil jeder Minute genau ein Wasserstand (cm) zugeordnet wird.

> **Merke** Eine Zuordnung, bei der **zu jedem Argument *x*** aus dem ersten Bereich **genau ein Wert *y*** aus dem zweiten Bereich zugeordnet wird, ist eine **eindeutige Zuordnung**.
> Eine eindeutige Zuordnung heißt **Funktion**.
> Den ersten Bereich nennt man **Definitionsbereich** und der zweite Bereich wird **Wertebereich** genannt. Ein zugeordneter Wert *y* wird als **Funktionswert** von *x* bezeichnet und auch $f(x)$ geschrieben.

Funktionen können auf unterschiedliche Art dargestellt werden.

Beispiel 2

Wortvorschrift
Der Wasserstand steigt in jeder Minute um 2 cm an.
Mit dieser Wortvorschrift wird die Funktion beschrieben.

Wertetabelle

x	Zeit (min)	0	1	2	4	8
f(x)	Wasserstand (cm)	0	2	4	8	16

Wertepaare: (0|0), (1|2), (2|4), (4|8), (8|16)

Funktionsgraph
Wenn der Definitionsbereich alle rationalen Zahlen enthält, dürfen die Punkte im Diagramm verbunden werden.
Die Darstellung im Koordinatensystem nennt man **Funktionsgraph**.

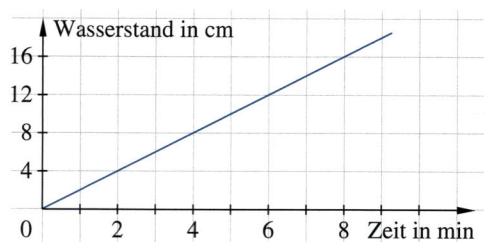

HINWEIS
*Bei der Funktionsgleichung ist sowohl „f(x) = …" als auch „y = …" als Schreibweise üblich.
In diesem Buch wird aber die erste verwandt.*

Funktionsgleichung
Die Wortvorschrift „Der Wasserstand steigt in jeder Minute um 2 cm an" kann durch die Funktionsgleichung $f(x) = 2x$ dargestellt werden.

Wird eine Zahl aus dem Definitionsbereich für *x* eingesetzt, kann der Funktionswert berechnet werden, z. B. $x = 4$ oder $x = 8$:
$$f(x) = 2 \cdot 4 = 8 \qquad f(x) = 2 \cdot 8 = 16$$

> **Merke** Die Gleichung $f(x) = 2x$ nennt man **Funktionsgleichung**. Allgemein schreibt man für die Funktionsgleichung einer proportionalen Zuordnung $f(x) = m \cdot x$.

Üben und anwenden

1 Bei welchen grafischen Darstellungen handelt es sich um eine Funktion? Begründe.

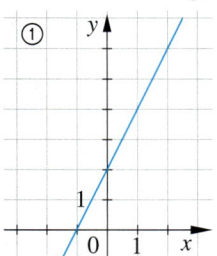 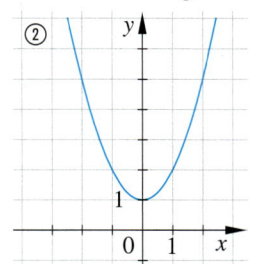 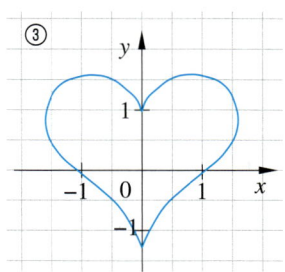 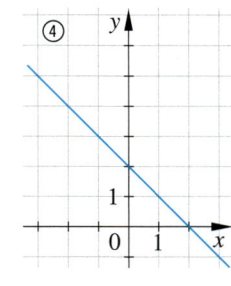

2 Handelt es sich um eine Funktion? Begründe deine Antwort.
a) *Land → Telefonvorwahl*
b) *Kantenlänge a → Oberfläche des Würfels*
c) *Vorname → Nachname*
d) *Name des Schülers → Schule*

2 Handelt es sich bei den folgenden Zuordnungen um Funktionen? Begründe.
a) Jeder Oma werden ihre Enkel zugeordnet.
b) Jedem Kind wird sein Alter zugeordnet.
c) Jeder natürlichen Zahl wird eine Primzahl zugeordnet.

3 👥 Erklärt zu zweit an einem Beispiel die Begriffe.
a) Wortvorschrift
b) Funktionswerte
c) Wertetabelle
d) Funktionsgraph

3 Erkläre mit eigenen Worten die Begriffe. Gib jeweils ein Beispiel an.
a) Funktion
b) Wertepaar
c) Definitionsbereich
d) Wertebereich

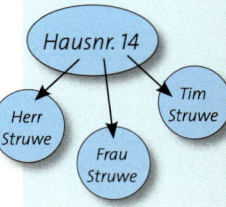

4 Liegt eine Funktion vor? Begründe.

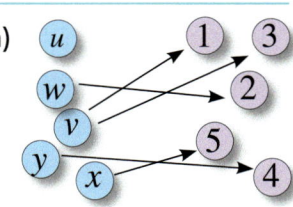 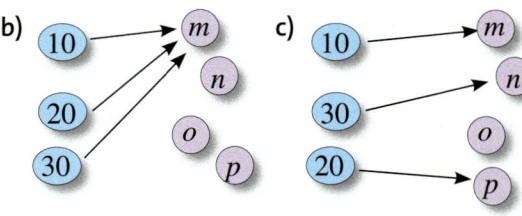

5 Lisa hat noch 1,10 € Guthaben auf ihrer Handykarte. Pro SMS zahlt sie 11 ct. Es gilt die folgende Zuordnung:
Anzahl der SMS → Restguthaben (in ct)
a) Liegt hier eine Funktion vor?
b) Bestimme in einer Wertetabelle alle x-Werte und Funktionswerte.

5 Für eine Funktion sind folgende Wertepaare gegeben: (0|100), (5|80), (10|60), (15|40), (20|20), (25|0).
a) Gib die Funktionswerte $f(x)$ für folgende x-Werte an: 3,5 (17,5; 22,5).
b) Findet Beispiele für Funktionen aus dem Alltag. Vergleicht untereinander.

6 Die Vasen werden gleichmäßig gefüllt. Die Graphen geben die Zuordnung *Volumen des Wassers → Höhe des Wasserstands* an. Welche Vase passt zu welchem Graphen? Begründe deine Antwort.

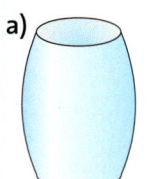 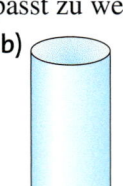  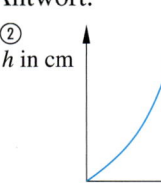

7 Ist die Funktion proportional? Wie kannst du das überprüfen?

a)

x	1	2	3	4	5
f(x)	12	6	4	3	2

b)

x	1	2	3	4	5
f(x)	3	6	9	12	15

7 Ist die Funktion antiproportional? Wie kannst du das überprüfen?

a)

x	−1,2	−3	2	4,8	7,5
f(x)	−20	−8	12	4	3,2

b)

x	35	28	15	7	4
f(x)	6	7,5	14	30	42

8 Ordne den Wortvorschriften der Funktionen eine Wertetabelle zu.
① Jeder Zahl wird das Doppelte zugeordnet.
② Jeder Zahl wird ihre Hälfte zugeordnet.
③ Jeder Zahl x wird ihr um 1 Vermindertes $(x - 1)$ zugeordnet.

Ⓐ

x	−4	−2	0	2	4	6
f(x)	−5	−3	−1	1	3	5

Ⓑ

x	−4	−2	0	2	4	8
f(x)	−2	−1	0	1	2	4

8 Ordne den Wortvorschriften der Funktionen eine Wertetabelle zu.
① Jeder Zahl wird ihr Dreifaches zugeordnet.
② Jeder Zahl wird das um 2 verminderte Doppelte zugeordnet.
③ Jede Zahl wird sich selbst zugeordnet.

Ⓐ

x	−4	−2	0	2	4	6
f(x)	−4	−2	0	2	4	6

Ⓑ

x	−4	−2	0	3	6	9
f(x)	−10	−6	−2	4	10	16

HINWEIS
Um eine Wertetabelle zu erstellen, setzt du einen Wert für x in die Funktionsgleichung ein und berechnest dann den Funktionswert.

9 Lege eine Wertetabelle an und zeichne den Graphen der Funktion.
a) $f(x) = x$ b) $f(x) = 1,5x$
c) $f(x) = -x$ d) $f(x) = -2x$

9 Lege eine Wertetabelle an und zeichne den Graphen der Funktion.
a) $f(x) = 3x + 2$ b) $f(x) = 2x + 1$
c) $f(x) = 1,5x + 0,5$ d) $f(x) = x - 2$

10 Lineare Funktionen lassen sich auf verschiedene Weisen darstellen. Übertrage die Tabelle in dein Heft (Querformat) und vervollständige sie. Notiere jeweils auch die Wortvorschrift. Denke dir weitere Beispiele aus.

Sachverhalt/ Wortvorschrift	Funktionsgleichung	Wertetabelle				Graph
Bei einem Konto beträgt die Grundgebühr 2,50 €. Pro Buchung fallen 0,50 € an.	$f(x) = 0,5x + 2,5$					
Taxifahrt		x: 0, 5, 10, 15 / f(x): 2,2, 9,7, 17,2, 24,7				
Handy	$f(x) = 0,15x + 5$					
Kerze						(Graph)

Taxifahrt Wertetabelle:

x	0	5	10	15
f(x)	2,2	9,7	17,2	24,7

Lineare Funktionen erkennen

Entdecken

1 Frau Brücker möchte Erdbeermarmelade herstellen.
Im Supermarkt kosten die Erdbeeren pro Kilogramm 4,60 €.
In der Zeitung findet sie eine Anzeige für ein Erdbeerfeld,
das allerdings 40 km entfernt ist.
Sie überlegt, ob es sich lohnt, dort hinzufahren.

a) Vergleiche die Preise für 5 kg, 10 kg, 15 kg und 20 kg
Erdbeeren aus dem Supermarkt und vom Erdbeerfeld.

b) 👥 Wovon hängt es ab, ob es sich lohnt, zum Erdbeerfeld zu fahren?
Überlege erst allein. Tauscht euch dann untereinander aus.

c) Mit dem Bus kostet die Hin- und Rückfahrt zum Erdbeerfeld 8,40 €.
Wie viel Kilogramm Erdbeeren muss Frau Brücker mindestens pflücken und kaufen,
damit sich die Busfahrt lohnt?

d) Überschlage, ab wie viel Kilogramm sich die Fahrt mit dem Auto zum Erdbeerfeld lohnt.

> ### Erdbeeren selber pflücken
> Selbst der weiteste Weg lohnt sich!
> Ganz frisch und ungespritzt
> ### nur 2,50 € pro kg.
> **Erdbeerfeld Mühlenhof**

2 Die beiden Vasen werden
mit Wasser gefüllt.
Ordne jeweils die passenden
Graphen zu.

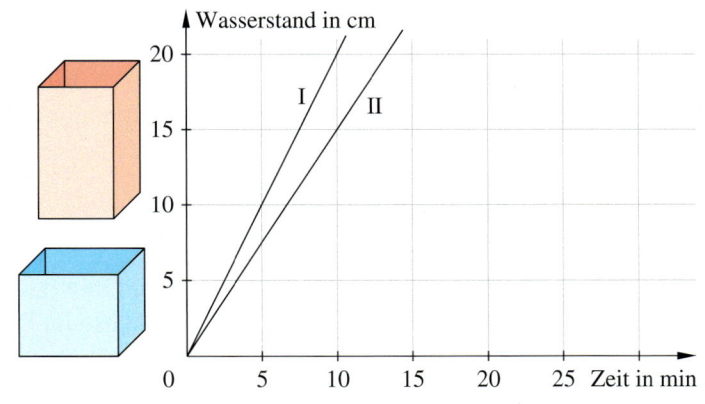

a) Beschreibe, wie sich
der Wasserstand in den
Gefäßen verändert.

b) Wie sieht der Füllgraph
aus, wenn die Vasen zu
Beginn jeweils 10 cm
hoch mit Wasser gefüllt
sind? Zeichne die verän-
derten Füllgraphen.

c) Erfinde selbst zwei Füllgraphen.
Überlege zunächst, wie hoch das Wasser am Anfang im Gefäß steht und um wie viel Zenti-
meter das Wasser pro Minute ansteigt.
Schreibe jeweils auf eine Karteikarte die entsprechende Wertetabelle (siehe Randspalte).
Zeichne jeweils auf eine andere Karte den Füllgraphen.
Vermischt eure Karten und spielt zu viert Memory.

BEISPIEL ZU 2 c)

Zeit (in min)	0	1
Wasser-stand (in cm)	0	2

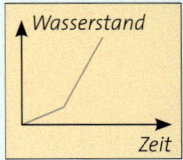

3 👥 Arbeitet in Gruppen von zwei bis fünf Personen.
Herr Müller ist während seiner Geschäftsreisen in Leipzig und in Köln mehrfach mit dem
Taxi gefahren. Er sortiert nun seine Quittungen (siehe Randspalte).

a) Frau Müller meint: „Etwas kann nicht stimmen. Eine Fahrt, die doppelt so weit ist,
muss doch doppelt so viel kosten."
Was meint ihr? Begründet eure Meinung.

b) In welchem Ort zahlt man für eine 20 km lange Fahrt mehr?
Beratet, wie ihr eine Lösung finden könnt. Erläutert euer Vorgehen.

c) Es gibt eine Fahrstrecke, bei der man in beiden Städten den gleichen Betrag zahlen muss.
Welche ist das? Findet gemeinsam eine Lösung, auch Probieren ist erlaubt.
Erklärt euch gegenseitig eure Lösungswege und überprüft die gefundenen Lösungen.

ZU 3:

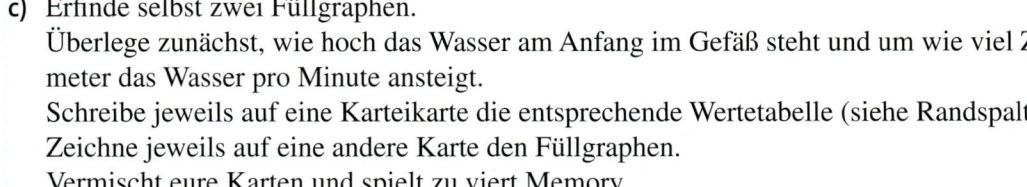

Taxi Kramer
Leipzig
Strecke: 12 km
Betrag: 17,90 €

Köln
Taxi-Express
15 km: 22,80 €

Taxi Kramer
Leipzig
Strecke: 6 km
Betrag: 10,10 €

Köln
Taxi-Express
8 km: 13 €

Verstehen

Mia möchte sich einen Hamster kaufen. Einen Käfig hat sie bereits zu Hause. Ein Hamster kostet in der Zootierhandlung 5 €.
Für Futter muss sie mit durchschnittlich 2 € pro Woche rechnen.

Futterkosten

Anzahl der Wochen	0	1	2	3	4
Futterkosten (in €)	0	2	4	6	8

Gesamtkosten

Anzahl der Wochen	0	1	2	3	4
Gesamtkosten (in €)	5	7	9	11	13

Die Futterkosten und die Gesamtkosten kann man mit einer Funktionsgleichung beschreiben.

Futterkosten: $f(x) = 2x$

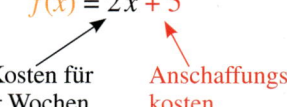
Gesamtkosten: $f(x) = 2x + 5$

Kosten
pro Woche

Anzahl
der Wochen

Kosten für
x Wochen

Anschaffungs-
kosten

Die Futterkosten steigen um 2 € pro Woche. In der Gleichung wird dieses Steigen mit 2 angegeben: $f(x) = 2x$.
x ist die Anzahl der Wochen.

Zu den wöchentlichen Kosten kommen einmalig die Anschaffungskosten von 5 € hinzu. Dies wird in der Gleichung mit +5 angegeben: $f(x) = 2x + 5$.

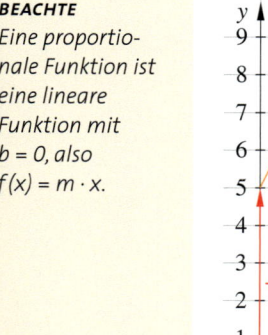

Die Funktion $f(x) = 2x$ hat die Steigung $m = 2$ und schneidet die y-Achse im Punkt $P(0|0)$.

Die Funktion $f(x) = 2x + 5$ hat die Steigung $m = 2$ und schneidet die y-Achse im Punkt $P(0|5)$.
5 ist der Abschnitt auf der y-Achse.

Merke Eine Funktion, deren Funktionsgleichung in der Form $f(x) = mx + b$ geschrieben wird, heißt **lineare Funktion**.

Ihr Graph ist eine Gerade mit der **Steigung m** und dem **Achsenabschnitt b**.

Der Graph dieser Funktion schneidet die y-Achse im Punkt $P(0|b)$.

x-Werte und y-Werte können am Graphen abgelesen oder berechnet werden.

Beispiel

Wie viel kostet der Hamster in acht Wochen?
Funktionsgleichung: $f(x) = 2x + 5$
Für $x = 8$ gilt: $f(8) = 2 \cdot 8 + 5 = 21$
Die ersten acht Wochen kosten 21 €.

Mia hat 57 € für den Hamster ausgegeben. Wie lange hat sie den Hamster schon?
Funktionsgleichung: $f(x) = 2x + 5$
Für $f(x) = 57$ gilt: $57 = 2x + 5$ $| -5$
                         $52 = 2x$ $| :2$
                         $26 = x$
Mia hat den Hamster seit 26 Wochen.

Merke Der **Funktionswert** kann berechnet werden, indem der x-Wert in die Funktionsgleichung eingesetzt wird.

Der **x-Wert** einer Funktion kann berechnet werden, indem der Funktionswert in die Funktionsgleichung eingesetzt wird. Durch Äquivalenzumformungen wird die Funktionsgleichung nach x aufgelöst.

Üben und anwenden

1 Welche Funktion ist linear?
Gib für diese Funktionen die Steigung m und den Achsenabschnitt b an.

a) $f(x) = 2x + 5$ b) $f(x) = 3x$
c) $f(x) = 2x^2 - 1$ d) $f(x) = \frac{1}{x}$
e) $f(x) = 0{,}5x - 4$ f) $f(x) = -4x + 1{,}2$

1 Welche Funktion ist linear?
Gib für diese Funktionen die Steigung m und den Achsenabschnitt b an.

a) $f(x) = 2{,}4x - 1{,}3$ b) $f(x) = 2x + x - 3$
c) $f(x) = x^3 + 3$ d) $f(x) = 7x$
e) $f(x) = -x$ f) $f(x) = 1{,}2$

2 Stelle die Funktionsgleichung auf, lege jeweils eine Wertetabelle an und zeichne den Graphen der Funktion.
Beispiel $m = 4$; $b = 1$; $f(x) = 4x + 1$

a) $m = 2$; $b = 3$ b) $m = 3$; $b = 5$
c) $m = 3$; $b = 0{,}5$ d) $m = 5$; $b = 2{,}2$
e) $m = 4$; $b = -2$ f) $m = 0{,}5$; $b = -2$

2 Stelle die Funktionsgleichung auf, lege jeweils eine Wertetabelle an und zeichne den Graphen der Funktion. Erläutere den Verlauf der Funktion, wenn m negativ ist.

a) $m = 2$; $b = -3{,}5$ b) $m = -1$; $b = -1$
c) $m = \frac{3}{4}$; $b = -2$ d) $m = -\frac{5}{8}$; $b = 0$
e) $m = 0$; $b = 2$ f) $m = -1{,}8$; $b = 2{,}8$

NACHGEDACHT
Wie viele Wertepaare in einer Wertetabelle musst du bei einer linearen Funktion bestimmen, um den Graphen zeichnen zu können?

3 👥 Arbeitet zu zweit.
Betrachtet die Abbildung zu Zuordnungen und Funktionen.
Erklärt die Gemeinsamkeiten und Unterschiede.
Gebt zu jedem Begriff ein Beispiel an.

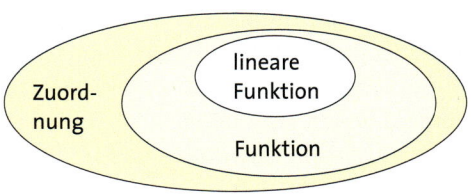

4 Lege eine Wertetabelle an und zeichne den Graphen der Funktion. Gib m und b an.

a) $f(x) = 3x + 2$
b) $f(x) = 2x + 1$
c) $f(x) = -1{,}5x + 0{,}5$
d) $f(x) = x - 2$

4 Lege eine Wertetabelle an und zeichne den Graphen der Funktion. Gib m und b an.

a) $f(x) = 0{,}5x + 1$
b) $f(x) = 2{,}5x - 1$
c) $f(x) = 4{,}5x + 1$
d) $f(x) = 3{,}5x - 2$

5 Die Tabelle beschreibt eine lineare Funktion.

x	0	1	2	3	4	5	6	7
$f(x)$			3	5	7			

a) Übertrage die Tabelle in dein Heft und ergänze die fehlenden Werte.
b) Zeichne den Graphen der Funktion.
c) Welche der folgenden Funktionsgleichungen passt zu der Funktion? Begründe.
① $f(x) = 3x + 2$ ② $f(x) = 2 - 3x$
③ $f(x) = 2x + 1$ ④ $f(x) = 2x - 1$

5 Begründe:
Handelt es sich um Funktionen, lineare Funktionen oder keine Funktionen?

a)

x	-3	-2	-2	0	1	2	3
$f(x)$	5	2	5	1	5	6	1

b)

x	0	1	2	3	4	5	6
$f(x)$	2	3	5	7	-11	13	17

c)

x	-15	-10	-5	0	5	10	15
$f(x)$	-3	-2	-1	0	1	2	3

6 Welche Funktionsgleichung passt?
Gib an, was $f(x)$, m und b bedeuten.
Ein Haar ist 12 cm lang. Es wächst pro Monat um 0,8 cm.
① $f(x) = 12x + 0{,}8$
② $f(x) = 0{,}8x + 12$

6 Welche Funktionsgleichung passt?
Gib an, was $f(x)$, m und b bedeuten.
Ein Becken wird geleert. Das Wasser steht 1,20 m hoch und sinkt stündlich um 8 cm.
① $f(x) = -8x + 1{,}2$
② $f(x) = -0{,}8x + 12$

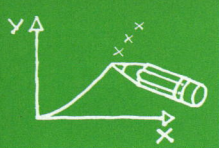

Thema: Was kostet ein Handy?

Kannst du dir ein Leben ohne Handy kaum noch vorstellen? Das Handy ist für viele Jugendliche ein wichtiger Bestandteil ihres Lebens geworden, da man damit immer erreichbar ist und schnell Kontakt zu Freunden und Bekannten aufnehmen kann.

Die meisten Jugendlichen legen großen Wert auf die Ausstattung und Technik ihrer Handys und beschäftigen sich weniger mit den Verträgen, Laufzeiten und Tarifen.

Daher ist es nicht verwunderlich, dass laut einer Studie der Verbraucherzentrale jeder zehnte 13- bis 17-Jährige Schulden durch sein Handy hat.

1 Was bist du für ein Handytyp?

Bevor man sich für einen Handy-Tarif entscheidet, sollte man überlegen, wofür man das Handy hauptsächlich benötigt und wie oft man es nutzen wird.

a) Beantworte zunächst für dich die Fragen rechts.

b) 👥 Erfasst alle Daten aus eurer Klasse mithilfe einer Tabellenkalkulation.
Stellt die Ergebnisse übersichtlich, z. B. in einem Säulendiagramm dar.

c) Berechne für die Antworten zu einer Frage den Durchschnittswert.

> 1. Wie viele Minuten telefonierst du etwa pro Monat?
> 2. Wie viele SMS verschickst du pro Monat?
> 3. Surfst du mit deinem Handy im Internet?
> 4. Wie viel kostet dich dein Handy durchschnittlich im Monat?
> 5. Wie viel Geld gibst du für neue Apps, Logos oder Klingeltöne pro Monat aus?

2 Die Qual der Wahl – Welcher Tarif ist der beste?

Die Tabelle zeigt die Tarife verschiedener Handy-Anbieter.

Tarif	Hello Prepaid	Talk Spezial	Flat 4 you	Talk 100
Handypreis	ohne Handy	Handy inklusive	Handy inklusive	119,00 €
Grundpreis (pro Monat)	–	7,50 €	29,90 €	19,00 €
Inklusivminuten	–	–	–	100
telefonieren ins deutsche Festnetz und alle Mobilfunknetze (Preis pro Minute)	0,06 €	0,10 €	inklusive	100 Minuten inklusive, danach 0,39 €
SMS	0,06 €	inklusive	inklusive	inklusive
Internetnutzung (Preis pro Monat)	9,95 €	300 MB inklusive	300 MB inklusive	200 MB inklusive
Vertragslaufzeit	keine Laufzeit	24 Monate	24 Monate	24 Monate

a) Welcher Tarif passt zu deinen Telefongewohnheiten?

b) Wovon hängen die monatlichen Grundpreise ab?

c) Bei den Tarifen *Flat 4 you* und *Talk 100* ist dasselbe Smartphone inklusive.
Bewerte die Grundpreise beider Tarife.

d) Gib Empfehlungen für einen Tarif ab.
   – Kai telefoniert nur sehr wenig, will aber überall online sein.
   – Mira hat gerade erst ein neues Smartphone geschenkt bekommen. Sie telefoniert täglich mit ihrer besten Freundin.
   – Damir braucht ein besseres Telefon. Er hat aber gerade nicht genug Geld dafür.

e) Was machst du, wenn du im Ausland mit dem Handy telefonieren oder das Internet nutzen möchtest? Tauscht euch darüber in der Klasse aus.

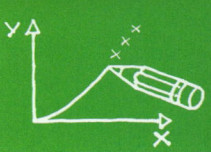

3 Tarifdaten aus Funktionsgraphen entnehmen

Jeder Funktionsgraph stellt einen Tarif dar.

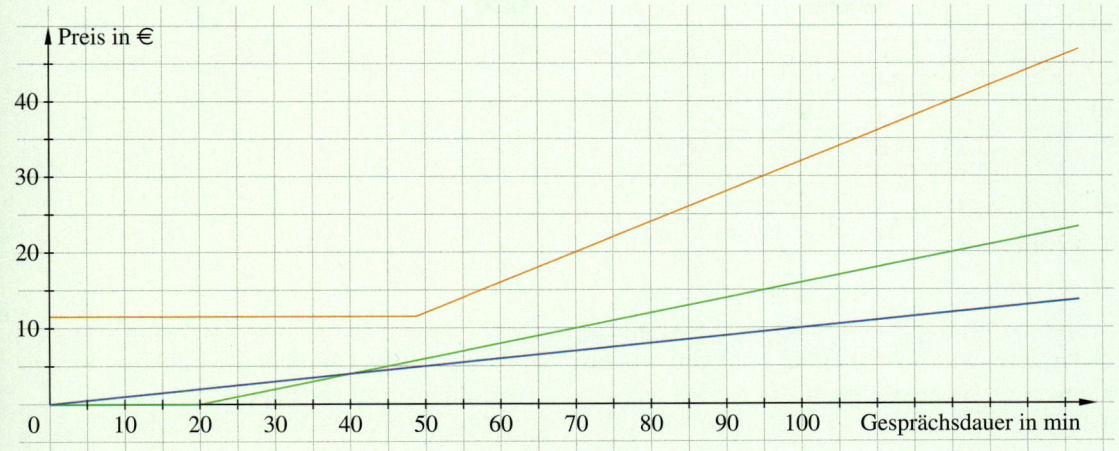

a) Beschreibe so genau wie möglich, welche Leistungen die Kunden zu erwarten haben.
b) Welchen Tarif hältst du für den fairsten? Begründe.

4 Rechnungsdaten auswerten

Falls du einen Handyvertrag hast, erstelle eine Kostenübersicht
zu den letzten 12 Monaten.

a) Lege ein Tabellenblatt mit einem Tabellenkalkulationsprogramm an und erfasse z. B. folgende Daten:
   – Anzahl der Gesprächsminuten
   – Anzahl der SMS
   – Datenvolumen.
b) Erstelle aus den Daten Diagramme.
c) Beschreibe dein Nutzungsverhalten.
d) Hast du den für dich richtigen Tarif gewählt? Begründe.

5 Den Überblick bei den Tarifen behalten

Arbeitet in Gruppen.
a) Sucht im Internet oder in Werbeprospekten nach mindestens
   drei verschiedenen Tarifen unterschiedlicher Mobilfunkanbieter.
b) Erstellt wie in Aufgabe 2 eine Tabelle, die die Grundgebühr, den Mindestumsatz, die Anzahl
   der Inklusivminuten und die Minutenpreise für Telefongespräche enthält.
c) Erstellt je eine Wertetabelle, zeichnet die Graphen und gebt die Funktionsgleichung an.
d) Vergleicht die Tarife untereinander und schreibt einen Bericht für die Schülerzeitung.

6 Das Gesamtpaket berechnen

Arbeitet in Gruppen.
a) Entscheidet euch anhand von Prospekten für ein Handy und den dazugehörigen Vertrag.
b) Erstellt eine Liste mit Zubehör und zusätzlichen Leistungen für ein Handy.
   Entscheidet euch für die Dinge, auf die ihr nicht verzichten wollt.
c) Berechnet die voraussichtlichen Kosten bei Abschluss des Vertrags für einen Zeitraum von
   24 Monaten. Geht dabei von eurer durchschnittlichen monatlichen Handynutzung aus.

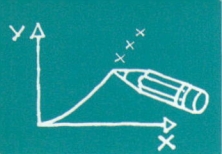

7 Betrachte die Wertetabellen.
Überprüfe, ob die Funktionen linear sind.
Falls ja, gib die Funktionsgleichung an.

a)

x	0	2	4	8	20
$f(x)$	8	12	16	24	48

b)

x	0	1	2	3	4
$f(x)$	20	15	10	5	0

c)

x	−2	0	2	4	5
$f(x)$	0	3	6	9	12

7 Lies zunächst den y-Achsenabschnitt b und
die Steigung m ab. Gib dann die Funktionsgleichung der linearen Funktion an.

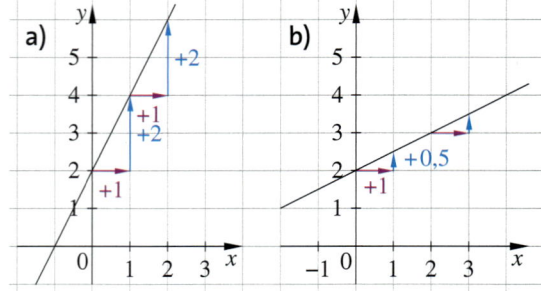

8 Notiere, was man über die Funktion wissen
kann, ohne sie zu zeichnen.
a) $f(x) = 3x + 4$
b) $f(x) = -2x - 1$

8 Notiere, was man über die Funktion wissen
kann, ohne sie zu zeichnen.
a) $f(x) = -1,5x$
b) $f(x) = \frac{4}{5}x - \frac{2}{3}$

NACHGEDACHT
*Was unter-
scheidet den
Graphen einer
linearen Funk-
tion vom
Graphen einer
proportionalen
Zuordnung?*

9 Überprüfe, welche Punkte auf einer der
beiden Geraden liegen.
① $f(x) = x + 3$ ② $f(x) = 2x + 4$
$P(4|12)$ $Q(-5|2)$ $R(0|-4)$
$S(0,5|3,5)$ $T(-1|2)$ $U(-2|0)$

9 Überprüfe, welche Punkte auf einer der
beiden Geraden liegen.
① $f(x) = 3x - 2$ ② $f(x) = \frac{4}{5}x + 5$
$P(-3|7)$ $Q(-5|13)$ $R(0|-4)$
$S(3|7,4)$ $T(-3|-11)$ $U(0|4)$

10 Gib drei verschiedene Punkte an, die auf
dem Funktionsgraphen der Funktion
$f(x) = 2x - 4$ liegen. Kontrolliere deine Punkte, indem du den Funktionsgraphen zeichnest.

10 Gib drei verschiedene Punkte an, die
auf dem Funktionsgraphen der Funktion
$f(x) = -1,6x - 2,3$ liegen. Kontrolliere deine
Punkte anhand des Funktionsgraphen.

11 Berechne den Schnittpunkt des Graphen
mit der x-Achse. Dort ist $f(x) = 0$.
a) $f(x) = x + 2$
b) $f(x) = 3x + 6$

11 Berechne den Schnittpunkt des Graphen
mit der x-Achse. Es wird $P(x|0)$ gesucht.
a) $f(x) = -x + 2$
b) $f(x) = 2x - 4,6$

12 Timo, Tom und Tanja
haben den Handyvertrag abgeschlossen. Ohne weitere
SMS lautet die Gleichung für
die monatlichen Kosten:
$f(x) = 0,09x + 8,95$.
a) Timo telefoniert im April 55 Minuten.
Wie viel muss er bezahlen?
b) Tom telefoniert nur 25 Minuten. Wie hoch
ist seine Rechnung?
c) Tanja hat in zwei Monaten 90 Minuten
telefoniert und 45 SMS geschrieben.
Wie viel muss sie für beide Monate zusammen bezahlen?

> **Handy kostenlos!**
> **50 SMS** pro Monat **frei**!
> Grundgebühr nur 8,95 €/Monat
> pro Minute 9 Cent in alle Netze

12 Tim und Kaja haben
den Vertrag abgeschlossen.
a) Gib eine Gleichung für
die Kosten an, wenn
vierteljährlich abgerech-
net wird.
b) Tim telefoniert nur 12 Minuten im Monat,
verschickt dafür aber 65 SMS. Wie viel
muss er nach drei Monaten bezahlen, wenn
eine zusätzliche SMS 19 Cent kostet?
c) Kaja telefoniert gerne und viel.
Ihre Eltern haben 20 € als monatliche
Obergrenze festgelegt. Wie lange darf
Tanja höchstens telefonieren?

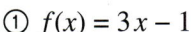

Lineare Funktionen untersuchen und zeichnen

Entdecken

1 Daniel hat verschiedene Geraden gezeichnet, ohne vorher eine Wertetabelle zu erstellen.

① $f(x) = 3x - 1$ ② $f(x) = -3x + 2$ ③ $f(x) = \frac{3}{4}x - 2$ ④ $f(x) = -\frac{2}{3}x + 1$

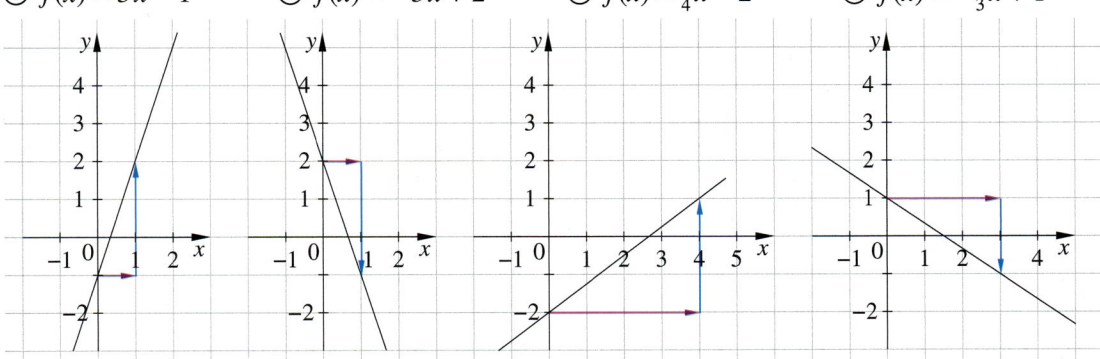

a) Daniel erklärt: „Ich bin immer von der Grundform $f(x) = mx + b$ ausgegangen.
b ist der y-Achsenabschnitt, also schneidet die Gerade der Gleichung $f(x) = 3x - 1$
die y-Achse im Punkt _____ . m ist die Steigung, also …"
Führe seine Erklärung zu Beispiel ① fort. Erläutere auch sein Vorgehen in Beispiel ②.

b) Betrachte nun die Beispiele ③ und ④. Warum ist Daniel hier etwas anders vorgegangen?

2 Eine Kerze brennt ab.
Erkläre, wie du die Informationen abliest.

a) Wie hoch war die Kerze zu Beginn?

b) Um wie viel Zentimeter brennt die Kerze
in einer Stunde ab?

c) Wann ist die Kerze abgebrannt?

d) Warum endet der Graph beim Schnittpunkt
mit der x-Achse?

e) Stelle eine Funktionsgleichung auf.

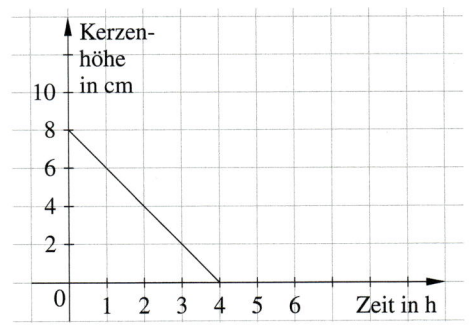

3 Die Schülerinnen und Schüler der 8 a haben Funktionssteckbriefe erstellt.

① Meine Funktion geht durch den Punkt $P(2|3)$ und hat die Steigung 1,5.

② Meine Funktion hat die Steigung $\frac{1}{2}$ und schneidet die y-Achse bei 5.

③ Meine Funktion schneidet die x-Achse bei 4 und die y-Achse bei 2.

⑤ Meine Funktion ist parallel zur Funktion $f(x) = 3x + 1$ und schneidet die y-Achse bei 4.

④ Meine Funktion geht durch die Punkte $P(2|3)$ und $Q(4|6)$.

a) Überlege, welche Funktionsgleichungen die Funktionen haben.

b) 👥 Vergleicht zu zweit eure Ergebnisse und erklärt einander, wie ihr die Gleichungen bestimmt habt. Falls ihr nicht alle Gleichungen ermitteln konntet, informiert euch bei einer anderen Kleingruppe.

c) 👥 Erstellt ein Plakat und notiert, wie man die Funktionsgleichungen in den verschiedenen
Fällen bestimmen kann.

**ZUM
WEITERARBEITEN**
*Denkt euch
selbst Steckbriefe
aus und lasst
eure Mitschüle-
rinnen und
Mitschüler die
Funktionsglei-
chungen finden.*

Verstehen

Die Pharaonin Hatschepsut ließ in Ägypten einen Tempel in eine Felswand bauen. Die Tempelanlage besteht aus zwei Ebenen. Auf die obere Ebene gelangt man über eine Rampe. Die Rampe hat eine bestimmte **Steigung**, die von ihrer Länge und ihrer Höhe abhängt.

HINWEIS
Das Verhältnis von Höhenunterschied zu Horizontalunterschied heißt Steigung.

Die Steigung einer linearen Funktion $f(x) = mx + b$ kann mithilfe des Steigungsdreiecks und den Koordinaten zweier Punkte bestimmt werden.

Beispiel 1

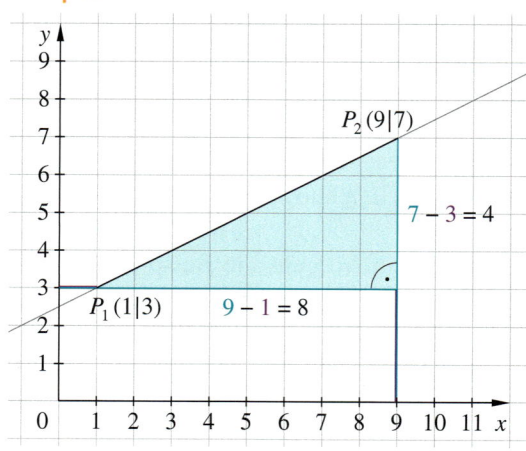

Der **Höhenunterschied** der Punkte $P_2(9|7)$ und $P_1(1|3)$ ist die **Differenz der y-Koordinaten** beider Punkte, er beträgt $7 - 3 = 4$.

Der **Horizontalunterschied** der Punkte $P_2(9|7)$ und $P_1(1|3)$ ist die **Differenz der x-Koordinaten** beider Punkte, er beträgt $9 - 1 = 8$.

Um die **Steigung m** der Funktion zu bestimmen, wird der Höhenunterschied durch den Horizontalunterschied dividiert:

$$m = \frac{7-3}{9-1} = \frac{4}{8} = 0{,}5$$

Die Funktionsgleichung lautet
$f(x) = \mathbf{0{,}5}\,x + 2{,}5$.

HINWEIS
Beim Berechnen der Steigung darf man die Punkte vertauschen:

$m = \frac{3-7}{1-9} = \frac{4}{8} = 0{,}5$

Merke Bei Erhöhung des x-Wertes um 1 erhöht sich der Funktionswert $f(x)$ in einer linearen Funktion immer um den gleichen Wert m.
Dies nennt man die **Steigung m** der Funktion:

$$m = \frac{y_2 - y_1}{x_2 - x_1}$$

Ist m **positiv**, **steigt** die Funktion gleichmäßig.
Ist m **negativ**, **fällt** die Funktion gleichmäßig.

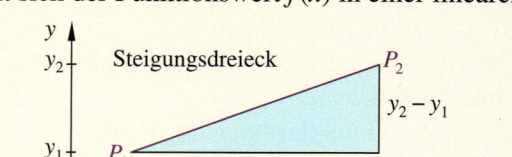

Beispiel 2 $f(x) = 1{,}5x + 1$

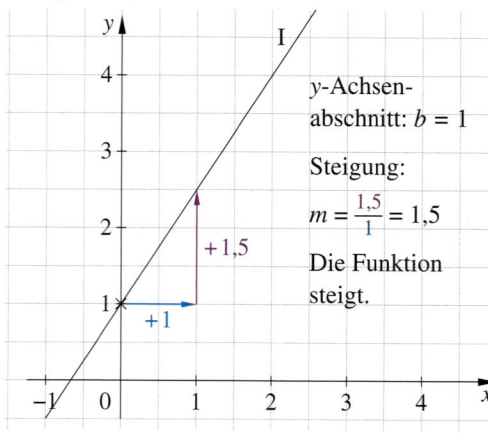

y-Achsenabschnitt: $b = 1$

Steigung:

$m = \frac{1{,}5}{1} = 1{,}5$

Die Funktion steigt.

Beispiel 3 Graph mit $P_1(0{,}5|3)$ und $P_2(1{,}5|1)$

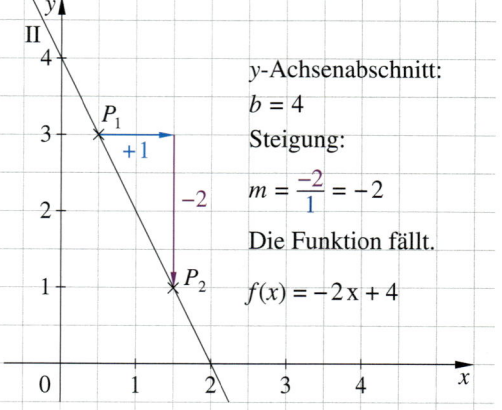

y-Achsenabschnitt:

$b = 4$

Steigung:

$m = \frac{-2}{1} = -2$

Die Funktion fällt.

$f(x) = -2x + 4$

Üben und anwenden

1 Kevin und Niklas haben den Graphen der
Funktion $f(x) = \frac{2}{5}x + 2$ gezeichnet.
a) Vergleiche ihre Vorgehensweise.
b) Welches Verfahren ist genauer?
c) Denke dir fünf Funktionsgleichungen aus.
  Zeichne die Graphen möglichst genau.

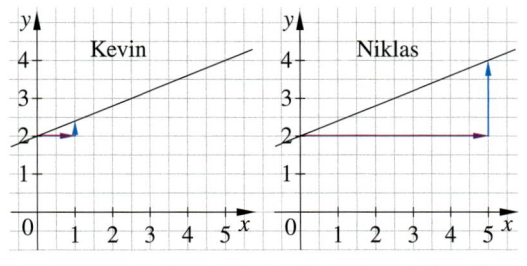

NACHGEDACHT
*Wie verlaufen
die Geraden mit
den Gleichungen
$f(x) = 3$ oder
$x = 5$?*

2 Ist die Funktion steigend oder fallend?
Zeichne den Graphen mithilfe eines Steigungsdreiecks.
Gib die Funktionsgleichung an.
a) $m = 2$; $b = 1$ **b)** $m = -4$; $b = 0{,}5$
c) $m = -2$; $b = 4$ **d)** $m = \frac{2}{3}$; $b = -2$

2 Ist die Funktion steigend oder fallend?
Zeichne den Graphen mithilfe eines Steigungsdreiecks.
Gib die Funktionsgleichung an.
a) $m = 0{,}5$; $b = 4$ **b)** $m = 2{,}5$; $b = -2$
c) $m = -1{,}5$; $b = 2\frac{1}{2}$ **d)** $m = -\frac{1}{2}$; $b = -1$

3 Gib die Steigung m und den Achsenabschnitt b an und zeichne die Gerade.
a) $f(x) = 7x + 2$ **b)** $f(x) = 4x - 1$
c) $f(x) = -3x + 6$ **d)** $f(x) = -4x - 0{,}5$

3 Lies die Steigung m und den Achsenabschnitt b ab und zeichne die Gerade.
a) $f(x) = -x + 3$ **b)** $f(x) = \frac{1}{2}x - 1$
c) $f(x) = -2{,}3x$ **d)** $f(x) = -\frac{2}{5}x - \frac{3}{5}$

4 Zeichne eine Gerade, die durch den
Punkt P geht und die Steigung m hat.
Gib anschließend die Geradengleichung an.
a) $P(1|2)$; $m = 1$ **b)** $P(2|3)$; $m = 2$
c) $P(-1|3)$; $m = -4$ **d)** $P(-2|0)$; $m = 3$

4 Zeichne eine Gerade durch die Punkte A
und B. Bestimme ihre Funktionsgleichung.
a) $A(-4|4)$; $B(4|6)$
b) $A(-3|-9)$; $B(2|-1{,}5)$
c) $A(0|-3)$; $B(3|0)$

HINWEIS
*Bei linearen
Funktionen kann
man die **Funk-
tionsgleichung**
auch **Geraden-
gleichung** nen-
nen.*

5 Zeichne die drei Geraden in ein Koordinatensystem. Was fällt dir auf? Erkläre.
a) **I** $f(x) = 2x + 3$ **II** $f(x) = 2x + 1$ **III** $f(x) = 2x - 1$
b) **I** $f(x) = 2x + 2$ **II** $f(x) = x + 2$ **III** $f(x) = -3x + 2$

6 Lies b und m ab.
Gib an, welche Funk-
tionsgleichung zum
Funktionsgraphen passt?
① $f(x) = \frac{1}{2}x + 1$
② $f(x) = -2x + 1$
③ $f(x) = 2x + 1$

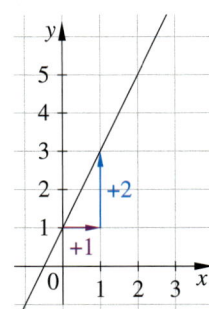

6 Ordne den
Graphen die richtige
Gleichung zu.
① $f(x) = \frac{2}{3}x + \frac{3}{2}$
② $f(x) = -1{,}5x + 2$
③ $f(x) = -\frac{1}{4}x - 1$
④ $f(x) = x - 1\frac{1}{2}$

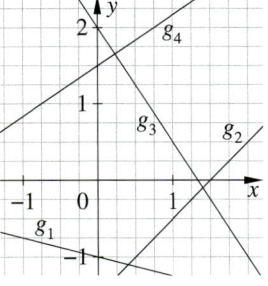

7 Ein Schwimmbecken wird geleert.
Der Wasserstand beträgt zunächst 2,5 m und
sinkt pro Stunde um 0,15 m.
a) Erstelle eine Wertetabelle.
b) Zeichne den Funktionsgraphen.
c) Liegt eine lineare Funktion vor? Begründe.
d) Gib die Funktionsgleichung an.

7 Nach einem Fußballspiel verlassen 56 000
Zuschauer das Stadion durch vier Ausgänge.
Pro Minute kommen durch jeden Ausgang etwa 220 Zuschauer heraus.
a) Gib eine passende Funktionsgleichung an.
b) Wie viele Zuschauer befinden sich nach
  25 Minuten noch im Stadion?

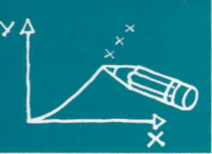

HINWEIS
Im Schnittpunkt des Graphen mit der x-Achse nimmt die Funktion den Wert ***f(x) = 0*** *an. Diese Stelle auf der x-Achse heißt **Nullstelle**.*

8 Bestimme rechnerisch die Nullstellen:
Für welches x gilt $f(x) = 0$?
a) $f(x) = 4x - 5$ b) $f(x) = 2{,}5x + 2$
c) $f(x) = 2x + 4$ d) $f(x) = 3x - 4{,}5$
e) $f(x) = -3x + 4{,}5$ f) $f(x) = -0{,}5x + 2{,}2$

8 Zeichne eine Gerade durch A und B.
Bestimme ihre Gleichung und lies die Nullstelle ab. Überprüfe mit einer Rechnung.
a) $A(2|3)$; $B(6|5)$ b) $A(-1|4)$; $B(-2|6)$
c) $A(3|0)$; $B(5|1)$ d) $A(0|-2)$; $B(1|2)$

9 Forme um in die Form $f(x) = y = mx + b$.
Lies die Steigung m und den Schnittpunkt mit der y-Achse b ab.
Berechne jeweils die Nullstelle.
a) $2x + y = 5$ b) $2x - y = 3$
c) $3y - x = 9$ d) $x - 2y = 6$

9 Forme die Gleichung um und notiere sie in der Form $f(x) = y = mx + b$.
Lies m und b ab und berechne jeweils die Nullstelle.
a) $2x + 3y = 0$ b) $4x - 3y = 12$
c) $5x = 2y$ d) $2x - 3y - 6 = 0$

NACHGEDACHT
Wie lautet die Gleichung einer Geraden mit der Steigung m, die durch den Nullpunkt (0 | 0) verläuft?
Wie viele Nullstellen kann eine lineare Funktion haben?

10 Gegeben sind zwei Funktionsgraphen.

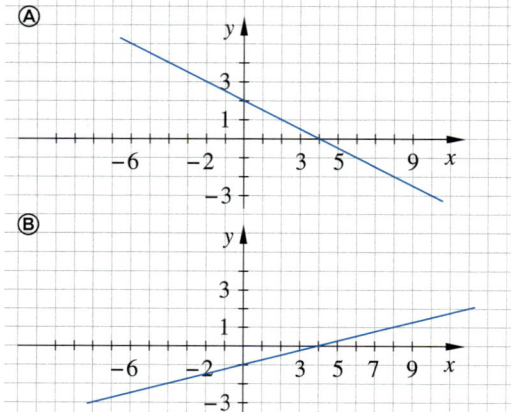

a) Ordne die richtige Funktionsgleichung zu.
① $f(x) = 4x - 1$ ② $f(x) = -\frac{1}{2}x + 2$
③ $f(x) = -2x + 2$ ④ $f(x) = \frac{1}{4}x - 1$
b) Lies den Schnittpunkt mit der x-Achse ab.
c) Überprüfe durch eine Rechnung.
Setze dazu $f(x) = 0$.

10 Gegeben sind drei Funktionsgraphen.

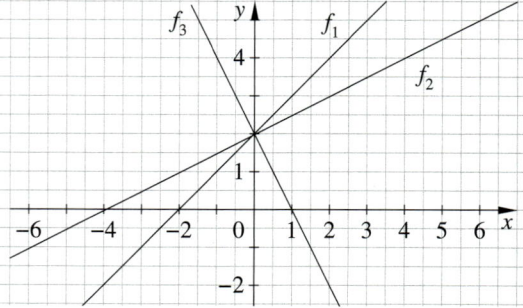

a) Beschreibe den Verlauf der Graphen.
b) Lies die Schnittpunkte mit den Achsen ab.
Welchen benötigst du zur Bestimmung der Geradengleichung?
c) Gib jeweils die Funktionsgleichung an.
d) 👥 Arbeitet zu zweit.
Welche y-Koordinate muss ein Punkt P $(-2|y)$ haben, damit er auf f_1, f_2 oder f_3 liegt? Beschreibt euren Rechenweg.

11 Der Funktionsgraph beschreibt den Wertverlust eines gebrauchten Autos pro Jahr.

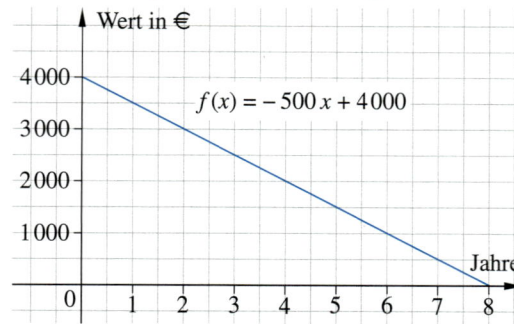

a) Zu welchem Preis wurde das Auto gekauft?
b) Wann liegt der Wert bei $0\,€$?
c) Berechne die Nullstelle. Was fällt dir auf?

11 Zwei Kerzen aus demselben Material haben verschiedene Formen.
Sie brennen unterschiedlich schnell ab.

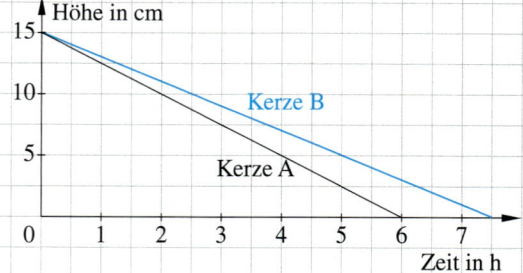

a) Gib die Brenndauer der Kerzen an.
b) Wie könnten die Kerzen geformt sein?
c) Bestimme beide Funktionsgleichungen.

Methode: Arbeiten mit einem Funktionenplotter

Ein Funktionenplotter ist ein Computerprogramm, das Graphen von Funktionen zeichnen kann. Muss man viele Funktionsgraphen zeichnen, ermöglicht einem ein Funktionenplotter einen schnellen Überblick über den Verlauf der Graphen.

In eine Eingabezeile oder ein Eingabefeld wird der Term der Funktionsgleichung eingegeben. Beachte, dass bei manchen Programmen ein Punkt statt einem Komma gesetzt werden muss und dass einige Programme ein Malzeichen zwischen der Variable und dem Faktor fordern.

Wenn du den Funktionsterm anschließend veränderst, dann passt sich der Funktionsgraph automatisch an.

Einige Funktionenplotter können Schnittpunkte des Funktionsgraphen mit der x-Achse direkt angeben: Wähle dazu das Werkzeug, mit dem zwei Objekte geschnitten werden. Schneide dann den Funktionsgraphen und die x-Achse.
Lassen sich der Graph oder die Achse nicht direkt anwählen, kannst du sie mit einer Geraden nachzeichnen.

Beispiel $f(x) = 0{,}5\,x + 2$

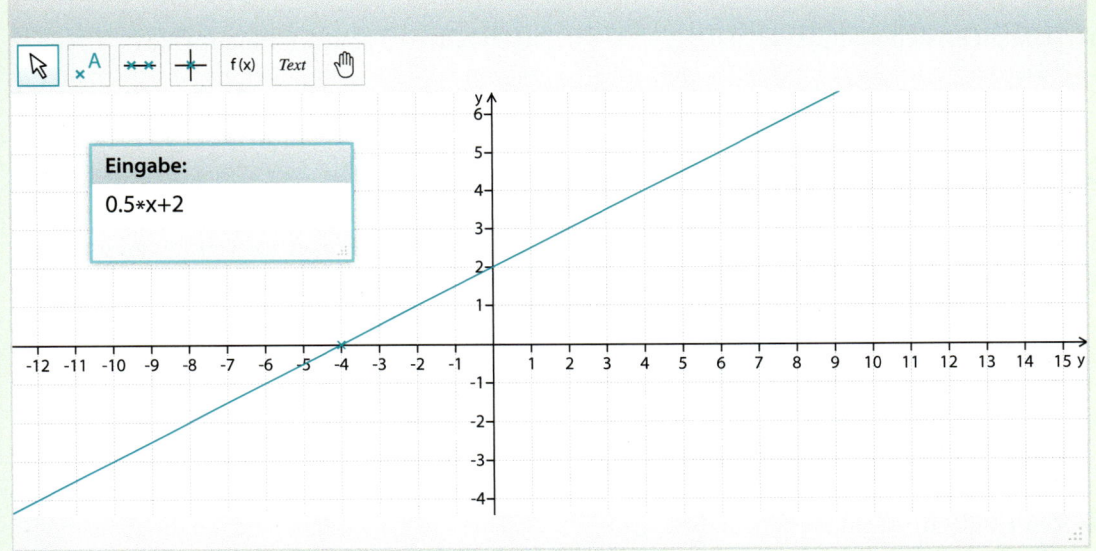

Eingabe:
0.5*x+2

1 Zeichne die Funktionen mit einem Funktionenplotter.

a) $f(x) = 3x + 4$ **b)** $f(x) = -2x + 5$ **c)** $f(x) = \frac{1}{3}x - 2$

2 Gib je eine Gleichung einer linearen Funktion an, die durch die angegebenen Punkte geht.
Überprüfe mithilfe des Funktionenplotters, ob die Funktionsgleichung richtig ist.

a) $P(0|3)$, $\quad\quad$ **b)** $R(1|2)$, $\quad\quad$ **c)** $A(-2|0)$,
$\quad Q(6|0)$ $\quad\quad\quad\quad\quad S(3|6)$ $\quad\quad\quad\quad\quad\quad B(4|-3)$

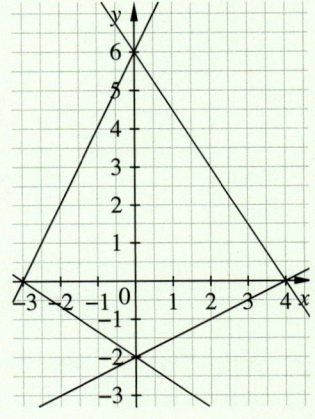

3 Zeichne die vier Funktionsgraphen rechts mit einem Funktionenplotter nach.
Beschreibe, wie du vorgehst.

BEACHTE
Es gibt viele kostenlose Funktionenplotter im Internet.

BEACHTE
Für einen Bruch benutzt man den Schrägstrich, z. B. 1/5.
Das Komma bei einer Dezimalzahl gibt man als Punkt ein, z. B. 0.5 statt 0,5.

Klar so weit?

→ Seite 142

Zuordnungen und Funktionen beschreiben

1 Handelt es sich bei den Zuordnungen um Funktionen?
a) *Briefkasten → Hausnummer*
b) *Flugzeug → Flugkapitän*
c) *Zahl → Quadratzahl*

1 Lies die Zuordnung in beide Richtungen. Handelt es sich jeweils um eine Funktion?
a) *Berg → Höhe*
b) *Buchstabe → Morsezeichen*
c) *Staat → Nationalflagge*

2 Betrachte die beiden Graphen.

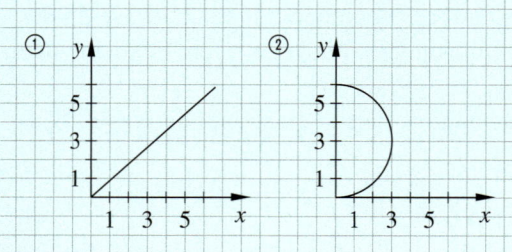

a) Handelt es sich um Funktionen?
b) Sind die Zuordnungen proportional, antiproportional oder keines von beiden?

2 Betrachte die beiden Graphen.

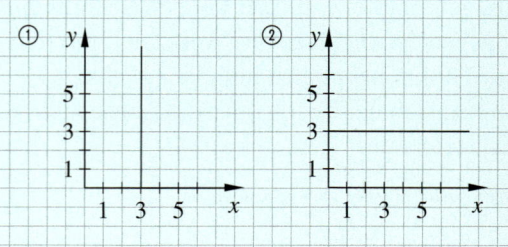

a) Handelt es sich um Funktionen?
b) Sind die Zuordnungen proportional, antiproportional oder keines von beiden?

3 Für eine Beachvolleyball-Anlage bringen Lastwagen den Sand. Ein Lastwagen benötigt dafür 12 Stunden.
a) Wie viele Stunden benötigen 3 (5, 8) Lastwagen? Erstelle eine Wertetabelle.
b) Handelt es sich um eine Funktion? Prüfe rechnerisch, ob eine proportionale oder eine antiproportionale Funktion vorliegt.

3 Max überlegt, wie er sein Taschengeld für die Radtour von Lübeck bis Stralsund so einteilen kann, dass er jeden Tag den gleichen Betrag zur Verfügung hat.
Bei 12 Tagen hätte er 11 € pro Tag.
a) Handelt es sich um eine Funktion? Begründe.
b) Prüfe rechnerisch, ob die Funktion proportional oder antiproportional ist.

4 Vier Heißluftballons starten zu einer gemeinsamen Fahrt. Die Diagramme veranschaulichen, wie jeder Ballon die Fahrt beginnt.

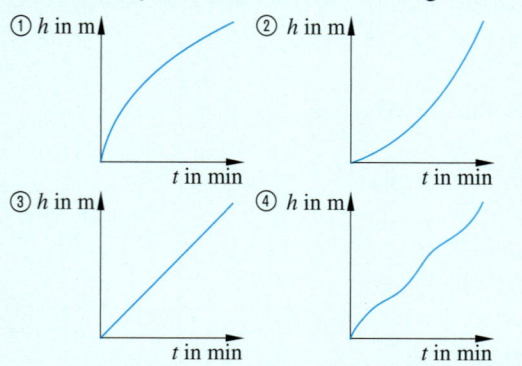

a) Welche Größen sind einander zugeordnet?
b) Begründe, ob dies eine Funktion ist.

4 Die vier Diagramme zeigen die Abhängigkeiten zwischen zwei Größen.
a) Entscheide jeweils, ob es sich um eine Funktion handelt. Begründe deine Entscheidung.

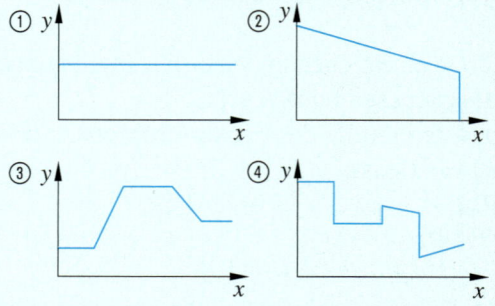

b) Finde jeweils eine passende Situation, die die Funktionsgraphen beschreiben.

Lineare Funktionen erkennen

→ Seite 146

5 Jeder rationalen Zahl x wird ihre Hälfte zugeordnet.
a) Erstelle eine Wertetabelle für den Definitionsbereich von -2 bis 5.
b) Gib die Anzahl der Wertepaare an.
c) Trage die Werte in ein Koordinatensystem ein und zeichne den Graphen.
d) Handelt es sich um eine Funktion? Begründe.

5 Erstelle zu den Wortvorschriften der Funktionen jeweils eine Wertetabelle.
Wähle Werte für x von -3 bis $+3$.
a) Jeder Zahl wird das 2,5-fache zugeordnet.
b) Jeder Zahl wird das um 3 verminderte Vierfache zugeordnet.
c) Jeder Zahl wird ihre Quadratzahl zugeordnet.
d) Das Produkt von x und y ist 36.

6 Handelt es sich um eine lineare Funktion? Wenn ja, gib die Steigung m und den y-Achsenabschnitt b an.
a) $f(x) = 9x + 5$
b) $f(x) = x^2 + 2$
c) $f(x) = -x$
d) $f(x) = x^3 - 2$

6 Handelt es sich um eine lineare Funktion? Wenn ja, gib die Steigung m und den y-Achsenabschnitt b an.
a) $f(x) = \frac{2}{x} + 2$
b) $f(x) = 4 - 0,1x$
c) $f(x) = 3 + x^2$
d) $f(x) = x - 2x + 1$

7 Für den Transport werden Bücher in Kisten gepackt. Eine Kiste wiegt 600 g, jedes Buch 400 g.
a) Handelt es sich um eine lineare Funktion?
b) Welcher Term gilt?
　① $f(x) = 400x + 600$　② $f(x) = 600x + 400$
c) Wie viel wiegt eine Kiste mit 12 Büchern?
d) Wie groß darf die Anzahl der Bücher höchstens sein, wenn das Gesamtgewicht 13 kg nicht überschreiten darf?

7 Herr Kunze mietet ein Auto. Die Grundgebühr beträgt 59 €. Pro gefahrenen Kilometer werden 60 Cent berechnet.
a) Handelt es sich um eine lineare Funktion?
b) Gib einen Term an, der die Zuordnung beschreibt.
c) Wie viel muss Herr Kunze zahlen, wenn er 53 km gefahren ist?
d) Wie viele Kilometer darf Herr Kunze fahren, wenn er 100 € zur Verfügung hat?

Lineare Funktionen untersuchen und zeichnen

→ Seite 152

8 Ist die Funktion steigend oder fallend? Zeichne den Graphen mithilfe des Steigungsdreiecks.
a) $f(x) = -x + 2$
b) $f(x) = 4x - 3$
c) $f(x) = x$
d) $f(x) = -2x + 4$

8 Ist die Funktion steigend oder fallend? Zeichne den Graphen mithilfe des Steigungsdreiecks.
a) $f(x) = -3,5x + 1,5$
b) $f(x) = \frac{1}{3}x - 3$
c) $f(x) = -5$
d) $f(x) = 0,1x - 0,2$

9 Gib jeweils mindestens eine passende Funktionsgleichung an.
a) eine Funktion mit der Steigung $m = 4$
b) eine fallende Funktion mit dem y-Achsenabschnitt $b = 1,5$
c) eine steigende Funktion mit dem Punkt $P(2|0)$
d) eine zu $f(x) = 3x - 1$ parallele Funktion

Vermischte Übungen

1 Stelle für die folgenden Zuordnungen eine Wertetabelle auf und trage die Werte in ein Koordinatensystem ein.
Sind die Zuordnungen Funktionen?
a) *Seitenlänge eines Quadrates → Flächeninhalt eines Quadrates*
b) *Zahl → das Dreifache der Zahl*
c) *Alter einer Person → Größe der Person*

1 Gib für die folgenden Wortvorschriften die Wertepaare an. Trage diese Werte in ein Koordinatensystem ein. Gib Definitions- und Wertebereich an.
Sind die Zuordnungen Funktionen?
a) *Anzahl der Wochen → Anzahl der Tage*
b) *Den natürlichen Zahlen von 11 bis 15 werden ihre Teiler zugeordnet.*

2 Ergänze im Heft die Tabelle so, dass die Zuordnung $x → f(x)$ …
a) eine Funktion ist,
b) keine Funktion ist.

x	1	3	4		6	8
$f(x)$	4	6	9	9		12

2 Sind die folgenden Aussagen richtig? Begründe und gib je zwei Beispiele an.
a) Zuordnungen, bei denen zwei verschiedenen Werten der gleiche Wert zugeordnet wird, sind keine Funktionen.
b) Proportionale Zuordnungen sind Funktionen.

3 Durch die Wertetabelle wird eine lineare Funktion beschrieben.

x	1	2	3	4	5	6	7	8
$f(x)$	5	7	9	11				

a) Ergänze die Tabelle im Heft.
b) Zeichne den Graphen der Funktion.
c) Welche Funktionsgleichung passt zu der Tabelle? Begründe.
  ① $f(x) = 4x + 1$ ② $f(x) = 4x - 1$
  ③ $f(x) = 2x + 3$ ④ $f(x) = 3x + 2$

3 Durch die Wertetabelle wird eine lineare Funktion beschrieben.

x	0	1	2	3	4	5	6	7
$f(x)$			3,5		6,5			

a) Ergänze die Tabelle im Heft.
b) Zeichne den Graphen der Funktion.
c) Welche Funktionsgleichung passt zu der Tabelle? Begründe.
  ① $f(x) = 1,5x + 3,5$ ② $f(x) = 1,5 + 1x$
  ③ $f(x) = 1,5x + 0,5$ ④ $f(x) = 3,5x + 1,5$

4 Lies die Steigung m und den y-Achsenabschnitt b ab.
Gib an, welche Funktionsgleichung zum Graphen passt.
① $f(x) = 2x + 0,5$
② $f(x) = -0,5x + 2$
③ $f(x) = 0,5x + 2$

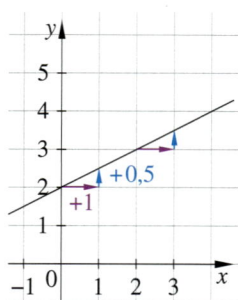

4 Gib jeweils m und b an. Notiere dann jeweils die Funktionsgleichung.

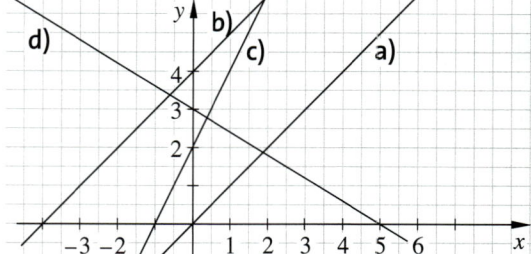

5 Die Punkte $P(6|11)$ und $Q(2|3)$ liegen auf dem Graphen einer linearen Funktion.
Wie lautet die Geradengleichung?

5 Eine lineare Funktion verläuft durch die Punkte $P(-3|5)$ und $Q(2|7)$.
Wie lautet die Geradengleichung?

6 Erkläre zunächst, wie du das Steigungsdreieck zeichnest. Zeichne dann den Graphen.
a) $f(x) = 2x$ b) $f(x) = -4x + 1$ c) $f(x) = \frac{8}{2}x + 1,5$ d) $f(x) = \frac{2}{3}x + 3$
e) $f(x) = 3,5x$ f) $f(x) = \frac{1}{4}x + \frac{3}{4}$ g) $f(x) = -2,5x - 1,5$ h) $f(x) = -x + \frac{3}{2}$

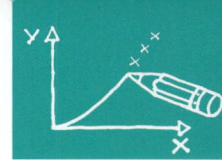

7 Übertrage die Wertepaare in ein Koordinatensystem. Zeichne die Funktionsgraphen. Handelt es sich um lineare Funktionen? Begründe.

a)

x	0	1	2	4	6
$f(x)$	15	13	11	7	3

b)

x	−1	0	1	2	3
$f(x)$	8	10	13	15	18

c)

x	−2	0	2	4	6
$f(x)$	−6	0	6	12	18

7 Betrachte die Wertetabellen. Handelt es sich um Funktionen, lineare Funktionen oder keine Funktionen? Begründe.

a)

x	−2	−1	0	1	2	3	4
$f(x)$	13	10	7	4	1	−2	−5

b)

x	−3	0	3	10	12	15	20
$f(x)$	0	4	7	8	4	0	7

c)

x	1	3	2	3	4	5	6
$f(x)$	0	1	2	3	4	5	6

8 Eine dünne Kerze brennt ab.

Zeit (in min)	0	10	20	30
Höhe (in cm)	12	10	8	6

a) Wie hoch war die Kerze zu Beginn?
b) Nach wie vielen Minuten ist die Kerze ganz abgebrannt?
c) Welche Funktionsgleichung passt?
   ① $f(x) = 2x + 12$ ② $f(x) = 12x − 2$
   ③ $f(x) = 12 − x$ ④ $f(x) = 12 − 0,2x$

8 Ein Eiswürfel schmilzt in der Sonne.

Zeit (in min)	0	1	2	3
Höhe (in cm)	8	7,6	7,2	6,8

a) Gib eine passende Funktionsgleichung an.
b) Wann ist der Eiswürfel geschmolzen?
c) Zeichne den Graphen der Funktion.

9 Gib die Funktionsgleichung an und zeichne mithilfe des Steigungsdreiecks den Graphen.

a) $m = 3$; $b = 1$ b) $m = 1$; $b = −3,5$
c) $m = −2$; $b = +2,5$ d) $m = −2$; $b = −0,5$

9 Gib jeweils die Funktionsgleichung an. Zeichne den Graphen der linearen Funktion.

a) $m = \frac{1}{5}$; $b = 1$ b) $m = −\frac{2}{5}$; $b = \frac{1}{2}$
c) $m = 2$; $b = 3$ d) $m = −1$; $b = 0$

10 Der Graph einer linearen Funktion verläuft durch den Punkt P und hat die Steigung m.
Stelle die Funktionsgleichung auf.

a) $m = 4$; $P(3|15)$
b) $m = \frac{2}{3}$; $P(6|1)$
c) $m = 0,3$; $P(−2|5)$
d) $m = −3$; $P(5|−2)$
e) $m = −1,4$; $P(−3|−1)$

10 Der Graph einer linearen Funktion verläuft durch die Punkte A und B.
Bestimme die Funktionsgleichung. Vergleiche deine Ergebnisse mit der Randspalte.

a) $A(1|4)$; $B(3|14)$
b) $A(2|7)$; $B(4|3)$
c) $A(3|−2)$; $B(6|7)$
d) $A(−1|2)$; $B(3|8)$
e) $A(−3|6)$; $B(2|−8)$

ZU AUFGABE 10

11 Die Orte Urigen und Balm liegen in der Schweiz. Zwischen beiden Orten verläuft eine Etappe des Radrennens „Tour de Suisse". Erkläre, wie du die Steigung m der Strecke berechnen kannst.
Entnimm alle Angaben aus der Zeichnung.

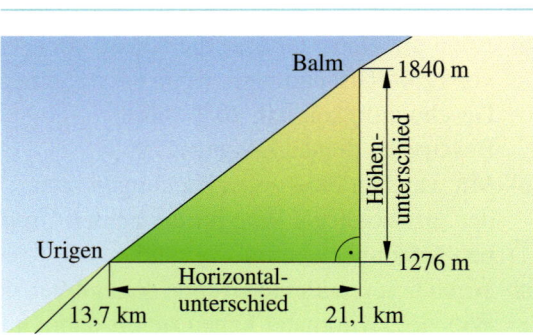

Klassenfahrt in den Thüringer Wald
Die Klassen 8 a und die 8 b fahren gemeinsam mit drei Lehrern in den 600 km entfernten Thüringer Wald. 27 Schülerinnen und Schüler gehen in die Klasse 8 a und 25 in die 8 b.

12 Die Anreise
Die Klassen 8 a und 8 b starten um 8:00 Uhr. Bis 11:00 Uhr haben sie bereits 300 km zurückgelegt. Aufgrund einer Baustelle ist eine Spur gesperrt und die Autos stauen sich. Bis 12:00 Uhr legen sie nur 60 km zurück und machen erst einmal eine 30-minütige Pause.
Um 16:30 Uhr erreichen sie ihr Ziel.
a) Notiere alle wichtigen Informationen aus dem Text in einer Tabelle.
b) Übertrage die Wertepaare in ein Koordinatensystem.
c) Bestimme mithilfe des Steigungsdreiecks die Geschwindigkeiten auf den einzelnen Abschnitten der Fahrt.
d) Wie schnell ist der Bus im Durchschnitt gefahren? Beschreibe deinen Lösungsweg.
e) Wo könnte der Bus losgefahren sein? Finde mögliche Heimatorte z.B. im Atlas.

13 Der Besuch im Kletterpark

Zum Klettern braucht jede Schülerin und jeder Schüler eine Einverständniserklärung der Eltern. Außerdem müssen sie eine Mindestgreifhöhe von 1,90 m haben.
Insgesamt werden drei Schülerinnen
und Schüler und ein Lehrer beim Klettern nur zuschauen.
a) Vergleiche die unterschiedlichen Preismodelle.
   Berechne den günstigsten Eintrittspreis für
   – die gesamte Gruppe
   – beide Klassen einzeln.
b) Schätze, wie groß eine Person mit einer Greifhöhe von 1,90 m ist.
   Mit welchem Faktor müsste man die Körpergröße multiplizieren?
c) In einigen Kletterparks gelangt man über eine Seilrutsche von der obersten Plattform zurück auf den Boden. Bestimme zeichnerisch die Steigung, wenn die Seilrutsche in einer Höhe von 30 m startet und die Länge des Seils 60 m beträgt.

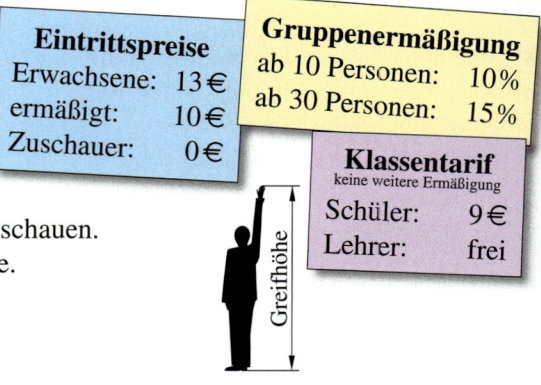

Eintrittspreise	
Erwachsene:	13 €
ermäßigt:	10 €
Zuschauer:	0 €

Gruppenermäßigung	
ab 10 Personen:	10 %
ab 30 Personen:	15 %

Klassentarif	
keine weitere Ermäßigung	
Schüler:	9 €
Lehrer:	frei

14 Die Panne vor der Radtour

Um 8:00 Uhr brechen alle zu einer Radtour auf. Sie fahren mit einer durchschnittlichen Geschwindigkeit von 16 $\frac{km}{h}$.
Stefans Fahrrad muss repariert werden, sodass eine kleine Gruppe erst um 8:45 Uhr losfährt.
a) Kann die kleine Gruppe die Klasse noch vor 12:00 Uhr einholen, wenn sie mit einer Geschwindigkeit von 20 $\frac{km}{h}$ fährt? Beschreibe deinen Lösungsweg.
b) Mit welchen Funktionsgleichungen kann der zurückgelegte Weg für die beiden Gruppen berechnet werden?
c) Wann holt die kleine Gruppe die anderen ein? Wie viele Kilometer haben sie bis dahin in etwa zurückgelegt?

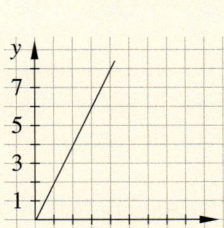

Zusammenfassung

→ Seite 142

Zuordnungen und Funktionen beschreiben

Eine Zuordnung, bei der jedem Argument x aus dem Definitionsbereich genau ein Wert $f(x)$ aus dem Wertebereich y zugeordnet wird, heißt **Funktion**.

Eine Funktion kann man durch eine **Wortvorschrift**, eine **Wertetabelle**, einen **Funktionsgraphen** oder eine **Funktionsgleichung** darstellen.

Alle **proportionalen Zuordnungen** sind Funktionen mit der Funktionsgleichung $f(x) = m \cdot x$, ihre Graphen gehen durch $P(0|0)$.

Jedem x wird sein doppelter Wert zugeordnet.

x	1	2	3
$f(x)$	2	4	6

$f(x) = 2x$

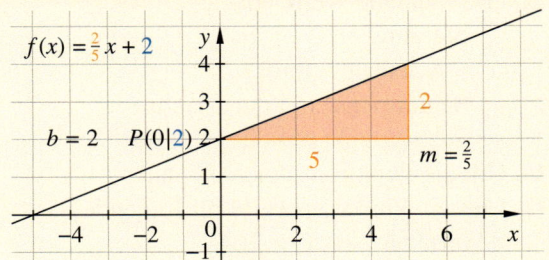

Lineare Funktionen erkennen

→ Seite 146

Eine Funktion mit der **Funktionsgleichung** $f(x) = m \cdot x + b$ heißt **lineare Funktion**.
m ist die **Steigung** der Funktion.
Der Graph der Funktion ist eine Gerade, die die y-Achse im Punkt $P(0|b)$ schneidet.
b ist der **Achsenabschnitt** auf der y-Achse.

$f(x) = \frac{2}{5}x + 2$

$b = 2 \quad P(0|2)$

$m = \frac{2}{5}$

Der zu x gehörende Funktionswert $f(x)$ kann mithilfe der **Funktionsgleichung** berechnet werden.

Funktionswert für $x = 5$:
$f(5) = \frac{2}{5} \cdot 5 + 2 = 2 + 2 = 4$
Der Punkt $P(5|4)$ liegt auf der Geraden.

Umgekehrt kann man auch den x-Wert berechnen, wenn der Funktionswert bekannt ist.

x-Wert für $f(x) = 6$:
$6 = \frac{2}{5}x + 2 \quad |-2$
$4 = \frac{2}{5}x \quad \quad |\cdot \frac{5}{2}$
$10 = x$
Der Punkt $P(10|6)$ liegt auf der Geraden.

Lineare Funktionen untersuchen und zeichnen

→ Seite 152

Die Steigung m einer linearen Funktion kann berechnet werden:

$m = \frac{\text{Differenz der } y\text{-Koordinaten}}{\text{Differenz der } x\text{-Koordinaten}} = \frac{y_2 - y_1}{x_2 - x_1}$

Für $m > 0$, ist die Funktion **steigend**, für $m < 0$ ist die Funktion **fallend**.
Die **Nullstelle** einer linearen Funktion erhält man, indem man $f(x) = 0$ setzt.
Die **Nullstelle** der Funktion ist die x-Koordinate des Schnittpunkts des Graphen mit der x-Achse.

Eine lineare Funktion verläuft durch die Punkte $(2|1)$ und $(4|5)$.

$m = \frac{5-1}{4-2} = \frac{4}{2} = 2 > 0$, also ist die Funktion steigend.

Nullstelle der Funktion $f(x) = 2x - 3$:
$2x - 3 = 0 \quad \quad |+3$
$2x = 3 \quad \quad |:2$
$x = 1,5$
Die Nullstelle ist $x = 1,5$.
Der Punkt $P(1,5|0)$ liegt auf der Geraden.

161

Teste dich!

3 Punkte

1 Nenne jeweils zwei Beispiele für eine …
a) Zuordnung.
b) Funktion.
c) lineare Funktion.

2* Punkte
Zusatzpunkte

2 Gib die Gleichung für die linearen Funktionen an und zeichne die Graphen.
a) Die Steigung ist 3 und der y-Achsenabschnitt liegt bei -1.
b) Die Steigung ist 0,5 und der y-Achsenabschnitt liegt bei -2.

2 Punkte

3 Bei seinem Handyvertrag bezahlt Björn im Monat 9,99 € Grundgebühr. Jede Gesprächsminute kostet 0,11 €.
a) Stelle eine Funktionsgleichung auf. Bezeichne die Anzahl der Minuten mit x.
b) Wie viel zahlt Björn, wenn er in einem Monat 60 Minuten telefoniert hat?

4* Punkte
Zusatzpunkte

4 Betrachte den Funktionsgraphen.
a) Gib folgende Werte an:
  – Steigung m
  – y-Achsenabschnitt b
  – Schnittpunkt mit der x-Achse
  – Schnittpunkt mit der y-Achse
b) Gib die Funktionsgleichung an.
c) Lies die Funktionswerte für folgende x-Werte ab: -6; -3; 2; 4.
d) Liegt der Punkt $A\,(7\,|\,4)$ auf dem Graphen?

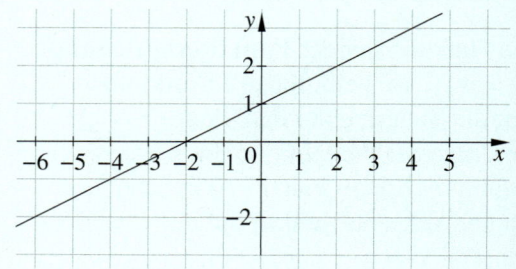

5* Punkte
Zusatzpunkte

5 In einem quaderförmigen Becken steht das Wasser 2,20 m hoch. Der Wasserspiegel sinkt pro Stunde um 0,3 m.
a) Stelle das Ablaufen des Wassers in einer Wertetabelle dar.
b) Übertrage die Wertepaare in ein Koordinatensystem.
c) Gib eine Funktionsgleichung an, mit der der Wasserstand berechnet werden kann.
d) Wie hoch steht das Wasser nach 3,5 h im Becken?

6 Punkte

6 In einem Park wird der Rasen gemäht.
① Ein Gärtner mäht den Rasen allein.

Zeit (in h)	1	2	3	4	5
Fläche (in m²)		5 000			

② Mehrere Gärtner mähen den Rasen.

Anzahl der Gärtner	1	2	3	4	5
Zeit (in h)		6			

a) Übertrage die Wertetabellen ins Heft und ergänze sie.
b) Um welche Art von Zuordnung handelt es sich?
c) Handelt es sich um eine Funktion? Begründe.

6 Punkte

7 Erstelle eine Wertetabelle mit Werten für x von -3 bis $+3$. Zeichne die Graphen der Funktionen mithilfe des Steigungsdreiecks.
a) $f(x) = 5x - 7$
b) $f(x) = 3x + 2,2$
c) $f(x) = -x - 1$
d) $f(x) = 1,5x + 1,5$
e) $f(x) = -2x + 4$
f) $f(x) = -3 + 2x$

Zweistufige Zufallsexperimente

Die gelben Kaugummis schmecken am besten. Aber es gibt auch blaue, grüne, rosa und rote Kaugummis. Wie kann man die Wahrscheinlichkeit dafür berechnen, bei zweimaligem Ziehen zwei gelbe Kaugummis zu erhalten?

Noch fit?

Einstieg

1 Häufigkeiten

In einer Klassenarbeit wurden die folgenden Noten erteilt:

Note	1	2	3	4	5	6
Anzahl	1	8	6	5	3	2

a) Wie viele Schüler haben mitgeschrieben?
b) Gib die relative Häufigkeit für jede Note an.
c) Welche Note gibt den Median an?

2 Wahrscheinlichkeiten bestimmen

Bestimme die Wahrscheinlichkeit für die Ereignisse beim Glücksrad.

a) Es wird die 3 gedreht.
b) Es wird eine ungerade Zahl gedreht.
c) Der Pfeil bleibt auf einem gelben Feld stehen.
d) Es wird eine in einem grünen Feld stehende gerade Zahl gedreht.
e) Der Pfeil bleibt auf einem grünen Feld oder einer geraden Zahl stehen.

3 Mit Brüchen rechnen

Berechne.

a) $\frac{2}{3} \cdot \frac{5}{8}$

b) $\frac{5}{12} + \frac{1}{12}$

c) $\frac{2}{5} + \frac{3}{7}$

d) $\frac{4}{5} + \frac{1}{2} \cdot \frac{1}{5}$

Aufstieg

1 Häufigkeiten

Bei einer Klassenarbeit wurden folgende Noten vergeben: 3; 5; 1; 4; 2; 2; 5; 3; 2; 3; 3; 1; 2; 2; 4; 3; 4; 2; 3; 4; 2; 5; 4; 4

a) Berechne die relative Häufigkeit jeder Note, das arithmetische Mittel und gib den Median an.
b) Ergibt die Summe der relativen Häufigkeiten 1? Begründe.

2 Wahrscheinlichkeiten bestimmen

Das links abgebildete Glücksrad wird gedreht. Es interessiert die gedrehte Zahl.

a) Warum handelt es sich um ein Laplace-Experiment?
b) Bestimme die Wahrscheinlichkeit für das Ereignis „Eine 7 wird gedreht".
c) Bestimme die Wahrscheinlichkeit für „Eine ungerade Zahl wird gedreht".
d) Wie lautet das Gegenereignis zu „Eine Zahl größer als 5 wird gedreht"?
e) Gib ein sicheres und ein unmögliches Ereignis an.

3 Mit Brüchen rechnen

Berechne.

a) $\frac{13}{14} \cdot \frac{7}{26}$

b) $\frac{7}{24} + \frac{1}{3}$

c) $\frac{3}{4} + \frac{2}{9}$

d) $\frac{4}{5} \cdot \frac{1}{4} + \frac{3}{5} \cdot \frac{1}{4}$

4 Brüche in verschiedener Schreibweise darstellen

Übertrage die Tabelle in dein Heft und fülle sie aus.

Bruch	$\frac{37}{100}$		$\frac{7}{25}$			$\frac{43}{125}$	$\frac{1}{3}$
Dezimalzahl		0,07		0,625			
Prozent			25 %		5 %		

ZU AUFGABE 5

5 Wahrscheinlichkeiten bestimmen

Aus einem Skatspiel (32 Karten) wird eine Karte gezogen. Wie groß ist die Wahrscheinlichkeit, dass folgendes Ereignis eintritt?

a) Herz-Bube
b) eine rote Dame
c) eine „7" oder eine „8"
d) eine Herz-Karte
e) ein König

5 Wahrscheinlichkeiten bestimmen

Betrachte den „Würfel" in der Randspalte.

a) Handelt es sich beim Werfen des Würfels um ein Laplace-Experiment?
b) Ist es beim Wurf mit diesem Würfel wahrscheinlicher, eine „5" oder eine „1" zu werfen? Begründe deine Meinung.
c) Wie lässt sich die Wahrscheinlichkeit, eine „5" zu werfen, näherungsweise bestimmen?

Lösungen ab Seite 182

Zweistufige Zufallsversuche beschreiben

Entdecken

1 Zum Mittagessen gibt es in einer Kantine mehrere Haupt- und Nachspeisen zur Auswahl. Damit die Köchin planen kann, muss man am Vortag in einer Tabelle ankreuzen, welches Gericht man essen möchte.

Hauptspeise Nachtisch	Apfel	Joghurt
Spaghetti		
Currywurst mit Pommes		
Salatteller		

Wie viele unterschiedliche Menüs können bestellt werden?

2 An einem anderen Tag gibt es in der Kantine Tomatensuppe oder Salat als Vorspeise und Lasagne oder Fischstäbchen als Hauptspeise. Als Nachtisch gibt es Quarkspeise, Banane oder Eis. Die Auswahlmöglichkeiten will eine Auszubildenden als Diagramm darstellen.

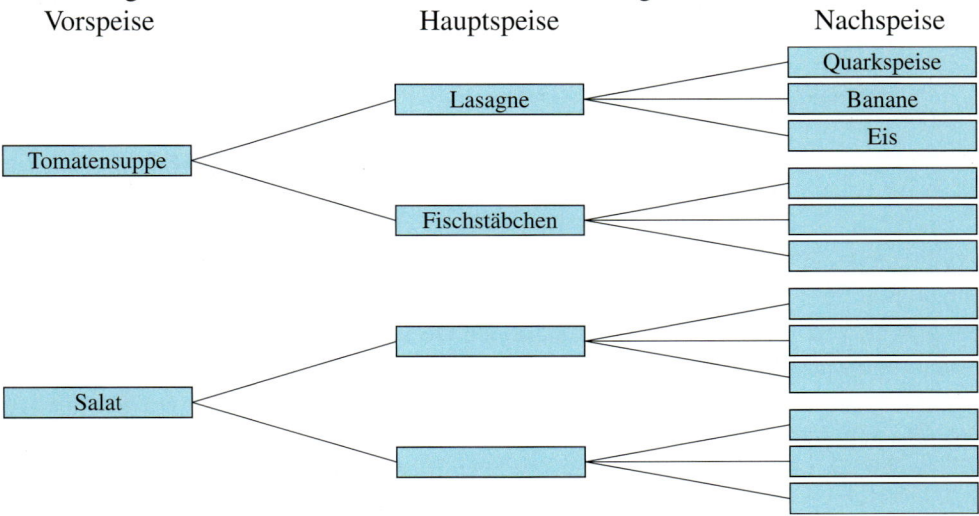

a) Übertrage das Schema in dein Heft und fülle die Felder aus.
b) Wie viele unterschiedliche Menüs können bestellt werden?

3 Die Schulmensa bietet Brötchen und Mehrkornbrötchen an. Sie sind mit Käse, Schinken oder Salami belegt.
a) Gülden meint, dass die Mensa sechs Varianten belegter Brötchen anbietet.
   Bist du dergleichen Ansicht? Begründe und schreibe alle möglichen Kombinationen zwischen Brötchenart und Belag auf, z. B. (Brötchen/Käse) oder (Mehrkorn/Schinken).
b) Neben den Brötchen und den Mehrkornbrötchen sollen noch Roggenbrötchen angeboten werden. Als Belag kommen Leberwurst und Frischkäse dazu.
   Wie viele Kombinationen gibt es nun? Lässt sich die Anzahl berechnen, ohne alle Möglichkeiten aufzuschreiben?

4 Bei den Tennismeisterschaften der Stadt haben bei den Mädchen Marie, Sarah, Dilara und Johanna das Halbfinale erreicht, d.h. sie gehören zu den letzten vier Spielern.
Nun wird ausgelost, wer gegen wen um den Einzug ins Finale spielen soll.
a) Kannst du die Auslosung als Tabelle darstellen?
b) Zeige deinen Mitschülern und Mitschülerinnen die möglichen Spielpaarungen in einem Diagramm (vergleiche Aufgabe 2).
c) Wie viele Spielpaarungen sind tatsächlich möglich?

Verstehen

HINWEIS
*Die Darstellung wird **Baumdiagramm** genannt, weil die Verzweigungen den Ästen und Zweigen eines Baumes ähneln.*

Schülerinnen und Schüler haben einen kleinen Shop eingereichtet, in dem sie auch T-Shirts mit dem Logo ihrer Schule verkaufen. Zur Auswahl stehen T-Shirts in den Größen S, M und L jeweils in den Farben Weiß und Grau. Bei der Auswahl eines T-Shirts sind zwei Entscheidungen nötig – die Größen- und die Farbauswahl.
Der Auswahlvorgang kann als **zweistufiges Zufallsexperiment** verstanden werden. Alle Möglichkeiten der Auswahl lassen sich übersichtlich in einem **Baumdiagramm** darstellen.

Beispiel 1

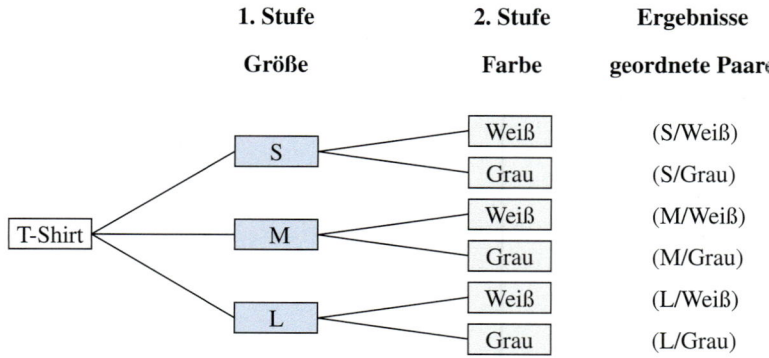

Die geordneten Paare kann man oben am Baumdiagramm ablesen. Es sind genau 6.
Im Shop werden drei Größen (1. Teilexperiment) und zwei Farben (2. Teilexperiment) verkauft. Deshalb gibt es $3 \cdot 2 = 6$ mögliche Kombinationen aus Größe und Farbe.
Das zweistufige Zufallsexperiment hat also 6 Ergebnisse.

> **Merke** Die Ergebnisse zweistufiger Zufallsexperimente sind **geordnete Paare**.
> Um die Anzahl der möglichen Ergebnisse zu bestimmen, können die beiden Anzahlen der Ergebnisse der Teilexperimente multipliziert werden.

Man kann die Wahrscheinlichkeit für ein bestimmtes Ergebnis (geordnetes Paar) bestimmen.

> **Merke** Handelt es sich bei beiden Teilen eines zweistufigen Zufallsversuchs um Laplace-Experimente, gilt die bisher bekannte Formel $P(E) = \dfrac{\text{Anzahl der günstigen Ergebnisse}}{\text{Anzahl der möglichen Ergebnisse}}$.

Beispiel 2

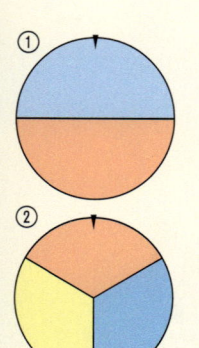

Ein zweistufiger Zufallsversuch besteht aus den Teilexperimenten „Drehen von Glücksrad ①" und „Drehen von Glücksrad ②". Beide stellen Laplace-Experimente dar.
Zeigen beide Glücksräder auf „Rot", erhält man den Hauptpreis. Einen Trostpreis gibt es für einmal „Rot" *und* einmal „Blau", egal in welcher Reihenfolge.

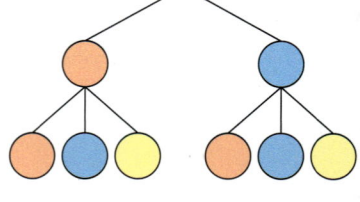

Der zweistufige Zufallsversuch hat $2 \cdot 3 = 6$ verschiedene Versuchsausgänge:
(Rot/Rot); (Rot/Blau); (Rot/Gelb); (Blau/Rot); (Blau/Blau); (Blau/Gelb).
Die Wahrscheinlichkeit für den Hauptpreis (Rot/Rot) ist $P(E) = \frac{1}{6}$.
Die Wahrscheinlichkeit den Trostpreis mit (Rot/Blau) oder (Blau/Rot) zu gewinnen ist:
$P(E) = \frac{\text{Anzahl der günstigen Ergebnisse}}{\text{Anzahl der möglichen Ergebnisse}} = \frac{2}{6} = \frac{1}{3}$

Üben und anwenden

1 Familie Messerschmidt isst im Restaurant. Es gibt drei verschiedene Hauptspeisen: Steak, Pizza oder Auflauf. Es gibt zwei verschiedene Nachspeisen: Pudding oder Eis.
a) Wie viele Möglichkeiten gibt es, ein Essen zusammenzustellen?
b) Zeichne ein Baumdiagramm.

2 Wie viele Kombinationen könnte man anziehen?
a) Bernd hat fünf Hosen und drei Pullover.
b) Robert hat vier Hosen und vier Pullover.
c) Susanne hat elf Hosen und neun Pullover.
d) Bea hat sieben Hosen und acht Oberteile.
e) Steffi hat fünf Hosen und acht Oberteile.
f) Conny hat zwei Röcke, zwei Hosen und sechs Oberteile.

1 In einem italienischen Restaurant gibt es drei verschiedene Suppen und fünf verschiedene Pizzen zur Auswahl.
Frau Hüller möchte eine Suppe und eine Pizza essen.
a) Zeichne ein Baumdiagramm.
b) Wie viele Möglichkeiten hat sie?

2 Eine Mensa bietet zum Mittagessen vier Hauptgerichte (Nudeln, Salat, Pizza, Fisch) und zwei Nachspeisen (Birne, Quark) an.
a) Zeichne ein zugehöriges Baumdiagramm.
b) Aus wie vielen Kombinationsmöglichkeiten können die Schülerinnen und Schüler das Essen auswählen?
c) Notiere alle Kombinationsmöglichkeiten als geordnete Paare z. B. (Pizza/Birne).

3 👥 Überlegt euch zusammen ein zweistufiges Zufallsexperiment.
Beschreibt, wie ihr das Experiment durchführen wollt. Was solltet ihr bei der Durchführung aufschreiben?
Stellt euer Experiment mithilfe eines Baumdiagramms eurer Klasse vor.

4 Mit dem Würfel, dessen Netz abgebildet ist, wird zweimal hintereinander geworfen. Wie viele Möglichkeiten von Farbkombinationen gibt es?

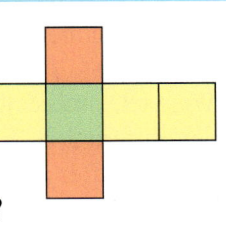

5 In der Führerscheinprüfung müssen die richtigen Antworten aus vorgegebenen Antworten ausgewählt werden.
1. Frage: Sie nähern sich mit dem Auto Kindern, die auf dem Gehweg spielen.
Wie müssen Sie sich verhalten?
① Langsamer fahren und bremsbereit sein.
② Unverändert weiterfahren.
③ Kräftig hupen und weiterfahren.
2. Frage: Wer ist für den verkehrssicheren Zustand eines zugelassenen Fahrzeugs verantwortlich?
① Der Fahrer   ② Der Halter
③ Die Haftpflichtversicherung
Josefine weiß die richtigen Antworten nicht und rät bei beiden Fragen. Wie viele Kombinationsmöglichkeiten hat sie?

4 Max möchte einen Cocktail mit zwei unterschiedlichen Säften mixen. Er hat sechs verschiedene Fruchtsäfte im Haus. Max meint, dass er 30 verschiedene Cocktails mixen kann. Sein Vater ist der Ansicht, dass es nur 15 sind.
Welcher Meinung bist du? Begründe.

5 Simone warf einen Würfel, notierte die Augenzahl und wiederholte das noch einmal. Sie zeichnete zu den möglichen Ergebnissen ein Baumdiagramm.

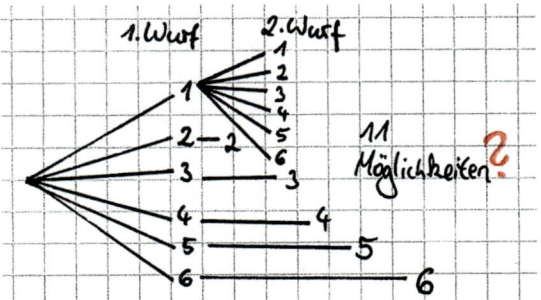

a) Worin liegt der Fehler? Korrigiere das Diagramm.
b) Wie viele mögliche Ergebnisse gibt es?

ZUM WEITERARBEITEN
Jeweils eine Antwort der zwei Fragen in Aufgabe 5 ist richtig. Welche?

6 Eine Münze wird zweimal hintereinander geworfen.

a) Zeichne ein zugehöriges Baumdiagramm.
b) Mit welcher Wahrscheinlichkeit wird zweimal Zahl geworfen?
c) Mit welcher Wahrscheinlichkeit wird mindestens einmal Zahl geworfen?

7 Familie Erlbach erwartet Zwillinge.
a) Welche Geschlechtskombinationen sind möglich?
b) Zeichne ein zugehöriges Baumdiagramm.
c) Sohn Leon von Familie Erlbach meint, dass die Wahrscheinlichkeit für zwei Schwestern bei $\frac{1}{3}$ liegt.
   Bist du gleicher Meinung?
   Begründe es.
d) Mit welcher Wahrscheinlichkeit erhält Leon eine Schwester und einen Bruder?

8 Jans Sockenkiste ist fast leer. Es liegen nur noch ein roter und zwei blaue Strümpfe darin. Noch verschlafen nimmt er sich ohne Hinzusehen zwei Strümpfe heraus.
a) Erkläre das Baumdiagramm.
b) Wie groß ist die Wahrscheinlichkeit, dass Jan zufällig zwei blaue Strümpfe erwischt?

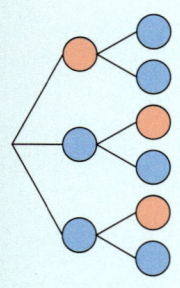

9 Bei einem Schulsportfest haben 3 Schüler den Endlauf über 100 m erreicht.

Die Schülerinnen und Schüler der Klasse 8a schließen Wetten ab, wer als wievielter ins Ziel kommt.

a) Wie viele Möglichkeiten gibt es, die ersten beiden Läufer vorherzusagen?
b) Wie groß ist die Wahrscheinlichkeit die beiden schnellsten vorherzusagen?
c) Wie viele Möglichkeiten gibt es, wenn am Endlauf 4 Läufer teilnehmen?
d) Wie groß ist die Wahrscheinlichkeit die beiden schnellsten vorherzusagen?

6 In einem Gefäß befinden sich sechs grüne und zwei weiße Kugeln. Es wird zweimal blind mit Zurücklegen gezogen.
a) Zeichne ein Baumdiagramm.
b) Spielt es eine Rolle, ob in einem Ergebnis mit zwei verschiedenfarbigen Kugeln die weiße zuerst oder zuletzt gezogen wurde? Begründe.
c) Spielt es eine Rolle, ob in einem Ergebnis mit zwei gleichfarbigen Kugeln weiße oder grüne Kugeln gezogen wurden? Begründe.

7 Die fünf Schokolinsen liegen in einer Schachtel. Zwei wurden herausgenommen.
a) Schreibe alle möglichen Farbkombinationen als geordnete Paare auf.

b) Melissa meint, es gibt 20 unterschiedliche Farbkombinationen.
   Bist du gleicher Meinung?
   Begründe.

8 Zeichne die Lösungen in einem Baumdiagramm ein.
Wie viele zweistellige Zahlen kann man aus den Ziffern 5, 6, 7, 8 und 9 bilden, wenn …
a) jede Ziffer nur einmal vorkommen darf?
b) jede Ziffer auch mehrfach vorkommen kann?

9 Bei Pferderennen bieten Wettbüros die sogenannte Zweierwette an.
Die Zweierwette gewinnt, wer den Sieger und das zweitplatzierte Pferd eines Rennens in der richtigen Reihenfolge gewettet hat.
a) Wie viele Kombinationsmöglichkeiten für die Zweierwette gibt es, wenn …
   ① fünf,
   ② sechs,
   ③ zehn …
   Pferde teilnehmen?
b) Wie groß ist die Wahrscheinlichkeit die ersten beiden Pferde vorherzusagen, wenn zehn Pferde teilnehmen?

Pfadregel und Summenregel

Entdecken

1 Die beiden Glücksräder werden nacheinander gedreht.

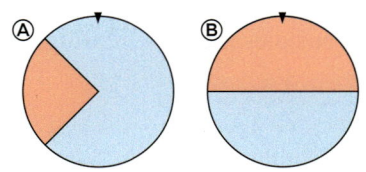

a) Wie groß ist die Wahrscheinlichkeit, mit dem ersten Glücksrad „Rot" zu drehen?
Gib die Wahrscheinlichkeit für „Rot" auch beim zweiten Glücksrad an.

b) Um die möglichen Versuchsausgänge des zweistufigen Zufallsexperiments zu veranschaulichen, hat Caterina das Baumdiagramm ① gezeichnet. Sie meint: „Es gibt vier unterschiedliche Versuchsausgänge. Also liegt die Wahrscheinlichkeit, mit beiden Glücksrädern „Rot" zu drehen, bei $\frac{1}{4}$."
Nimm Stellung zu ihrer Aussage.

c) Mark und Eileen schlagen vor, die rechts abgebildeten Baumdiagramme ② und ③ zur Veranschaulichung des zweistufigen Zufallsexperiments zu verwenden. Begründe warum sie diese Wahl getroffen haben.
Nenne Vorzüge und Nachteile der beiden Baumdiagramme.

d) Bestimme die Wahrscheinlichkeit, beide Male „Rot" zu drehen aus dem Diagramm ②.
Beschreibe wie du vorgehst.

e) Wie lässt sich die Wahrscheinlichkeit für dieses Ereignis aus dem Baumdiagramm ③ berechnen?

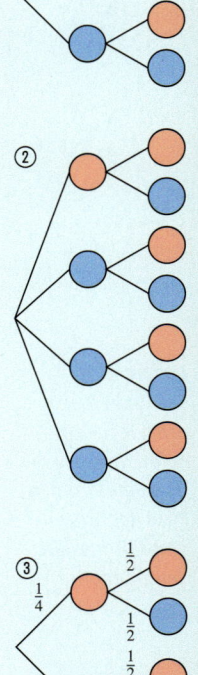

2

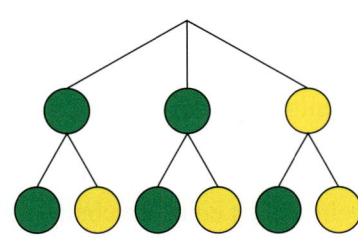

Dieses Baumdiagramm gehört zu einem Zufallsexperiment mit zwei Glücksrädern.

a) Zeichne die beiden Glücksräder als Kreise und färbe sie nach dem Baumdiagramm passend ein.
Erläutere dein Ergebnis.

b) Ist das Ergebnis (Grün/Grün) genauso wahrscheinlich wie das Ergebnis (Gelb/Gelb)?

c) Gib die Wahrscheinlichkeit für (Gelb/Gelb) als Bruch an.

d) Schreibe wie im Baumdiagramm ③ der Randspalte die entsprechenden Brüche an die einzelnen Verbindungen.

e) Jaqueline meint: „ Wahrscheinlich bleibt in 5 von 9 Fällen eines der beiden Glücksräder auf grün stehen." Bist du auch der Meinung? Begründe sie.

3 An einer Schule wurden zufällig Beleuchtung und Bremsen von 150 Fahrrädern kontrolliert. Die Tabelle zeigt das Ergebnis der Kontrolle.

	In Ordnung	Nicht in Ordnung
Beleuchtung		60
Bremsen	135	

a) Fülle die Tabelle vollständig in deinem Heft aus.

b) Erkläre, wie du ein Baumdiagramm zu diesem Zufallsversuch zeichnen kannst.

c) Ein beliebiges Fahrrad wird ausgewählt.
  ① Wie groß ist die Wahrscheinlichkeit, dass nur eine der beiden Prüfungen erfolgreich verläuft?
  ② Mit welcher Wahrscheinlichkeit werden beide Prüfungen bestanden?
  ③ Wie viele Fahrräder waren das?

Verstehen

In einer Klasse wird ein Zufallsexperiment durchgeführt.
Mit verbundenen Augen wird:
1. eine der drei Urnen ausgewählt.
2. aus dieser Urne eine Kugel gezogen.

 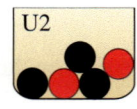 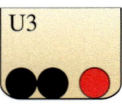

Beispiel 1

Die Schüler wollen wissen, wie groß die Wahrscheinlichkeit ist, bei diesem Experiment überhaupt eine rote Kugel zu ziehen.

Wahrscheinlichkeit für:			
Wahl der Urne	**Wahl der Kugel**	**Kugelfarbe in der Urne**	**rote Kugel**
U1 $\frac{1}{3}$	$\frac{1}{4}$ (rot) $\frac{3}{4}$ (schwarz)	$\frac{1}{3} \cdot \frac{1}{4} = \frac{1}{12}$ $\frac{1}{3} \cdot \frac{3}{4} = \frac{1}{4}$	$\frac{1}{12}$ +
U2 $\frac{1}{3}$	$\frac{2}{5}$ (rot) $\frac{3}{5}$ (schwarz)	$\frac{1}{3} \cdot \frac{2}{5} = \frac{2}{15}$ $\frac{1}{3} \cdot \frac{3}{5} = \frac{1}{5}$	$\frac{2}{15}$ +
U3 $\frac{1}{3}$	$\frac{1}{3}$ (rot) $\frac{2}{3}$ (schwarz)	$\frac{1}{3} \cdot \frac{1}{3} = \frac{1}{9}$ $\frac{1}{3} \cdot \frac{2}{3} = \frac{2}{9}$	$\frac{1}{9}$ $= \frac{59}{180}$

Produktregel →

Summenregel ↓

$P(\text{Rot}) = \frac{1}{12} + \frac{2}{15} + \frac{1}{9} = \frac{59}{180} \approx 32{,}8\,\%$

Die Wahrscheinlichkeit eine rote Kugel zu ziehen beträgt insgesamt $\approx 32{,}8\,\%$.

> **Merke**   **Produktregel (Pfadregel):**
> Bei zweistufigen Zufallsexperimenten ergibt sich die Wahrscheinlichkeit eines Ergebnisses aus dem Produkt der Wahrscheinlichkeiten der einzelnen Teilergebnisse.
>
> **Summenregel:**
> Die Wahrscheinlichkeit eines Ereignisses ergibt sich durch Addition der Wahrscheinlichkeiten von allen Ergebnissen, die zu diesem Ereignis gehören.

Wahrscheinlichkeiten berechnen mit der Produkt- und Summenregel
1. Zerlege die Situation in Teilversuche und zeichne ein Baumdiagramm.
2. Notiere die Wahrscheinlichkeiten der Versuchsausgänge an den Ästen.
3. Markiere die Pfade, die zu den gewünschten Ergebnissen führen. Berechne die Wahrscheinlichkeiten mit der Produktregel.
4. Berechne die Wahrscheinlichkeit des Ereignisses mit der Summenregel.

Es gibt Zufallsexperimente, bei denen der Ausgang des ersten Teilversuchs die Wahrscheinlichkeit des zweiten Teilversuchs beeinflusst.

Beispiel 2

Aus einer Urne mit drei orangen und zwei blauen Kugeln wird eine Kugel gezogen. Sie wird nicht zurückgelegt, dann wird noch einmal gezogen.
Wie groß sind die Wahrscheinlichkeiten?

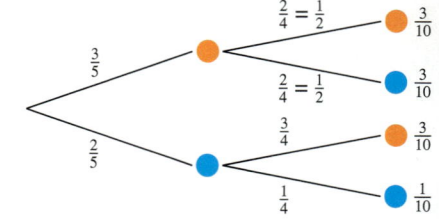

HINWEIS
Die Wahrscheinlichkeit für eine zufällige Wahl ist jeweils an den **Pfad** *des Baumdiagramms (Ast) geschrieben.*

HINWEIS
Die Produktregel wird auch Pfadregel genannt.

HINWEIS
Bei diesem Zufallsexperiment handelt es sich um ein Zufallsexperiment ohne **Zurücklegen***.*

Üben und anwenden

1 An einer Losbude sind $\frac{1}{10}$ aller Lose Gewinne (G) und $\frac{9}{10}$ aller Lose Nieten (N).

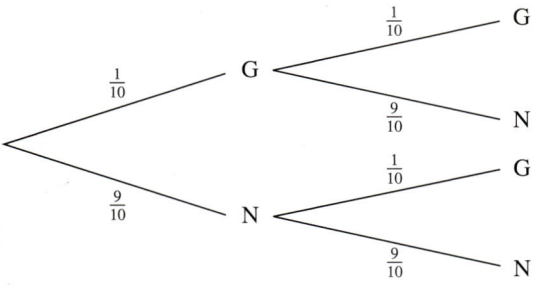

Wie groß ist die Wahrscheinlichkeit, beim Ziehen von zwei Losen …
a) zwei Nieten zu erhalten,
b) mindestens einen Gewinn zu erhalten,
c) mindestens eine Niete zu erhalten,
d) keine Nieten zu erhalten?

2 In einer Urne liegen zwei rote, zwei blaue und zwei gelbe Kugeln.
Erst zieht Arne eine Kugel und legt sie wieder zurück, dann zieht Britta eine Kugel.
a) Zeichne ein Baumdiagramm zu dem Experiment.
b) Wie groß ist die Wahrscheinlichkeit, zwei verschiedenfarbige Kugeln aus der Urne zu ziehen?
c) Was meinst du: werden häufiger verschiedenfarbige oder gleichfarbige Kugeln gezogen?
   Begründe deine Antwort.

3 Erfahrungsgemäß wird in einen Mathekurs der 8 d mit 90 %iger Wahrscheinlichkeit das Buch mitgebracht, ein Geodreieck aber nur mit 70 %iger Wahrscheinlichkeit.
Wie groß ist die Wahrscheinlichkeit, dass im Mathekurs weder das Buch noch das Geodreieck fehlt?

4 Die beiden Glücksräder werden gleichzeitig gedreht.
a) Zeichne ein Baumdiagramm.
b) Mit welcher Wahrscheinlichkeit erhält man (Rot/Weiß)?
c) Zeichne ein Kreisdiagramm, das die Wahrscheinlichkeiten der Ergebnisse darstellt.

1 Aus den Urnen 1 und 2 wird je eine Kugel gezogen.

a) Zeichne ein zugehöriges Baumdiagramm.
b) Wie groß ist die Wahrscheinlichkeit, dass beide Kugeln die Farbe „Weiß" haben?
c) Mit welcher Wahrscheinlichkeit sind beide Kugeln schwarz?
d) Yasin meint, dass die Wahrscheinlichkeit, zwei weiße Kugeln zu ziehen, ein Viertel beträgt.
   Bist du gleicher Meinung?
   Welchen Fehler könnte Yasin gemacht haben?

2 In einer Urne liegen sechs blaue und vier rote Kugeln. Nacheinander werden zwei Kugeln gezogen und nach jedem Zug wieder in die Urne zurückgelegt.
a) Zeichne ein passendes Baumdiagramm.
b) Wie groß ist die Wahrscheinlichkeit, dass...
   ① zwei blaue Kugeln gezogen werden,
   ② mindestens eine blaue Kugel gezogen wird,
   ③ eine rote und eine blaue Kugel gezogen wird,
   ④ mind. eine rote Kugel gezogen wird?
c) Bei welchem Aufgabenteil von b) musstest du die Summenregel anwenden, bei welchem nicht? Begründe.

3 Beim Freiwurf im Basketball trifft Mike mit einer Wahrscheinlichkeit von 60 %.
Jan hat 38 der letzten 50 Freiwürfe getroffen. Jeder wirft einmal auf den Korb.
Mit welcher Wahrscheinlichkeit erzielen die beiden Jungs zusammen keinen einzigen Treffer, wenn sie nacheinander werfen?

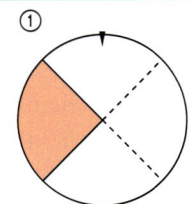 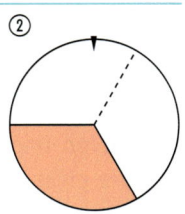

5 Dies ist das Baumdiagramm zu einem Zufallsversuch mit Kugeln.

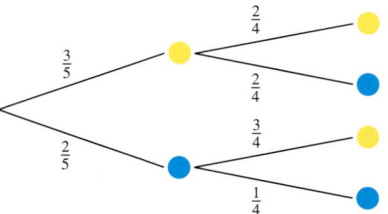

a) Gib die Wahrscheinlichkeit an für das Ergebnis (Gelb/Gelb) und (Blau/Blau).

b) Wie viele Kugeln liegen beim Start insgesamt im Gefäß?

c) Wie viele sind beim Start gelb, wie viele sind blau?

d) Wie viele Kugeln liegen nach der ersten Ziehung im Gefäß?

e) Wie ist das Experiment abgelaufen?

6 Ein Mathematiklehrer führt einen kurzen Multiple-Choice-Test durch.

> 1) Welches Gesetz wurde hier verwendet?
> $3(4a - 5) = 12a - 15$
> ❏ Assoziativgesetz
> ❏ Kommutativgesetz
> ❏ Distributivgesetz
> 2) Welchen Wert hat der Term $3(4a - 5)$ für $a = 0$?
> ❏ -3
> ❏ -15

a) Löse die Aufgaben des Tests.

b) Ein Schüler muss die Lösungen raten. Mit welcher Wahrscheinlichkeit rät er beide (genau eine, keine) Aufgaben richtig? Zeichne ein Baumdiagramm.

c) Mit welcher Wahrscheinlichkeit rät man beide Aufgaben richtig, wenn bei beiden Fragen eine Antwortmöglichkeit mehr angegeben wird.

5 Beim Spiel „Mensch ärgere dich nicht" muss man zum Start in höchstens drei Würfen eine 6 geworfen haben.

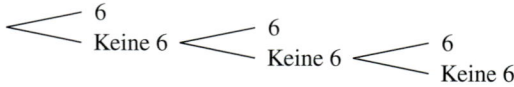

Das Baumdiagramm wurde entsprechend so gezeichnet, dass in den Ergebnissen nur „6 werfen" (6) und „nicht 6 werfen" (Keine 6) betrachtet wird.

a) Übertrage das Baumdiagramm in dein Heft. Vervollständige anschließend die Einzelwahrscheinlichkeiten entlang der Pfade.

b) Wie groß ist jeweils die Wahrscheinlichkeit, mit dem ersten, dem zweiten bzw. dem dritten Wurf eine 6 zu würfeln?

6 Bei einem Berufseignungstest einer Firma gibt es fünf Fragen. Nur eine Antwort zu jeder Frage ist richtig.

> 1. Welches Gesetz wurde angewandt?
> $3(4 + 5) = 12 + 15$
> ☐ Assoziativgesetz
> ☐ Kommutativgesetz
> ☐ Distributivgesetz
> 2. Welchen Wert hat der Term?
> $3(a + 7b)$ mit $a = 9$ und $b = 11$
> ☐ 258
> ☐ 104
> 3. Welches Gebäude ist das höchste?
> ☐ Stuttgarter Fernsehturm
> ☐ Deutsche Bank in Frankfurt
> ☐ Kölner Dom
> ☐ Ulmer Münster
> 4. Wer wurde älter?
> ☐ Albert Einstein
> ☐ Christian Huygens
> 5. Welche Stadt hat die meisten Einwohner?
> ☐ Bern
> ☐ Düsseldorf
> ☐ Lyon

Jens meint, er könne die Aufgaben nur durch zufälliges Tippen erfolgreich lösen.

a) Überprüfe diese Meinung mithilfe eines Baumdiagramms, in dem du die Wahrscheinlichkeiten für richtige und für falsche Antworten untersuchen kannst.

b) Welchen allgemeinen Rat kannst du Jens für Multiple-Choice-Tests geben?

7 Zwei Fußballprofis schießen abwechselnd auf eine Torwand. Der erste Profi trifft mit einer Wahrscheinlichkeit von 25 %, der zweite mit einer Wahrscheinlichkeit von 30 %.

a) Wie groß ist die Wahrscheinlichkeit, dass beide Profis treffen?

b) Wie groß ist die Wahrscheinlichkeit, dass mindestens ein Profi trifft?

c) Wie groß ist die Wahrscheinlichkeit, dass keiner der beiden Profis trifft?

Methode: Mehrstufige Zufallsexperimente

Wahrscheinlichkeiten berechnen mit der Produkt- und Summenregel bei mehrstufigen Zufallsexperimenten

Es werden diese drei Glücksräder gedreht. Man spielt ein dreistufiges Zufallsexperiment. Auch dabei kann man zur Berechnung der Wahrscheinlichkeit Produkt- und Summenregel benutzen.

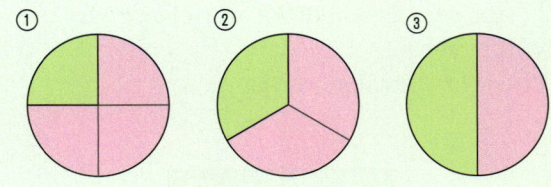

Mit welcher Wahrscheinlichkeit erhält man mindestens zweimal grün?

1. Zerlege die Situation in Teilversuche und zeichne ein Baumdiagramm.
2. Notiere die Wahrscheinlichkeiten der Versuchsausgänge an den Ästen.
3. Markiere die Pfade, die zu den gewünschten Ergebnissen führen. Berechne die einzelnen Wahrscheinlichkeiten mit der Produktregel.
4. Das Ereignis „mindestens zweimal Grün" wird nach der Summenregel berechnet.

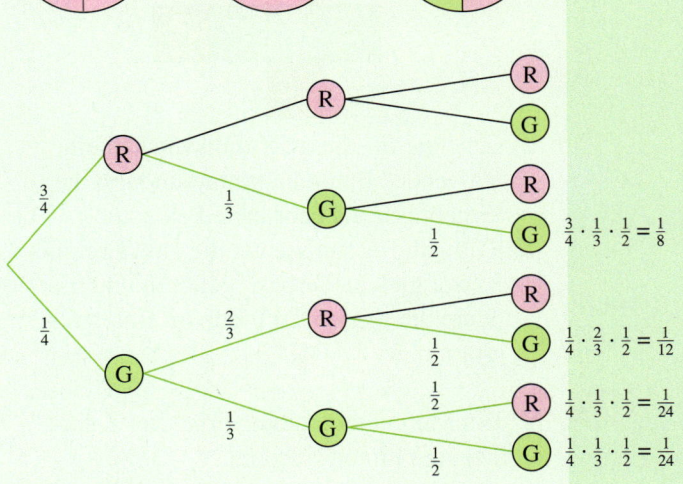

P (mindestens zweimal Grün)
$= \frac{1}{8} + \frac{1}{12} + \frac{1}{24} + \frac{1}{24} \approx 12,5\% + 8,3\% + 4,2\% + 4,2\% \approx 29,2\%$.

Pfadregel und Summenregel gelten auch bei mehrstufigen Zufallsexperimenten.

1 In einer Familie leben drei Kinder. Wie groß ist die Wahrscheinlichkeit jeweils dafür, dass unter den Kindern genau eine Tochter, mindestens eine Tochter, mindestens zwei Töchter sind?

2 Mit welcher Wahrscheinlichkeit erreicht man bei drei Würfen mit einem normalen Spielwürfel wenigstens einmal die 1?

3 Sieben Spielkarten liegen verdeckt auf dem Tisch und zwar: vier Buben, zwei Damen und ein Ass. Wie groß ist die Wahrscheinlichkeit mit drei Versuchen (mit Zurücklegen) …
a) genau zwei Buben,
b) ein Ass,
c) mindestens eine Dame,
d) genau drei Damen zu ziehen?

4 Betrachte das Baumdiagramm.
a) Erfinde eine Aufgabe oder ein Zufallsexperiment, das zu diesem Baumdiagramm passen kann.
b) Denke dir zu deiner Aufgabe ein Ereignis aus. Beschreibe es und berechne die Wahrscheinlichkeit für das Ereignis mit der Produkt- und der Summenregel.

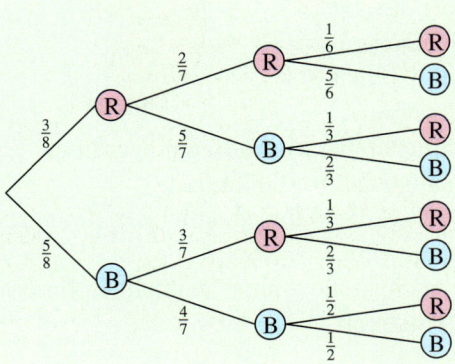

Klar so weit?

→ Seite 166

Zweistufige Zufallsversuche beschreiben

1 Aus dem abgebildeten Würfelnetz wird ein Würfel gebaut.
Er wird zweimal geworfen.

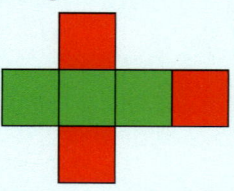

a) Zeichne für diesen Zufallsversuch ein passendes Baumdiagramm und gib die Ergebnisse als geordnete Paare an.
b) Gib alle Ergebnisse an, die zum Ereignis „zwei gleiche Farben" gehören und markiere die passenden Pfade im Baumdiagramm.

2 Ein Mountainbike hat vorne drei Zahnkränze und hinten sieben.
Jeder Gang entspricht einer Kombination aus einem bestimmten Zahnkranz vorne und einem Zahnkranz hinten.
Wie viele Gänge hat das Mountainbike demnach?

3 Wie viele zweistellige Zahlen kann man aus den Ziffern bilden, wenn jede Ziffer …
a) nur einmal,
b) mehrfach vorkommen darf?

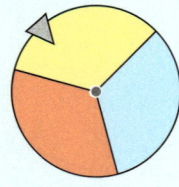

4 Das Glückrad wird zweimal gedreht. Für einen Hauptgewinn braucht man (Rot/Rot), bei zwei anderen gleichen Farben erhält man einen Trostpreis.
a) Zeichne ein passendes Baumdiagramm zum abgebildeten Glücksrad.
b) Bestimme die Wahrscheinlichkeit für einen Hauptgewinn.
c) Wie hoch ist die Wahrscheinlichkeit für einen Trostpreis?

1 Aus den abgebildeten Würfelnetzen werden zwei Würfel gebaut und diese nacheinander geworfen.

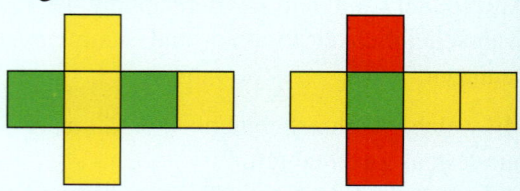

a) Zeichne ein passendes Baumdiagramm und gib die Ergebnisse als geordnete Paare an.
b) Gib die folgenden Ereignisse an und markiere sie im Baumdiagramm:
A: „zwei gleiche Farben"
B: „zwei verschiedene Farben"

2 Dennis möchte sich ein neues Handy kaufen.
Es gibt vier bezahlbare Modelle und fünf verschiedene Oberschalen.
Zwischen wie vielen verschiedenen Kombinationsmöglichkeiten für sein Handy kann er auswählen?

3 Wie viele zweistellige Zahlen kann man aus den Ziffern 1, 3, 7, 8, 9 bilden, wenn …
a) jede Ziffer nur einmal vorkommen darf?
b) jede Ziffer mehrfach vorkommen darf?
c) Wie viele dreistellige Zahlen gibt es, wenn jede Ziffer mehrfach vorkommen darf?

4 Das Glücksrad wird zweimal gedreht.
Aus den beiden „erdrehten" Ziffern, wird eine zweistellige Zahl gebildet.
z. B. (1/3) → 13
Wie groß ist die Wahrscheinlichkeit für…

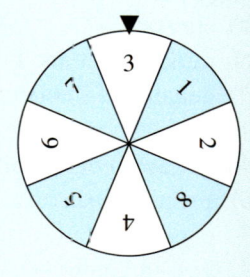

a) eine 11,
b) eine Zahl mit zwei gleichen Ziffern,
c) eine ungerade Zahl,
d) eine Zahl, die durch 5 teilbar ist?

Pfadregel und Summenregel

→ Seite 170

5 In einer achten Klasse sind 14 Jungen und 12 Mädchen. Die Klassenlehrerin wählt zufällig eine Person und dann noch eine Person für den Tafeldienst aus. Erkläre das Baumdiagramm.

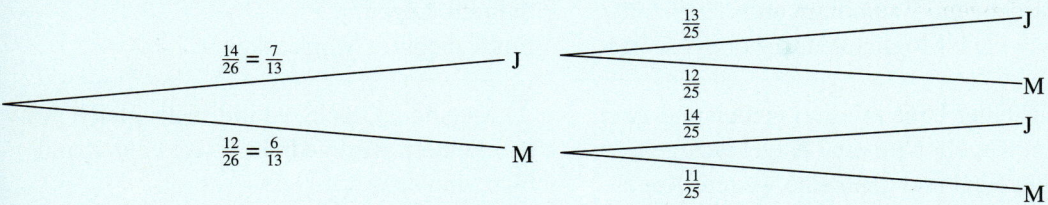

a) Warum verändern sich die Wahrscheinlichkeiten nach der Auswahl der ersten Person?

b) Wie groß ist die Wahrscheinlichkeit dafür, dass zwei Mädchen ausgewählt werden?

c) Bestimme die Wahrscheinlichkeit dafür, dass ein Junge und ein Mädchen zusammen Tafeldienst machen.

---

6 Auf dem Jahrmarkt gibt es eine Losbude. Die Wahrscheinlichkeit für einen Gewinn liegt bei 5 %.
Rosalie kauft zwei Lose.

a) Zeichne ein passendes Baumdiagramm. Trage auch die Wahrscheinlichkeiten ein.

b) Wie hoch ist die Wahrscheinlichkeit, dass Rosalie zwei Nieten zieht?

c) Berechne die Wahrscheinlichkeit für mindestens einen Gewinn.

6 In einer Lostrommel befinden sich 80 % Nieten, 15 % Kleingewinne und 5 % Hauptgewinne. Carlo kauft zwei Lose.

a) Zeichne ein passendes Baumdiagramm.

b) Gib die Wahrscheinlichkeit für zwei Hauptgewinne an.

c) Wie hoch ist die Wahrscheinlichkeit für zwei Nieten?

d) Berechne die Wahrscheinlichkeit für mindestens einen Gewinn.

---

7 Aus dieser Urne sollen nacheinander zwei Kugeln mit Zurücklegen gezogen werden.
Bestimme die Wahrscheinlichkeit für folgende Ereignisse:

a) genau zwei weiße Kugeln

b) genau eine rote Kugel

c) mindestens eine blaue Kugel

d) keine blaue Kugel

e) eine rote und eine blaue Kugel in beliebiger Reihenfolge

7 In einer Urne befinden sich vier blaue und sechs rote Kugeln.

a) Zeichne ein Baumdiagramm für zweimaliges Ziehen mit Zurücklegen.

b) Bestimme die Wahrscheinlichkeiten für das Ziehen von …

① genau zwei roten Kugeln,

② mindestens einer roten Kugel,

③ einer blauen und einer roten Kugel,

④ mindestens einer blauen Kugel.

c) Wie verändern sich die Wahrscheinlichkeiten, wenn die Kugeln ohne Zurücklegen gezogen werden?

---

8 Zuerst wird mit einer Münze geworfen, dann mit einem gewöhnlichen Spielwürfel.

a) Wie groß ist die Wahrscheinlichkeit für das Ergebnis (Z/5)?

b) Bestimme die Wahrscheinlichkeit für das Ereignis (W/gerade Zahl).

8 Eine Firma verkauft ein Straßennavigationsprogramm auf zwei CDs. Durch einen Produktionsfehler ist in einer Serie jede vierte CD fehlerhaft. Mit welcher Wahrscheinlichkeit sind jeweils in einer Programmpackung keine CD, beide CDs, eine CD defekt?

Vermischte Übungen

1 In einem Kaugummiautomaten befinden sich gelbe, rote und blaue Kaugummis. Nacheinander werden zwei Kaugummis gekauft.
a) Zeichne ein Baumdiagramm.
b) Wie viele Möglichkeiten gibt es?

2 Aus einer Urne mit drei gelben und zwei blauen Kugeln wird eine Kugel gezogen, zurückgelegt und dann eine weitere Kugel gezogen.
Wie groß ist die Wahrscheinlichkeit, dass die beiden gezogenen Kugeln verschiedene Farben haben?

3 Ein Eisverkäufer nimmt zufällig zwei Eiskugeln.
a) Zeichne ein Baumdiagramm für die Unterscheidung zwischen Milch- und Fruchteis.
b) Bestimme die Wahrscheinlichkeit, dass er …
① zwei Kugeln Milcheis wählt.
② einmal Milch- und einmal Fruchteis wählt.

Milcheis	Fruchteis
Nuss	Zitrone
Walnuss	Melone
Vanille	Erdbeer
Pistazie	Heidelbeer
Schoko	Kirsche
	Himbeer
	Limette

4 „Schere, Stein, Papier" spielt man zu zweit. Auf Drei zeigt jeder eine der Figuren.

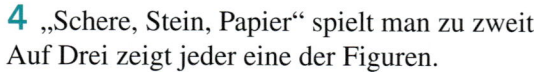

| Schere | Stein | Papier |

Es gilt:
Papier umwickelt Stein; *Stein* stumpft Schere; *Schere* schneidet Papier. Bei zwei gleichen Figuren ist es unentschieden.
a) Spielt fünf Runden. Notiert die Figuren. Schätzt die Gewinnwahrscheinlichkeit.
b) Im Baumdiagramm sind alle Pfade eingezeichnet. Wie wahrscheinlich ist „Unentschieden"?

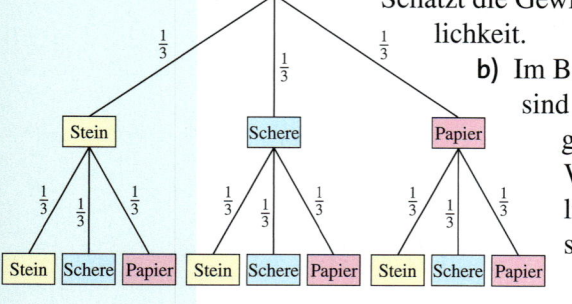

1 In seinem Kleiderschrank findet Thilo genug T-Shirts und Hosen, um daraus 24 verschiedene Kombinationen zu bilden.
Wie viele T-Shirts und Hosen könnten im Schrank liegen?
Finde mehrere Möglichkeiten.

2 An einem Glücksrad mit sechs gleich großen Feldern wird gedreht. Zwei Felder sind blau, drei sind weiß, eines ist rot.
a) Zeichne das Glücksrad in dein Heft.
b) Wie groß ist die Wahrscheinlichkeit, bei zweimaligem Drehen auf unterschiedlich gefärbte Feldern zu landen?

3 Eine der abgebildeten Münzen wird zufällig gezogen, zurückgelegt und es wird erneut eine Münze gezogen.
Wie groß ist die Wahrscheinlichkeit, dass...

a) die 1-€-Münze und die 50-Cent-Münze gezogen wird?
b) der Betrag der beiden Münzen größer als 1 € ist?

4 Von den 30 Schülerinnen und Schülern der Klasse 8 a waren sechs in den Ferien in Spanien, fünf in Griechenland, elf in Deutschland und drei in der Türkei.
Die restlichen Schüler besuchten andere Länder. Zwei Schüler der Klasse werden zufällig ausgewählt.

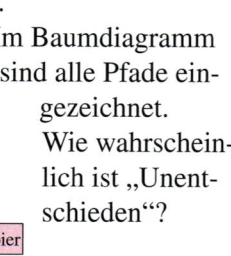

a) Wie groß ist die Wahrscheinlichkeit, dass beide ihren Urlaub in Deutschland verbracht haben?
b) Mit welcher Wahrscheinlichkeit haben beide ihren Urlaub im gleichen Land verbracht?

5 Ein Tresor verfügt über zwei Drehknöpfe, die auf die Zahlen 1 bis 8 eingestellt werden können. Nur bei der richtigen Zahlenkombination öffnet sich der Tresor.

a) Wie viele Kombinationsmöglichkeiten gibt es?

b) Bei einem neuen Tresormodell soll es 96 Kombinationsmöglichkeiten geben. Wie ist das möglich?
Nenne zwei Möglichkeiten für Zahlen auf den Drehknöpfen.

6 Ein junges Paar wünscht sich zwei Kinder. Mit einer Wahrscheinlichkeit von 51 % wird ein Junge geboren, bei einem Mädchen sind es 49 %.

a) Wie groß ist die Wahrscheinlichkeit, dass beide Kinder Mädchen sind?

b) Bestimme die Wahrscheinlichkeit für zwei Jungen.

c) Wie groß ist die Wahrscheinlichkeit, dass das zweite Kind ein Mädchen ist?

7 Das Glücks-rad wird dreimal gedreht.
Mit welcher Wahr-scheinlichkeit ergibt sich ein sinnvolles Wort?
Überlege zuerst, welche sinnvollen Wörter man aus den Buchstaben bilden kann und schreibe sie in dein Heft.

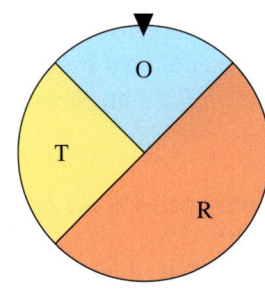

5 Zwei Spielwürfel werden nacheinander geworfen. Die Augen-zahl wird notiert. Wird zum Beispiel zuerst eine Vier und dann eine Fünf ge-worfen, schreibt man (4/5).

a) Wie viele mögliche Ergebnisse hat dieser Zufallsversuch?

b) Gib folgende Ereignisse als Menge geord-neter Paare an:
A: Beide Augenzahlen sind gerade.
B: Die zweite Augenzahl ist größer als die erste Augenzahl.
C: Das Produkt der beiden Augenzahlen ist kleiner als 10.

c) Überlege dir zu diesem Zufallsversuch zwei weitere mögliche Ereignisse, die du als Menge angibst.

6 Eine Gruppe besteht aus 3 Frauen und 7 Männern. Es werden zufällig zwei Personen ausgewählt.

a) Bestimme die Wahrscheinlichkeit für …
① zwei Frauen,
② zwei Männer,
③ keinen Mann,
④ einen Mann und eine Frau.

b) Wie ändern sich die Wahrscheinlichkeiten, wenn die Gruppe aus 6 Frauen und 14 Männern besteht? Begründe.

c) Was verändert sich, wenn man nur weiß, dass die Gruppe aus 30 % Frauen und 70 % Männern besteht?

7 Bei einem Leichtathletik-Sportfest nehmen acht Läuferinnen am 100-m-Finale teil.
Von vier Teilnehmerinnen kann man bereits vor dem Lauf sicher sagen, dass sie für den Sieg nicht infrage kommen.
Bei den restlichen Teilnehmerinnen kann man den Zieleinlauf nicht vorhersagen.

a) Wie viele unterschiedliche Zieleinläufe sind möglich?

b) Wie groß ist die Wahrscheinlichkeit, den Zieleinlauf der ersten drei Läuferinnen richtig vorherzusagen?

Eine Abfüllanlage für Flüssigkeiten einstellen

Flüssige Medikamente werden mit automatisch gesteuerten Anlagen abgefüllt. Es soll möglichst immer die gleiche Menge abgefüllt werden.

Vor der Produktion wird in Testdurchläufen überprüft, ob die Abfüllanlage die erwartete Menge tatsächlich abgibt. Die Ergebnisse der beim Test entnommen Proben werden in einem Messprotokoll festgehalten und in einem Koordinatensystem veranschaulicht.

Abgebildet ist ein Messprotokoll eines Testlaufes zum Abfüllen von 1 ml eines flüssigen Arzneimittels.

Es wird erwartet, dass die Maschine 1 ml Flüssigkeit abfüllt.

Man sagt: Der **Erwartungswert** ist 1 ml.

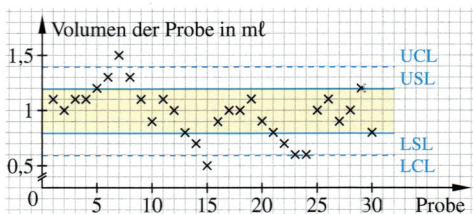

8   Lesen des Messprotokolls

Betrachte das Messprotoll der Abfüllanlage.
a) Wie viele Messungen wurden insgesamt durchgeführt?
b) Nicht alle Messwerte erreichen genau 1 ml. Sie streuen um den Erwartungswert. Bei wie vielen Messung wurde der Erwartungswert genau erreicht?
c) Gib Maximum und Minimum der gemessenen Füllungen an. Wie groß ist die Spannweite?

9   Verstehen des Messprotokolls

USL und LSL begrenzen den **Toleranzbereich**. Hier liegen die Befüllungen, die man als Abweichungen vom Erwartungswert erlaubt.
a) Wie viele Messergebnisse liegen außerhalb des Toleranzbereiches?
b) Wie viele Messergebnisse liegen im Toleranzbereich?
c) Mit welcher Wahrscheinlichkeit liegen zwei aufeinanderfolgende Messungen außerhalb des Toleranzbereichs?
d) Wenn mehr als 5 % der Ergebnisse nicht im Toleranzbereich liegen, muss die Anlage besser eingestellt werden. Ist das nach dem Protokoll nötig? Begründe.

10   Auswerten des Messprotokolls

Um Abfüllanlagen besser einstellen zu können, werden die Messprotokolle ausgewertet.
Gib den Median an und berechne das arithmetische Mittel der Testergebnisse. Welcher der beiden Werte kommt dem Erwartungswert am nächsten?

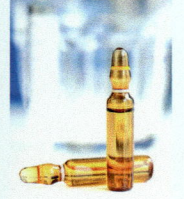

11   Nutzen der Auswertungen

Zur Einstellung des Füllautomaten werden die Werte des Protokolls, die im Toleranzbereich liegen, als Schätzwert für die Wahrscheinlichkeit angenommen.
a) Wie viele von 30 000 Abfüllungen würden dann im erlaubten Bereich liegen?
b) Wie viele von 100 000 Abfüllungen würden nicht im Toleranzbereich liegen?

12   Neueinstellung des Füllautomaten

Nach der Neueinstellung des Füllautomaten liegen nur noch 4 % der Ampullen außerhalb des Toleranzbereiches. Die anderen sind korrekt abgefüllt.
a) Wie viele von 1 500 000 Füllungen haben wahrscheinlich zugelassene Werte? Wie viele nicht?
b) Nach dem korrekten Abfüllen werden die Glasampullen in Kartons verpackt. Dabei gehen 0,6 % kaputt. Mit welcher Wahrscheinlichkeit werden die Ampullen an dieser Anlage korrekt abgefüllt und verpackt? Wie viele von 1 500 000 Ampullen sind das?

Zusammenfassung

→ Seite 166

Zweistufige Zufallsversuche beschreiben

Setzt sich ein Zufallsexperiment aus zwei Teilexperimenten zusammen, so nennt man es **zweistufiges Zufallsexperiment**.

Die Ergebnisse zweistufiger Zufallsexperimente sind **geordnete Paare**.
Um die Anzahl aller möglichen Ergebnisse eines zweistufigen Zufallsexperiments zu bestimmen, können die beiden Anzahlen der Ergebnisse der Teilexperimente multipliziert werden.

Baumdiagramme verwendet man zur Veranschaulichung von zweistufigen Zufallsexperimenten.

Auf einem Flug werden als Getränke Kaffee, Tee oder Wasser und als Essen ein Sandwich mit Käse oder eines mit Schinken geboten. Es gibt $3 \cdot 2 = 6$ mögliche Kombinationen:
(Kaffee/Käse); (Kaffee/Schinken);
(Tee/Käse); (Tee/Schinken);
(Wasser/Käse); (Wasser/Schinken)

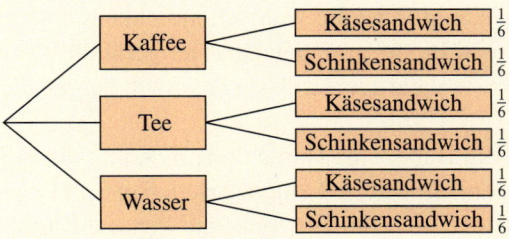

$P(\text{Kaffee/Käsesandwich}) = \frac{1}{6}$

$P(\text{Käsesandwich}) = \frac{1}{6} + \frac{1}{6} + \frac{1}{6} = \frac{3}{6} = \frac{1}{2}$

Pfadregel und Summenregel

→ Seite 170

Viele zufällige Erscheinungen in alltäglichen Situationen lassen sich mithilfe der Produkt- und Summenregel lösen.

Beim Notieren der Wahrscheinlichkeiten ist zu überlegen, ob das Ergebnis des ersten Teilversuchs die Wahrscheinlichkeiten beim zweiten Teilversuch beeinflusst, d.h. ob es sich um ein Experiment mit oder ohne **Zurücklegen** handelt.

Produktregel (Pfadregel)
Bei zweistufigen Zufallsexperimenten ergibt sich die Wahrscheinlichkeit eines Ergebnisses aus dem Produkt der Wahrscheinlichkeiten der einzelnen Teilergebnisse.

Summenregel
Die Wahrscheinlichkeit eines Ereignisses ergibt sich durch Addition der Wahrscheinlichkeiten von allen Ergebnissen, die zu diesem Ereignis gehören.

Aus einer Urne mit drei gelben und zwei blauen Kugeln wird eine Kugel gezogen. Sie wird zurückgelegt und es wird noch einmal gezogen. Wie groß ist die Wahrscheinlichkeit, eine gelbe Kugel zu ziehen?

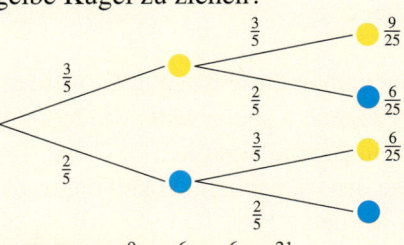

$P(\text{Gelb}) = \frac{9}{25} + \frac{6}{25} + \frac{6}{25} = \frac{21}{25}$

Aus der gleichen Urne wird eine Kugel gezogen und nicht wieder zurückgelegt. Anschließend wird eine zweite Kugel gezogen. Bestimme jetzt die Wahrscheinlichkeit.

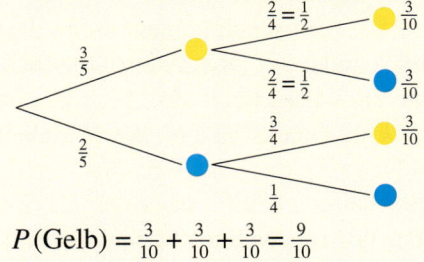

$P(\text{Gelb}) = \frac{3}{10} + \frac{3}{10} + \frac{3}{10} = \frac{9}{10}$

Zweistufige Zufallsexperimente

Teste dich!

1 Punkt

1 Ein Imbiss verkauft Würstchen, Schnitzel und Frikadellen. Als Beilage können die Kunden Kartoffelsalat oder Pommes wählen.
Zwischen wie vielen Kombinationen können die Kunden sich entscheiden?

3 Punkte

2 Bei einem Tierklappbuch ist jede Seite in zwei gleich große Teile unterteilt. Der obere Teil der Seite zeigt den Kopf sowie den Rumpf und der untere Teil die Beine sowie die Füße eines Tieres.
a) Das Buch zeigt fünf verschiedene Tiere. Wie viele Kombinationsmöglichkeiten von Kopf und Beinen gibt es?
b) Wie groß ist die Wahrscheinlichkeit, dass bei einer zufällig ausgewählten Kombination Kopf und Beine zum gleichen Tier gehören?
c) Wie viele Tiere müsste das Buch zeigen, damit es mehr als 100 Kombinationen gibt?

4 Punkte

3 Ein Bube, eine Dame und ein König eines Skatspiels liegen verdeckt auf einem Tisch. Ein Spieler zieht eine Karte, notiert das Ergebnis und legt die Karte zurück. Es wird gemischt und noch einmal gezogen.
a) Wie viele Ergebnisse gibt es?
b) Wie groß ist die Wahrscheinlichkeit, zweimal hintereinander eine Dame zu ziehen?
c) Gib die Wahrscheinlichkeit an, dass mindestens einmal eine Dame gezogen wird.
d) Mit welcher Wahrscheinlichkeit wird die Dame weder beim ersten noch beim zweiten Zuge gezogen?

1 Punkt

4 In einer Multibox sind vier verschiedene Teesorten und zwar 50 Beutel Kamillentee, 20 Beutel Fencheltee, 100 Beutel schwarzer Tee und 80 Beutel Pfefferminztee.
Mit welcher Wahrscheinlichkeit zieht man aus der Multibox zufällig nacheinander zwei Beutel Pfefferminztee?

4 Punkte

5 Eine Urne enthält diese Kugeln. Es werden zwei Kugeln gezogen, wobei die gezogene Kugel jeweils wieder in die Urne zurückgelegt wird.
a) Zeichne ein Baumdiagramm.
b) Bestimme die Wahrscheinlichkeit dafür, dass zwei grüne Kugeln gezogen werden.
c) Mit welcher Wahrscheinlichkeit wird genau eine weiße Kugel gezogen?
d) Wie groß ist die Wahrscheinlichkeit dafür, dass mindestens eine weiße Kugel aus der Urne gezogen wird?

4 Punkte

6 Die beiden Glücksräder werden gleichzeitig gedreht.
a) Zeichne ein Baumdiagramm.
b) Bestimme die Wahrscheinlichkeit dafür, dass beide Glücksräder auf „Rot" stehen bleiben.
c) Bestimme die Wahrscheinlichkeit dafür, dass mindestens ein Glücksrad auf „Weiß" stehen bleibt.
d) Die Wahrscheinlichkeit für das Ergebnis (Rot/Rot) soll genau 25 % betragen. Wie groß müsste der Winkel des roten Segments beim zweiten Glücksrad gewählt werden?

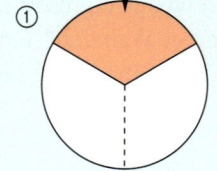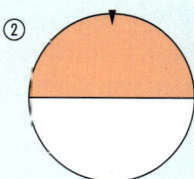

180

Gold: 16–17 Punkte, Silber: 13–15 Punkte, Bronze: 10–12 Punkte

Lösungen ab Seite 182

Anhang

Vielecke und Kreise berechnen

Noch fit?

1 ②, ④, ⑥

1 A: Quadrat; B: Parallelogramm; C: Raute
D: Parallelogramm; E: Rechteck; F: Quadrat

2 Zeichenübung
a) $u_{Quadrat} = 12\,cm$; $u_{Rechteck} = 12\,cm$
b) $A_{Quadrat} = 9\,cm^2$; $A_{Rechteck} = 8\,cm^2$
c) $u_{Quadrat} = 4\,a$; $u_{Rechteck} = 2 \cdot (a + b)$
   $A_{Quadrat} = a^2$; $A_{Rechteck} = a \cdot b$

2 Zeichenübung
a) $u = 4\,a = 16\,cm$ b) $u = 4\,a = 30\,cm$
   $A = a^2 = 16\,cm^2$ $A = a^2 = 56,25\,cm^2$
c) $u = 2 \cdot (a + b) = 250\,mm$ d) $u = 2 \cdot (a + b) = 33\,cm = 3,3\,dm$
   $A = a \cdot b = 3\,600\,mm^2$ $A = a \cdot b = 60,5\,cm^2 = 0,605\,dm^2$

3 a) 12 dm   b) 17 cm
c) 44 dm   d) 1,3 km
e) $1\,dm^2$ f) $5\,cm^2$
g) $1000\,dm^2$ h) $700\,000\,cm^2$

3 a) 27,5 cm   b) 300 mm
c) 3,5 cm   d) 120,4 dm
e) $2\,dm^2$ f) $45\,cm^2$
g) $510\,dm^2$ h) $1\,357\,cm^2$

4
a)   b)   c)

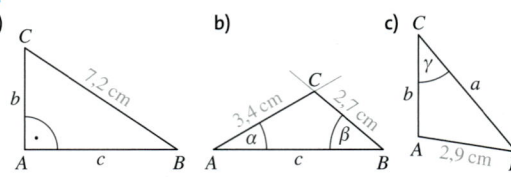

Abbildungen maßstäblich verkleinert

4
a)   b)   c)

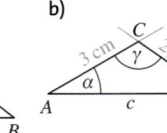
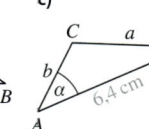

Abbildungen maßstäblich verkleinert

5 $r_1 = 1,3\,cm$; $r_2 = 0,9\,cm$; $r_3 = 0,5\,cm$
$d_1 = 3,6\,cm$; $d_2 = 2,6\,cm$; $d_3 = 1,4\,cm$

5 Die beiden Kreismittelpunkte liegen 10,7 cm (2,3 cm) voneinander entfernt.

6 a) In einem Rechteck sind alle Winkel **rechte Winkel**.
b) Zwei Geraden sind parallel zueinander, wenn **sie überall denselben Abstand zueinander haben**.
c) Zwei Geraden sind senkrecht zueinander, wenn **sie sich in einem Winkel von 90° schneiden**.
d) Die Verbindung gegenüberliegender Eckpunte im Rechteck nennt man **Diagonale**.
e) Zwei Dreiecke sind kongruent (deckungsgleich), wenn sie **in allen Seitenlängen und in allen Winkelgrößen übereinstimmen**.

Klar so weit?

1 a) $u = 38\,cm$ b) $u = 31\,m$ c) $u = 69\,mm$
d) $u = 19,1\,cm$ e) $u = 20,1\,cm$

1

	a)	b)	c)	d)
a	51 cm	35 mm	**9,04 m**	73 mm
b	9,2 cm	**16 mm**	10,42 m	4,8 cm
c	45,8 cm	2,9 cm	2,15 m	**6,9 cm**
u	**106 cm**	80 mm	21,61 m	1,9 dm

2
a)   b)

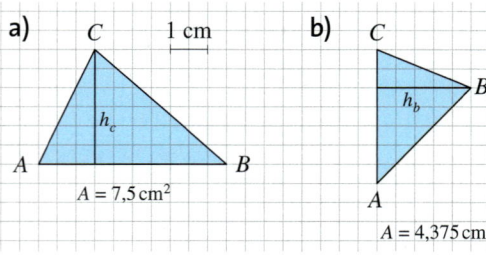

$A = 7,5\,cm^2$

$A = 4,375\,cm^2$

2 rote Fläche: $A = 63\,cm^2$
blaue Fläche: $A = 45\,cm^2$

3

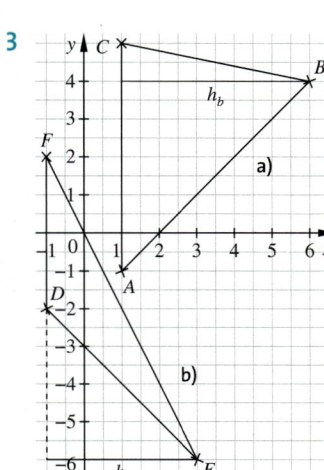

$u = 18,2\,\text{cm}$
$A = 15\,\text{cm}^2$

$u = 18,6\,\text{cm}$
$A = 8\,\text{cm}^2$

3 a)

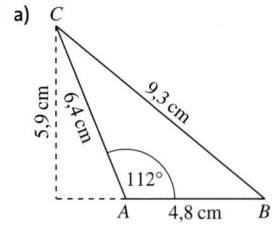

$u = 20,5\,\text{cm}$
$A = 14,2\,\text{cm}^2$

b)

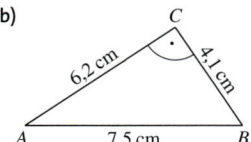

$u = 17,7\,\text{cm}$
$A = 12,71\,\text{cm}^2$

Abbildungen maßstäblich verkleinert

4 a) $A = 5\,\text{cm}^2$ **b)** $A = 10\,\text{cm}^2$
c) $A = 8\,\text{cm}^2$ **d)** $A = 4\,\text{cm}^2$

4 a) $A = 8\,\text{cm}^2$ **b)** $A = 6\,\text{cm}^2$
c) $A = 9\,\text{cm}^2$

5

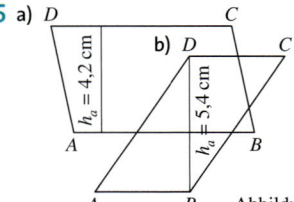

Abbildungen maßstäblich verkleinert

$u = 23\,\text{cm}$ $u = 20,8\,\text{cm}$ $u = 13\,\text{cm}$
$A = 30,24\,\text{cm}^2$ $A = 20,52\,\text{cm}^2$ $A = 9,75\,\text{cm}^2$

5

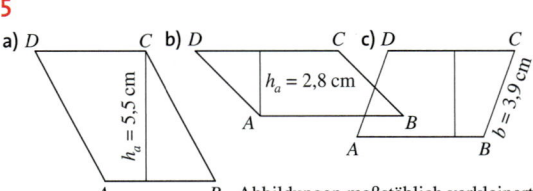

Abbildungen maßstäblich verkleinert

$u = 22\,\text{cm}$ $u = 20\,\text{cm}$ $u = 18,6\,\text{cm}; b = 3,9\,\text{cm}$
$A = 25,85\,\text{cm}^2$ $A = 17,08\,\text{cm}^2$ $A = 19,98\,\text{cm}^2$

6 a) $14\,\text{cm}^2$
b) $16\,\text{cm}^2$

6 a) $A_{\text{blau}} = 6\,\text{cm}^2; A_{\text{gelb}} = 17,5\,\text{cm}^2 - 6\,\text{cm}^2 = 11,5\,\text{cm}^2$
b) $A_{\text{blau}} = 10\,\text{cm}^2; A_{\text{gelb}} = 25\,\text{cm}^2 - 10\,\text{cm}^2 = 15\,\text{cm}^2$

7 a) $A = 8,82\,\text{cm}^2$
b) $f = 12\,\text{m}$
c) $e = 2,72\,\text{dm}$

7

	a	b	u	e	f	A
a)	3,8 cm	1,9 cm	**11,4 cm**	5 cm	3 cm	**7,5 cm²**
b)	4 m	**5,5 m**	19 m	8 m	**5 m**	20 m²
c)	**2,2 cm**	28 mm	10 cm	**4 cm**	32,5 mm	6,5 cm²

8

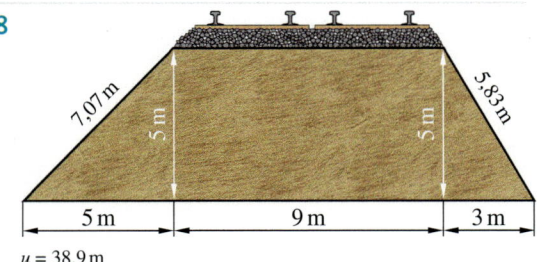

$u = 38,9\,\text{m}$
$A = 65\,\text{m}^2$

8 a) $A = 17,5\,\text{cm}^2$ **b)** $A = 36\,\text{cm}^2$
c) $A = 37,5\,\text{cm}^2$ **d)** $A = 27\,\text{cm}^2$

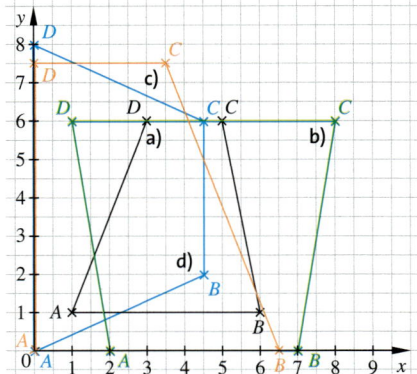

Seite 28/29

9 Zeichenübung $u \approx 31,45\,\text{cm}$; $A = 78,54\,\text{cm}^2$

9 Zeichenübung $A = 58,01\,\text{cm}^2$

10 Der Punkt C.

10 Zeichenübung:
a) $r \approx 0,72\,\text{cm}$ **b)** $r \approx 0,91\,\text{cm}$ **c)** $r \approx 0,56\,\text{cm}$

11 Der Rasensprenger kann etwa eine Fläche von $28,27\,\text{m}^2$ bis $452,39\,\text{m}^2$ bewässern.

11 Es werden etwa $78,5\,\%$ erreicht.

Seite 34

Teste dich!

1 a) $u = 7,4\,\text{cm}$
$A = 2,465\,\text{cm}^2$
b) $u = 8,6\,\text{cm}$
$A = 2,775\,\text{cm}^2$
c) $u = 9,6\,\text{cm}$
$A = 3,84\,\text{cm}^2$
d) $u = 9\,\text{cm}$
$A = 3,9\,\text{cm}^2$

2 a) ① $A = 7,35\,\text{m}^2$ ② $A = 5,13\,\text{m}^2$
b) ① Das Glas kostet $703,17\,€$.   ② Das Glas kostet $490,79\,€$.

3 ① $u = 10,8\,\text{cm}$
$A = 5,95\,\text{cm}^2$
② $u = 20,6\,\text{cm}$
$A = 20,72\,\text{cm}^2$
③ $u = 8\,\text{cm}$
$A = 4,08\,\text{cm}^2$
④ $u = 19,6\,\text{cm}$
$A = 22,75\,\text{cm}^2$

4 a) Er erhält eine Entschädigung in Höhe von $170\,289\,€$.   **b)** Die Jahrespacht beträgt $191\,€$.

5 a) $d = 9,4\,\text{cm}$; $u \approx 29,53\,\text{cm}$; $A \approx 69,40\,\text{cm}^2$
b) $r = 0,4\,\text{m}$; $u \approx 2,51\,\text{m}$; $A \approx 0,50\,\text{m}^2$;
c) $r \approx 0,80\,\text{dm}$; $d \approx 1,59\,\text{dm}$; $A \approx 1,99\,\text{dm}^2$

Lineare Gleichungen

Seite 36

Noch fit?

1 a) $4c$ **b)** $-x$ **c)** $2p$
d) $-3x$ **e)** $5n$ **f)** y

1 a) $2c + 2d$ **b)** $p + q$ **c)** $4x + z$
d) $-3a$ **e)** $4n + 2p$ **f)** $2r - y$

2 a) 0 (52 und 130)   **b)** 0 (72 und 180)
c) 0 (22 und 55)   **d)** 46 (14 und −34)
e) 0 (42 und 105)   **f)** 0 (12 und 30)

2 a) −6 (0; 22 und 60)   **b)** 1 (10; 43 und 100)
c) −10 (2; 46 und 122)   **d)** −19 (17; 149 und 377)
e) 6 (0; −22 und −60)   **f)** −61 (35; 387 und 995)

3 a) richtig
b) falsch; $x = 8$
c) falsch; $x = -1$
d) richtig
e) richtig
f) falsch; $x = 10$
g) richtig

3 a) $x = 0$
b) $x = 2$
c) $x = -4$
d) $x = -2,5$
e) $x = \frac{2}{5}$
f) $x = 2$
g) $x = 12$

4 a) ④   **b)** ⑥   **c)** ②   **d)** ①   **e)** ③   **f)** ⑤

5 a) Eine Variable ist ein Platzhalter oder eine Unbekannte.
Ein Term (Rechenausdruck) ist eine sinnvolle Zusammensetzung aus Rechenzeichen, Zahlen und/oder Variablen.
Den Wert des Terms kann man berechnen, indem für die Variable eine Zahl eingesetzt wird.
b) <u>Kommutativgesetz:</u> Bei der Addition dürfen Summanden vertauscht werden: $a + b = b + a$.
Bei der Multiplikation dürfen Faktoren vertauscht werden: $a \cdot b = b \cdot a$.
<u>Assoziativgesetz:</u> Bei der Addition dürfen Summanden beliebig zusammengefasst werden: $a + (b + c) = (a + b) + c$.
Bei der Multiplikation dürfen Faktoren beliebig zusammengefasst werden: $a \cdot (b \cdot c) = (a \cdot b) \cdot c$.
<u>Distributivgesetz:</u> $a \cdot (b \pm c) = a \cdot b \pm a \cdot c$; $(a \pm b) : c = a : c \pm b : c$, mit $c \neq 0$.
c) Die Hose wurde um $15\,\%$ reduziert.

Seite 50

Klar so weit?

1 a) nein; kein Gleichheitszeichen
b) ja; Gleichheitszeichen verbindet zwei Terme
c) ja; Gleichheitszeichen verbindet zwei Terme
d) nein; kein Gleichheitszeichen
e) ja; Gleichheitszeichen verbindet zwei Terme
f) nein; zwei Gleichheitszeichen verbinden drei Terme

1 a) ja; Gleichheitszeichen verbindet zwei Terme
b) ja; Gleichheitszeichen verbindet zwei Terme
c) nein; zwei Gleichheitszeichen verbinden drei Terme
d) ja; Gleichheitszeichen verbindet zwei Terme
e) ja; Gleichheitszeichen verbindet zwei Terme
f) nein; zwei Gleichheitszeichen verbinden drei Terme

2 a) falsch   **b)** falsch   **c)** falsch   **d)** falsch
e) wahr   **f)** wahr   **g)** falsch

2 a) $x = -5$ **b)** $x = 8$ **c)** $x = -2$ **d)** $x = 6$
e) $x = 0,5$ **f)** $x = 1$ **g)** $x = 3$

3 a) $2x + 2 = 6$ **b)** $3x + 6 = 5x + 2$

4 a), f)

4 a) $x = 16$ **b)** y beliebig   **c)** $u = 146,34$
d) $v = 2,5$ **e)** $z = 0$ **f)** $w = 9,9$

5 $3a = 4 + a$
a) $\begin{aligned} 3a &= 4 + a \quad &| - a \\ 2a &= 4 \quad &| : 2 \\ a &= 2 \end{aligned}$
b) $\begin{aligned} 3a &= 4 + a \quad &| + a \\ 4a &= 4 + 2a \quad &| : 2 \\ 2a &= 2 + a \quad &| - a \\ a &= 2 \end{aligned}$

5 $4b + 5 = 2b + 45$
a) $\begin{aligned} 4b + 5 &= 2b + 45 \quad &| - 5 \\ 4b &= 2b + 40 \quad &| - 2b \\ 2b &= 40 \quad &| : 2 \\ b &= 20 \end{aligned}$
b) $\begin{aligned} 4b + 5 &= 2b + 45 \quad &| + 5 \\ 4b + 10 &= 2b + 50 \quad &| : 2 \\ 2b + 5 &= b + 25 \quad &| - b \\ b + 5 &= 25 \quad &| - 5 \\ b &= 20 \end{aligned}$

6 a) $a = 3$ **b)** $b = 3$ **c)** $c = 4$
d) $d = 3,5$ **e)** $e = 3$

6 a) $a = 4$ **b)** $b = 3$ **c)** $c = 0,7$
d) $d = 1$ **e)** $e = -3,5$ **f)** $f = \frac{1}{10}$

7 $\begin{aligned} 3x - 8 &= 31 - 10x \quad &| + \mathbf{10x} \\ \mathbf{13}x - 8 &= 31 \quad &| + 8 \\ 13x &= \mathbf{39} \quad &| : \mathbf{13} \\ x &= \mathbf{3} \end{aligned}$

7 $\begin{aligned} 0,5x + 6 &= 2x + 5,25 \quad &| - \mathbf{0,5x} \\ 6 &= \mathbf{1,5}x + 5,25 \quad &| - \mathbf{5,25} \\ 0,75 &= \mathbf{1,5x} \quad &| : \mathbf{1,5} \\ \mathbf{0,5} &= x \end{aligned}$

8 a) ⑧   **b)** ①   **c)** ②, ⑤   **d)** ⑦   **e)** ⑤, ②   **f)** ⑥   **g)** ④   **h)** ③

9 a) $\begin{aligned} x - 12 &= 2 \\ x &= 14 \end{aligned}$ **b)** $\begin{aligned} x + 35 &= 100 \\ x &= 65 \end{aligned}$
c) $\begin{aligned} \tfrac{1}{3}x &= 7,5 \\ x &= 22,5 \end{aligned}$ **d)** $\begin{aligned} x + 5 &= 50 \\ x &= 45 \end{aligned}$
e) $\begin{aligned} 79 - x &= 50 \\ x &= 29 \end{aligned}$ **f)** $\begin{aligned} 2x &= 650 \\ x &= 325 \end{aligned}$

9 a) $\begin{aligned} x + 2 &= 1,5 \\ x &= -0,5 \end{aligned}$ **b)** $\begin{aligned} 3x &= 54 \\ x &= 18 \end{aligned}$
c) $\begin{aligned} \tfrac{2}{3}x &= 460 \\ x &= 690 \end{aligned}$ **d)** $\begin{aligned} x + 3,5 &= 18 \\ x &= 14,5 \end{aligned}$
e) $\begin{aligned} 97 - x &= 86 \\ x &= 11 \end{aligned}$ **f)** $\begin{aligned} \tfrac{1}{3}x &= 260 \\ x &= 780 \end{aligned}$

10 a) $\begin{aligned} 14 - 7 &= x + 2 \\ x &= 5 \end{aligned}$
Mäuschen ist heute fünf Jahre alt.
b) $\begin{aligned} 14 + x &= 2 \cdot (5 + x) \\ x &= 4 \end{aligned}$
In vier Jahren ist Wanda doppelt so alt wie ihre Katze.

10 a) $\begin{aligned} x + 8 + x &= 22 \\ x &= 7 \end{aligned}$
Schröder ist sieben Jahre alt, Tim ist 15 Jahre alt.
b) $\begin{aligned} 15 - x &= 3 \cdot (7 - x) \\ x &= 3 \end{aligned}$
Vor drei Jahren war Tim zwölf Jahre alt und sein Hund vier Jahre alt. Also war Tim 3-mal so alt wie sein Hund.

Teste dich!

1 Aussage **c)** trifft zu.

2 a) Er bezahlt 57,90 €.
b) Es ist günstiger, sieben Vierertickets (50,40 €) zu kaufen als sechs Vierertickets und drei Einzeltickets (50,70 €).
c) Er hat sechs Vierertickets gekauft.

3 a) $a = 16$ **b)** $b = 49$ **c)** $c = 8$ **d)** $d = -3$
e) $e = -1,4$ **f)** $f = 4$ **g)** $g = 14$ **h)** $h = -4$

4 a) $a = 12$ **b)** $b = -2,5$ **c)** $c = 0,75$ **d)** $d = -20$
e) $e = 1,4$ **f)** $f = -7,6$ **g)** $g = -9$ **h)** $h = -9$

5 a) $2x + 43 = 77$; $x = 17$
b) $3 \cdot (x - 4) + 12 = 42$; $x = 14$

6 a) Anne ist 28 Jahre alt, Birte ist 13 Jahre alt und Charlene ist ein Jahr alt.
b) Oma Frieda ist 60 Jahre alt, Jasmina ist zehn und Jasminas Vater ist 30 Jahre alt.
c) Opa Karl-Heinz ist 70 Jahre alt, sein Enkel Jan-Marvin ist sieben Jahre alt.

7 a) Eine Kinokarte kostet 9,20 €.
b) Eine Currywurst kostet jetzt 2,50 €.
c) Eine Theaterkarte kostet regulär 16 €, Herr Hauprecht zahlt nur 11 €.

Prozent- und Zinsrechnung

Noch fit?

1

	a)	b)	c)	d)	e)	f)
Dezimalbruch	0,25	**0,1**	0,60	**0,125**	**1**	0,05
Bruch	$\frac{25}{100}$	$\frac{1}{10}$	$\frac{60}{100}$	$\frac{125}{1000}$	$\frac{100}{100}$	$\frac{5}{100}$
Prozentangabe	25%	**10%**	**60%**	**12,5%**	100%	5%
Anteil	25 von 100	**10 von 100**	**60 von 100**	12,5 von 100	**100 von 100**	**5 von 100**

2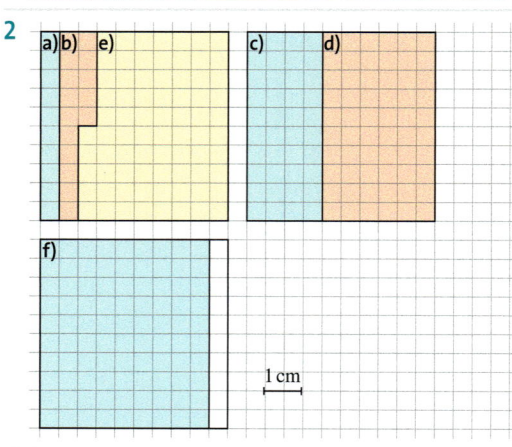

2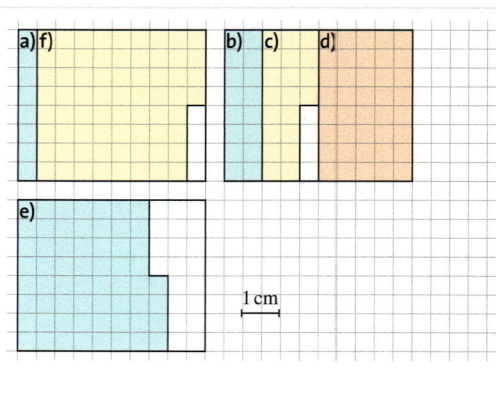

3 a) $\frac{3}{10} = 30\%$; $\frac{3}{6} = 50\%$; $\frac{3}{5} = 60\%$; $\frac{3}{4} = 75\%$; $\frac{3}{2} = 150\%$

    b) $\frac{2}{50} = 4\%$; $\frac{2}{40} = 5\%$; $\frac{2}{20} = 10\%$; $\frac{2}{10} = 20\%$; $\frac{1}{2} = 50\%$

3 a) $\frac{2}{7} \approx 28,6\%$; $\frac{2}{6} \approx 33,3\%$; $\frac{2}{5} = 40\%$; $\frac{2}{4} = 50\%$; $\frac{2}{3} \approx 66,7\%$

    b) $\frac{4}{5} = 80\%$; $\frac{5}{6} \approx 83,3\%$; $\frac{6}{7} \approx 85,7\%$; $\frac{7}{8} = 87.5\%$; $\frac{8}{9} \approx 88,9\%$

4 a) ① 52,3% Jungen; 47,7% Mädchen; ② 396 Teilnehmer erhalten ein Abzeichen.

    b) 264 Teilnehmer wählten Hochsprung, 176 wählten Weitsprung.

    c) 1 000-m-Lauf: 132 Teilnehmer; 2000-m-Lauf: 108 Teilnehmer; Radfahren: 200 Teilnehmer

5

	a)	b)	c)	d)
Prozentwert	**4,8 m**	720 l	16 €	48 kg
Grundwert	240 m	**1800 l**	20 €	120 kg
Prozentsatz	2%	40%	**80%**	**40%**

5

	a)	b)	c)	d)
Prozentwert	**0,675 t**	12,50 €	0,75 l	0,029
Grundwert	4,5 t	**312,50 €**	25 l	**0,058**
Prozentsatz	15%	4%	**3%**	50%

6 a) Gesucht ist der Prozentwert. Das Spiel kostet jetzt 17,50 €.

    b) Gesucht ist der Grundwert. Der Pkw-Bestand lag 2015 bei ca. 44,58 Mio. Pkw.

    c) Gesucht ist der Prozentsatz. Die Bevölkerung stieg auf ca. 287,1%.

Klar so weit?

1

	120 €	4,5 t	3,75 km
3%	*3,60 €*	**0,135 t**	**0,1125 km**
15%	**18 €**	0,675 t	0,5625 km
0,75%	**0,90 €**	**0,03375 t**	**0,028125 km**

1

	Grundwert	Prozentwert	Prozentsatz
a)	748,80 €	**≈ 32,20 €**	4,3%
b)	8 473,15 €	3 754,23 €	**≈ 44,3%**
c)	**≈ 4 368,6 km**	847,5 km	19,4%

2 a) 5,40 € werden verbraucht.

    b) Es gab insgesamt 450 Personen.

    c) Es wurden ca. 19,3% des Seils verkauft.

2 a) Der Vorrat beträgt ca. 78,4 kg.

    b) Das Konzentrat besitzt 1,6% des ursprünglichen Volumens.

    c) 115,5 ha Ackerfläche werden bewirtschaftet.

3 a)

Mädchen		Mitgliedschaft	Jungen	
Anteil	Anzahl		Anteil	Anzahl
34%	**106**	Sportverein	**12,8%**	37
11,9%	37	Schulschwimm-mannschaft	13%	**37**
0%	**0**	Schulhandball-mannschaft	9%	**26**
17%	53	Schulleichtathletik-mannschaft	**14,9%**	43

b) 116 Schülerinnen und 145 Schüler wurden erfasst.

4

Kapital	Zinssatz	Jahreszinsen
50 000 €	4,7%	**2 350 €**
4 800 €	**12,5%**	600 €

4

Kapital	Zinssatz	Jahreszinsen
1 800 €	2,5%	45 €
81 999 €	8,3%	**6 805,92 €**

5 a) Sie müsste 5 813,95 € einzahlen.
b) Die Sparkasse bietet einen Zinssatz von ca. 5%.

5 a) Der Zinssatz beträgt 2,2%.
b) Claudia hat 3 000 € eingezahlt.

6 a) Er erhält 10 € von seiner Bank, 30 € wurden auf seinem Sparbuch gutgeschrieben und der Sparbrief bringt ihm 70 € ein. Insgesamt erhält er 110 €.
b) Die Zinsen betragen insgesamt ca. 1,8% des Anlagekapitals.

7 a) 44 Tage   **b)** 60 Tage   **c)** 52 Tage   **d)** 30 Tage

8 Lars muss 3,07 € Zinsen zahlen.

8 Er kann sich monatlich 1 333,33 € auszahlen lassen.

9 a) Sie hat 45 000 € angelegt.
b) Sie hätte 1 147,50 € erhalten.

9 a) Er hat 50 000 € angelegt.
b) Unter diesen Bedingungen müsste das Kapital mit 100 000 € doppelt so hoch sein.

10

Kapital	Zinssatz	Laufzeit	Zinsen	Jahreszinsen
3 000 €	11,5%	$\frac{3}{4}$ Jahr	**258,75 €**	**345 €**
500 €	2,5%	4 Monate	**4,17 €**	**12,50 €**
340 €	7%	15 Tage	**0,99 €**	23,80 €
270 €	**2,5%**	110 Tage	2,06 €	**6,74 €**

11 a) Die Bank gewährt 7,5% Zinsen.
b) Nach einen weiteren Jahr erhält sie 342,66 €.

11 a) Nach sechs Jahren ist das Vermögen auf 7 060,23 € angewachsen.
b) Laut der Faustformel wäre das Kapital nach 16,5 Jahren verdoppelt.

12 a)

	A	B	C	D	E	F	G
1	Tilgungsplan		Darlehen	Zinssatz	Raten (jährlich)		
2			1.250 €	10%	250 €		
3							
4	Jahr	Restschuld	Zinsen	Restschuld + Zinsen	Tilgungsrate		Restschuld nach Tilgung
5	1	1.250,00 €	118,75 €	1.368,75 €	250,00 €		1.118,75 €
6	2	1.118,75 €	106,28 €	1.225,03 €	250,00 €		975,03 €
7	3	975,03 €	92,63 €	1.067,66 €	250,00 €		817,66 €
8	4	817,66 €	77,68 €	895,34 €	250,00 €		645,34 €
9	5	645,34 €	61,31 €	706,64 €	250,00 €		456,64 €
10	6	456,64 €	43,38 €	500,03 €	250,00 €		250,03 €
11	7	250,03 €	23,75 €	273,78 €	250,00 €		23,78 €
12	8	23,78 €	2,26 €	26,04 €	250,00 €		-223,96 €
13	Ratenkaufpreis: 1.776,04 €						

12 a) Ihr Endkapital beträgt 4 597,60 €.
b) Ihr Kapital ist um 22,6% gewachsen.

b) Er zahlt insgesamt 1 776,04 €.

Teste dich!

1 a) Sie verlor 35,3 % der Spiele.
b) Der Neuwert betrug 3 170 €.
c) Er legte 107,523 km privat zurück.

2 Die Hose kostete 25 €.

3 Bisher besuchten 880 Schülerinnen und Schüler die Theodor-Heuss-Schule.

4

	a)	b)	c)	d)	e)	f)	g)
Kapital K	12 500 €	7 500 €	**10 000 €**	**10 000 €**	15 000 €	280 €	18 500 €
Zinsen Z	**750 €**	**270 €**	800 €	120 €	150 €	28,28 €	**693,75 €**
Zinssatz p %	6 %	3,6 %	8 %	1,2 %	**1 %**	**10,1 %**	3,75 %

5 Er hat in 105 Tagen 10,21 € angespart.

6 Nach zwei Jahren besitzt er 2 101,25 €.

7 Nach fünf Jahren werden ihr 1 071,15 € ausgezahlt.

8 a) Die Kreditsumme beträgt 25 000 € (siehe Zelle **C1**).
b) Der Zinssatz beträgt 6 %.
c) Die jährliche Rate beträgt 6 000 €.
d) Nach fünf Jahren ist der Kredit getilgt.
e) Er muss insgesamt 29 633,08 € zahlen.
f) B6 =C1   D6 =B6+C6   E6 =C3   F6 =D6−E6
g) Die Zinsen sind das Produkt aus Restschuld und Zinssatz. Die Formel enthält eine relative Adressierung (**B6**, Restschuld) und eine absolute Adressierung (**C2**, Zinssatz). Beim Anwenden der Kopierfunktion bleibt der Zinssatz in jeder Zeile fest, die Restschuld wird in jeder Zeile angepasst.

Kannst du das?

1 a) $63 \cdot 54 = 3\,402$ **b)** $35 \cdot 46 = 1\,610$ **c)** $6 \cdot (3 + 4 \cdot 5) = 138$

2 a) 8 335 499
b) $8\,335\,511 \approx 8\,336\,000$, also ist die Angabe in der Zeitung falsch oder die gerundete Zahl in der 1. Zeile stimmt nicht.
c) 1 700
d) Barbara hat erst auf Zehner gerundet und die gerundete Zahl auf Hunderter gerundet. Das ist falsch! Richtig ist: $2\,545 \approx 2\,500$

3 a) $u = 2 \cdot (4\,\text{m} + 1\,\text{m}) = 10\,\text{m}$
Anzahl der Zaunstücke: $z = \frac{u}{1,20\,\text{m}} = \frac{10\,\text{m}}{1,20\,\text{m}} = 8\frac{1}{3}$
Es werden mindestens neun Zaunstücke benötigt.
b) $12\,\text{m} : 1,2\,\text{m} = 10$; $10 \cdot 19,95\,€ = 199,50\,€$
12 m Zaun kosten 199,50 €.

4 a) $650 \cdot 1,98 = 897$; Marie erhält 897 CAD für 650 €.
b) $175 : 1,38 = 126,81$; Marie erhält 126,81 € für 175 CAD.

5 a) $1,1\,\text{m} : 2 = 55\,\text{cm}$; Die beiden Fußleisten sind jeweils 55 cm lang.
b) $\frac{1}{5} \cdot 1,1\,\text{m} = 22\,\text{cm}$; $1,1\,\text{m} - 0,22\,\text{m} = 0,88\,\text{m}$; Paul hat 88 cm verwendet.

6 a)
b)
c)

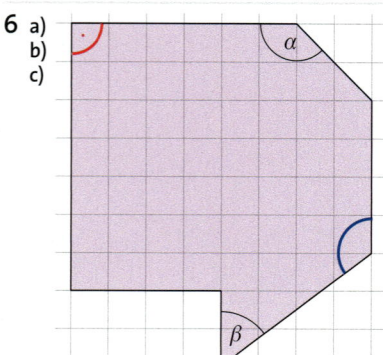

d) $\alpha = 135°$; $\beta \approx 53°$

7 a) Die Aussage ist falsch: Die drei Balken der über 50-Jährigen ergeben zusammen eine Anzahl von ca. 320 Personen. Das entspricht 32 % der Befragten.

b)

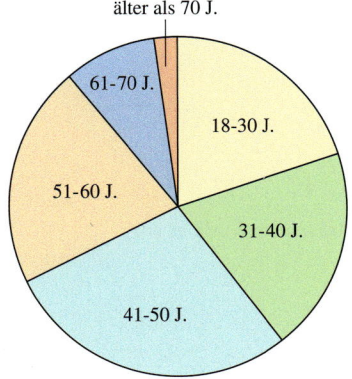

8 Die Noten haben eine Höhe von 8,1 m und sind 3,2 m breit bzw. 5,4 m mit Fähnchen.

Lösungsweg (Beispiel): Man sucht sich eine Person auf dem Foto, die auf einer Höhe mit einer der Noten steht. Die Größe der Person wird auf dem Foto gemessen und ihre Größe in der Wirklichkeit geschätzt, z. B. 0,6 cm gemessen und 1,80 m geschätzt. Aus diesen Werten kann der Maßstab 1 : 300 berechnet werden. Die Schätzwerte lauten dann 7,8 m, 3 m und 5,1 m.

Die Noten mit Fähnchen wiegen 8,6 t, die Noten ohne Fähnchen können auf ca. 8 t geschätzt werden, da das Fähnchen im Vergleich zum Rest der Note sehr leicht sein muss. Das ergibt ein Gesamtgewicht von 49,8 t.

9 a) ①, ③, ⑤

b)

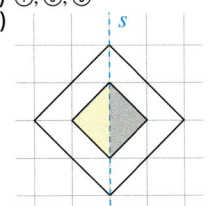

c) Der Buchstabe „N" wurde nicht gespiegelt.

10 ②, ③, ⑤, ⑥, ⑧, ⑨

11 a) ① 3; 6
② 1; 3; 5; 7
③ 7; 8
④ 2; 3; 5; 7

b) z. B. E: Augenzahl ist größer als 7.

c)

+	1	2	3	4	5	6	7	8
1	2	3	4	5	6	7	8	**9**
2	3	4	5	6	7	8	**9**	10
3	4	5	6	7	8	**9**	10	11
4	5	6	7	8	**9**	10	11	12
5	6	7	8	**9**	10	11	12	13
6	7	8	**9**	10	11	12	13	14
7	8	**9**	10	11	12	13	14	15
8	**9**	10	11	12	13	14	15	16

Am häufigsten kommt als Ergebnis 9 vor, da das Ereignis „9" die meisten günstigen Ergebnisse hat.

$P(„9") = \frac{8}{64} = \frac{1}{8}$

12 a) Die Noten der Klassenarbeiten 1–3 werden addiert und das Ergebnis wird durch die Anzahl der Klassenarbeiten (hier also 3) geteilt.

b) Eingabe in Zelle **F2**: **=(C2+D2+E2)/3**

c) Zwei Nachkommastellen sind sinnvoll, da die Noten der einzelnen Klassenarbeiten auch mit zwei Nachkommastellen angegeben sind.

d) Luca ist im Durchschnitt der drei Klassenarbeiten besser als Jacques. Jacques hat die beste Arbeit der Klasse geschrieben. Anna hat recht.

13 a) 600 → 7,80 €

b) Das Diagramm zeigt die Preise vom Cheddar, da der Punkt (100 g | 1,30 €) auf dem Graphen liegt.

14 $4 + 3 + 2 + 1 = 10; \frac{2}{10} = \frac{1}{5}$; Antwort ② ist richtig.

15

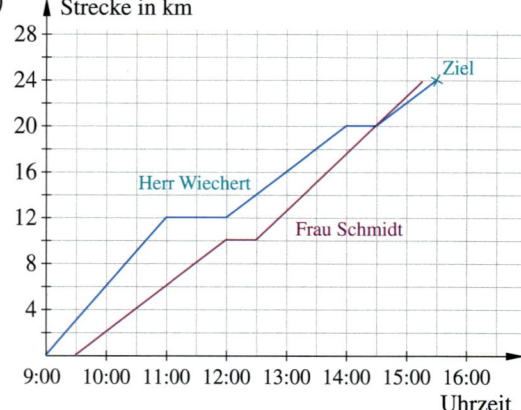

16 **a)** Die Äquivalenzumformung „+ 3x" wurde nur auf der rechten Seite ausgeführt, links wurde 3x subtrahiert.
b) $40 - 8x = 10 - 3x$ $\quad | + 3x$
$40 - 5x = 10$ $\quad | - 40$
$-5x = -30$ $\quad | : (-5)$
$x = 6$

17 **a)** Der neue Preis des Sweatshirts beträgt 31,85 €.
b) Die Jacke hat vorher 120 € gekostet.

18 $y = 0,16 \cdot x + 48$
a) Die Stromrechnung betrug 408 €.
b) Sie haben 1 950 kWh verbraucht.
c) Graph 2 stellt den Zusammenhang zwischen verbrauchten Kilowattstunden und Preis dar.

19 **a)**

Spieler	relative Häufigkeit für einen Treffer
Marcel	$\frac{5}{8} = 62{,}5\,\%$
Timo	$\frac{2}{5} = 40\,\%$
Eike	$\frac{6}{25} = 24\,\%$
Jens	$\frac{3}{8} = 37{,}5\,\%$
Kim	$\frac{1}{5} = 20\,\%$
Simon	$\frac{5}{9} \approx 55{,}6\,\%$
Florian	$\frac{1}{8} = 12{,}5\,\%$

b) Marcel hat die höchste Treffsicherheit.
c) Die Anzahl der Würfe von Timo war zu gering für eine verlässliche Aussage.

20 **a)** arithmetisches Mittel: 24 €; Zentralwert: 25 €
b) Sarah hätte am Freitag 41 € sammeln müssen.
c) Patrick sammelte am Sonntag 33 €.

21 **a)** Die Pause dauerte eine Stunde.
b) Er ist insgesamt $6\frac{1}{2}$ Stunden unterwegs.
c) Er ist 24 km gelaufen.
d) Er ist mit $6\frac{\text{km}}{\text{h}}$ gelaufen.
e)

f) Nach 5 h 48 min erreicht sie ihr Ziel, also um 15:18 Uhr.
g) Sie begegnen sich um 14:30 Uhr.

22 **a)** falsch; Die Innenwinkelsumme im Dreieck beträgt 180°, zwei stumpfe Winkel wären zusammen aber schon größer als 180° (stumpfer Winkel: 90° < α < 180°).

b) falsch; Die Innenwinkelsumme im Viereck beträgt 360°, vier spitze Winkel wären zusammen aber kleiner als 360° (spitzer Winkel: 0° < α < 90°).

c) richtig; Jedes Quadrat ist ein Parallelogramm, da die gegenüberliegenden Seiten gleich lang sind und die gegenüberliegenden Winkel gleich groß sind.

d) richtig; Beide Diagonalen und beide Seitenhalbierenden sind Symmetrieachsen.

e) falsch; Nicht jede Raute hat vier rechte Winkel.

f) richtig; Ein gleichseitiges Dreieck hat drei gleich lange Seiten und drei gleich große Winkel, somit hat es auch drei Symmetrieachsen (Winkelhalbierende ist gleich Mittelsenkrechte).

g) falsch; Nicht jeder Drachen hat vier gleich lange Seiten.

23 **a)** Kira hat Lösung ③ gefunden.

b) $12 - 4x = 36 \quad | - 12$
$ -4x = 24 \quad | : (-4)$
$ x = -6$

c) individuell, z. B. lassen sich die Gleichungen $3x + 3 = 4x$ und $-2x = 8$ leicht durch Ausprobieren lösen. Die Gleichungen $\frac{1}{3}x + \frac{1}{2} = 25$ und $3,7 \cdot (x + 2,8) + 4x = 27 - \frac{3}{4}x$ lassen sich eher durch Äquivalenzumformungen lösen.

24 **a)** ①, ③

b) Die Figur besteht aus zehn Würfeln.

c) Es fehlen 17 Würfel.

d) Der große Würfel hat ein Volumen von 27 cm³.

25 **a)** Man benötigt 194 cm² Karton.

b) Das Rechteck hat mindestens die Maße 12 cm × 22 cm.

Abbildung
maßstäblich
verkleinert

c) Der Verschnitt bei einem 264 cm² großen Karton beträgt ca. 26,5 %.

d) Schätzung und Vorgehensweise individuell; das Volumen der Verpackung beträgt 105 cm³.

e) Das Volumen verdoppelt sich: Eine Verdopplung der Höhe entspricht dem Übereinanderstapeln von zwei Schokoladenverpackungen, diese haben dann das doppelte Volumen von einer Verpackung, also 210 cm³.

Prismen

Noch fit?

1 **1**

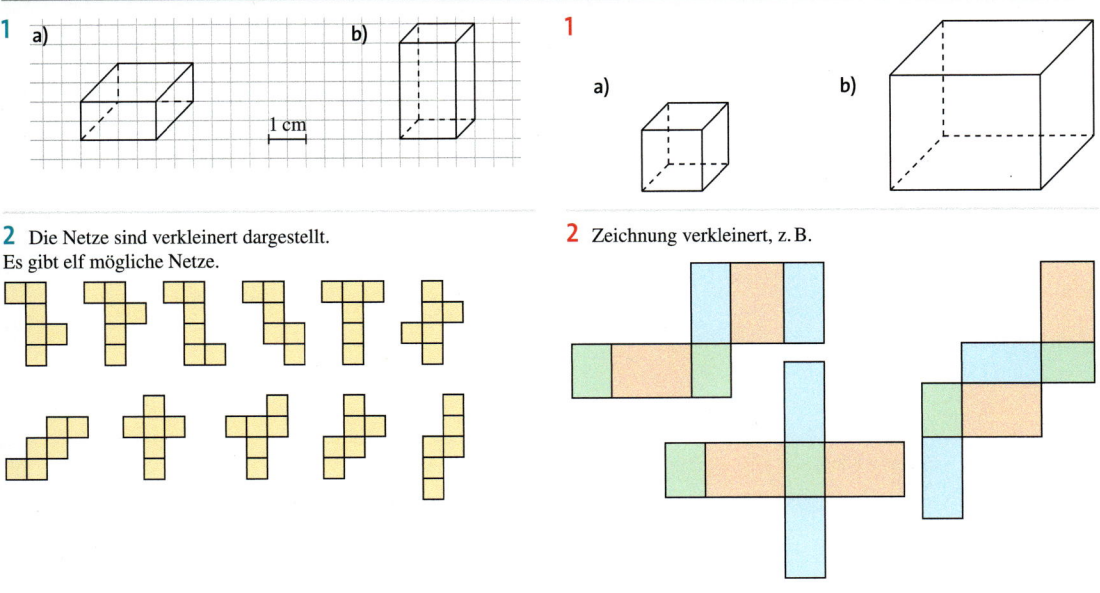

2 Die Netze sind verkleinert dargestellt.
Es gibt elf mögliche Netze.

2 Zeichnung verkleinert, z. B.

3

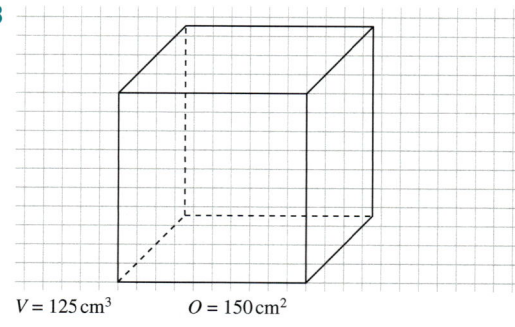

$V = 125\,\text{cm}^3 \qquad O = 150\,\text{cm}^2$

3

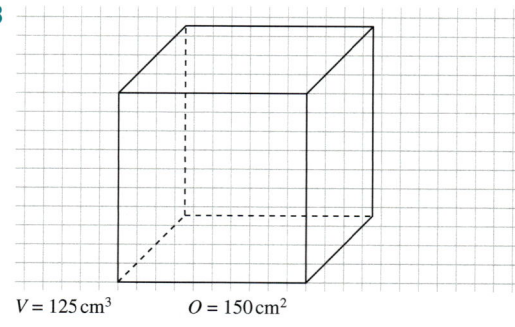

$V = 67,62\,\text{cm}^3 \qquad O = 110,32\,\text{cm}^2$

4 a) 40 mm   **b)** 2,5 km
c) 400 mm²   **d)** 30 000 dm²
e) 4 000 mm³   **f)** 9 000 000 dm³

4 a) 0,43 dm   **b)** 6,7 cm
c) 0,51 dm²   **d)** 0,038 2 m²
e) 3 810 cm³   **f)** 56 000 mm³

5 ① $u = 11\,\text{cm}$; $A = 6\,\text{cm}^2$ ② $u = 9,8\,\text{cm}$; $A = 5\,\text{cm}^2$
③ $u = 6,2\,\text{cm}$; $A = 2,25\,\text{cm}^2$ ④ $u = 14\,\text{cm}$; $A = 8,25\,\text{cm}^2$
⑤ $u = 11,7\,\text{cm}$; $A = 3,75\,\text{cm}^2$ ⑥ $u = 8\,\text{cm}$; $A = 3\,\text{cm}^2$

6 a) Vorderfläche in Originalgröße; in die Tiefe verlaufende Kanten um Faktor $\frac{1}{2}$ verkürzt und im Winkel von 45° angetragen; parallele Kanten bleiben parallel; nicht sichtbare Kanten werden gestrichelt.
b) Parallele Gegenseiten (gleich lang); gegenüberliegende Winkel sind gleich groß.
c) Nein; da Dividend und Divisor nicht mit demselben Faktor multipliziert wurden. Richtig ist 0,24 : 0,6 = 2,4 : 6 = 0,4.
d) $A_{\text{Trapez}} = \frac{a+c}{2} \cdot h_c = m \cdot h$
e) $1\,\text{a} = 10\,\text{m} \cdot 10\,\text{m} = 100\,\text{m}^2 = 0,000\,1\,\text{km}^2$
$1\,\text{ha} = 100\,\text{a} = 10\,000\,\text{m}^2 = 0,01\,\text{km}^2$

Klar so weit?

1 Kongruente und parallele Grund- und Deckfläche; Rechtecke als Seitenflächen

2 a) Nein; keine Deckfläche (Pyramide)
b) Dreiecksprisma
c) Dreiecksprisma
d) Vierecksprisma

2 a) Sechseckprisma
b) Nein; Seitenflächen nicht rechteckig
c) Nein; Seitenflächen nicht rechteckig bzw. Grund- und Deckfläche nicht kongruent
d) Sechseckprisma

3 a) nein   **b)** nein   **c)** nein   **d)** ja   **e)** nein   **f)** ja

4
a) 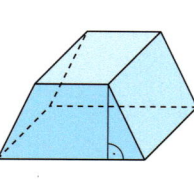   **b)**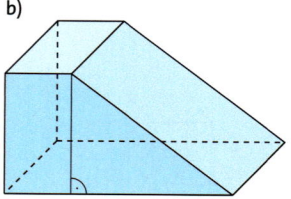

Abbildungen maßstäblich verkleinert

4
a) 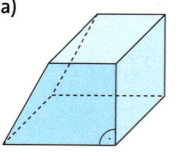   **b)**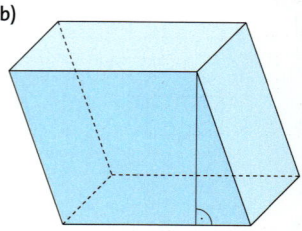

Abbildungen maßstäblich verkleinert

5 a) $u = 12\,\text{cm}$
b) $M = 36\,\text{cm}^2$
c) $O = 48\,\text{cm}^2$

5 $O =$ 11 687,50 cm²   (ohne Grundfläche!)
     + 8 461,75 cm²
     + 4 375,00 cm²
     + 7 312,50 cm²
     31 836,75 cm²
Es werden ca. 3,2 m² Glas benötigt.

6 $O = 2 \cdot 14\,\text{cm}^2 + 54\,\text{cm}^2 = 82\,\text{cm}^2$

6 $M = 12,825\,\text{m}^2$
$O = 15,96\,\text{m}^2$ $(h_a = 1,65\,\text{m})$

7
  a) $V = 560\,cm^3$
  b) $V = 0,9\,dm^3$
  c) $V = 8,88\,cm^3$
  d) $V = 19,88\,dm^3$

7

	Grundfläche G	Höhe h_k	Volumen V
a)	$56\,cm^2$	$17\,cm$	$V = 952\,cm^3$
b)	$3,8\,dm^2$	$u = 17,5\,dm$	$66,5\,dm^3$
c)	$A_G = 66,7\,m^2$	$12,8\,m$	$853,76\,m^3$
d)	$23\,500\,cm^2$	$5,7\,dm$	$V \approx 1339,5\,dm^3$

8 $V = 81\,cm^3$

8 $V = 5160\,cm^3$

Teste dich!

1 ① Dreieck; ③ Fünfeck; ④ Viereck; ⑤ Sechseck

2 Zeichnungen maßstäblich verkleinert

a)

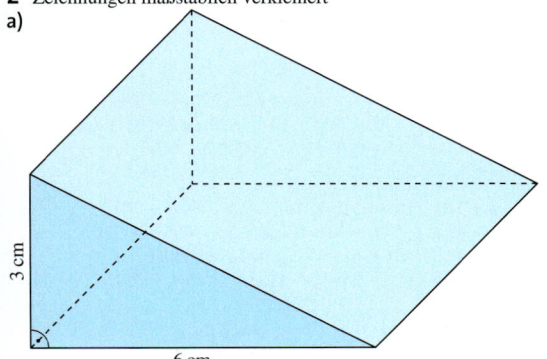

b)

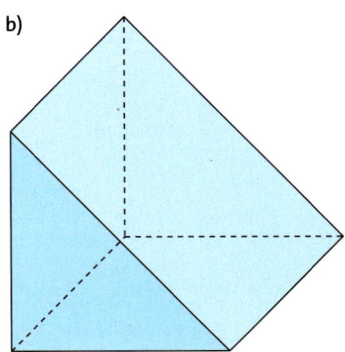

3
  a) $V = 58,05\,cm^3$
  $O = 118,2\,cm^2$
  b) $V = 4\,611,25\,cm^3$
  $O = 2\,188,5\,cm^2$

4
  a) $V = 13,5\,cm^3$
  $O = 35,4\,cm^2$
  b) $V = 4,6875\,cm^3$
  $O = 19,75\,cm^2$
  c) $V = 18,9\,cm^3$
  $O \approx 51,36\,cm^2$
  d) $V = 38,5\,cm^3$
  $O \approx 109,1\,cm^2$
  e) $V = 17\,cm^3$
  $O = 80,5\,cm^2$

5 $V = 9,69\,m^3 \approx 9,7\,m^3$
Es werden ca. $9,7\,m^3$ Beton benötigt.

6 $V = 378\,m^3$
Das Tauchbecken muss mit mindestens $378\,m^3$ Wasser gefüllt werden.

Rechnen mit Klammern

Noch fit?

1
  a) $3a + 4b$
  b) $2o - 2p$
  c) r^2
  d) $-2c^2 + 2d - e$
  e) $7a^2b$
  f) $5xy^2$

1
  a) $21x + 17y$
  b) $22a + 16a^2 + 15$
  c) $6m - 120n + 17$
  d) $-6x + 14y^2 - 3x^2$
  e) $84a^2b$
  f) $21x^2y^2$

2
  a) $ab + 3a$
  b) $ab - a^2$
  c) $14 - 2a$
  d) $8 + a$
  e) $2a - 2$
  f) $14 + b$

2
  a) $7a + 2ab$
  b) $3b^2 - ab^2$
  c) $5ab^2 - 5a^2b$
  d) $57 + b^2$
  e) $4b - 2 + 7a - 6ab + a^2$

3
  a) $x + 3x - 10 = 4x - 10$
  b) 22
  c) $4x - 10 = 2 \qquad | + 10$
  $\qquad 4x = 12 \qquad | : 4$
  $\qquad\quad x = 3$

4
  a) richtig
  b) richtig
  c) falsch; $x = -9$
  d) falsch; $x = 4$
  e) richtig
  f) falsch; $x = 10$
  g) richtig

3
  a) $x = 2$
  b) $a = -3$
  c) $d = -3$
  d) $y = -11$
  e) $v = -\frac{1}{5}$
  f) $u = -13$
  g) $x = -5$
  h) $y = \frac{1}{3}$

5
  a) ① $4 \cdot (a + b + c)$ ② $2 \cdot (ac + bc + ab)$ ③ abc
  b) ① $40\,dm$ ② $58\,dm^2$ ③ $20\,dm^3$

Klar so weit?

1 a) $4a+4b$ **b)** $9a-15b$
c) $5x+5y+35$ **d)** $12x-72-12y$
e) $2a^2+ab+ac$ **f)** $7my+3xy+4y^2$
g) $36a^2+12ab$ **h)** $2ab-9a^2b$

1 a) $6a+6b-6c$ **b)** $32a-24b-3c$
c) $30x+12y-3z$ **d)** $-18x+45+31y$
e) $36a^2+12ab+84a$ **f)** $50my-20xy^2-5y$
g) $34a+51b$ **h)** $21ab-6ab^2$

2 a) $3\cdot(c-d)$ **b)** $3\cdot(a-2c)$
c) $x\cdot(y-z)$ **d)** $x\cdot(4y-7z)$
e) $13\cdot(c-1)$ **f)** $2x\cdot(7yz-18a)$
g) $4\cdot(a+b+c)$ **h)** $2x\cdot(3x+8)$

2 a) $c\cdot(7-12d)$ **b)** $2a\cdot(b-2c)$
c) $5x\cdot(-3y+1)$ **d)** $3x\cdot(y-2z+3yz)$
e) $7c\cdot(1-2d-3a)$ **f)** $x\cdot(6x-17)$
g) $2a\cdot(b^2+6a)$ **h)** $5x\cdot(1+2xy^2)$

3 a) 11 **b)** 0
c) $13-x$ **d)** $12+x+y$
e) $25+x$ **f)** $3-a-b$

3 a) $13-a+2b$ **b)** $8-x$
c) $-4-x$ **d)** $11-x+y$
e) $m+n-9$ **f)** $a-28-2b$

4 Paul hat die 69 und die 18 nicht durch 3 geteilt. Richtig lautet der vereinfachte Term:
$3a\cdot(6+23b+2c)$

5 $(a+b)\cdot(16a+5)=16a^2+5a+16ab+5b$
$(a+b)\cdot(-14b-30)=-14ab-30a-14b^2-30b$
$(a+b)\cdot(10b+6a)=6a^2+16ab+10b^2$
$(a+b)\cdot(11a+25b)=11a^2+36ab+25b^2$

$(4a+6b)\cdot(16a+5)=64a^2+20a+96ab+30b$
$(4a+6b)\cdot(-14b-30)=-56ab-120a-84b^2-180b$
$(4a+6b)\cdot(10b+6a)=24a^2+76ab+60b^2$
$(4a+6b)\cdot(11a+25b)=44a^2+166ab+150b^2$

$(b-14a)\cdot(16a+5)=16ab+5b-224a^2-70a$
$(b-14a)\cdot(-14b-30)=-14b^2-30b+196ab+420a$
$(b-14a)\cdot(10b+6a)=10b^2-134ab-84a^2$
$(b-14a)\cdot(11a+25b)=25b^2-339ab-154a^2$

$(-a+4b)\cdot(16a+5)=-16a^2-5a+64ab+20b$
$(-a+4b)\cdot(-14b-30)=14ab+30a-56b^2-120b$
$(-a+4b)\cdot(10b+6a)=-6a^2+14ab+40b^2$
$(-a+4b)\cdot(11a+25b)=-11a^2+19ab+100b^2$

6 a) $ab+8a+5b+40$ **b)** $xy+7x+6y+42$
c) c^2+7c+6 **d)** $4v+20+uv+5u$
e) $a^2+15a+36$ **f)** $y^2+12y+32$

6 a) $d^2+16d+63$ **b)** y^2+6y+8
c) $11b+110+ab+10a$ **d)** $x^2+\frac{38}{5}x+13$
e) $3g^2+22g+24$ **f)** $5v^2+46v+48$

7 a) $ab-4a-2b+8$ **b)** $cd-8c-4d+32$
c) $xy-5x-3y+15$ **d)** $3v-18-uv+6u$
e) $fg-6f-5g+30$ **f)** $xy+3x-8y-24$
g) $9b-18+ab-2a$ **h)** $4v+36-uv-9u$

7 a) $xy-15x-10y+150$ **b)** $ab-7a-2b+14$
c) $4v-12-uv+3u$ **d)** $-6d+48+cd-8c$
e) $11x+xy-99-9y$ **f)** $-28+7b-4a+ab$
g) $5v+45-\frac{4uv}{3}-12u$ **h)** $2cd-16c-\frac{5d}{3}+\frac{40}{3}$

8 a) $x^2+11x+2xy+22y$
b) $3a-27+ab-9b$
c) $-11t^2+53t-36$
d) $-16p^2+192p-25pq+300q$

8 a) $-70b+175+80bc-200c$
b) $15x^2+10xy-6x-4y$
c) $6u-10uv-54v+90v^2$
d) $-10r^2-29rt+72t^2$

9 a) $3xz+6yz$
b) $3b+3bx$

9 a) $44xy$
b) $4a+4m+2h+xh$

10 a) $u^2-14u+49$ **b)** $w^2+18w+81$
c) $64-16t+t^2$ **d)** $169+26s+s^2$
e) $m^2-28m+196$ **f)** $u^2+36u+324$

10 a) $289-34r+r^2$ **b)** $e^2+20e+100$
c) $225+30k+k^2$ **d)** $d^2-40d+400$
e) $x^2+16x+64$ **f)** $121-22p+p^2$

11 a) 2. binomische Formel; $a^2-24a+144$
b) 1. binomische Formel; $x^2+30x+225$
c) 2. binomische Formel; $256-32x+x^2$
d) 3. binomische Formel; m^2-196
e) 1. binomische Formel; $x^2+50x+625$
f) 3. binomische Formel; a^2-169
g) 2. binomische Formel; $289-34b+b^2$
h) 1. binomische Formel; $6,25+5y+y^2$
i) 1. binomische Formel; $4x^2+20x+25$
j) 2. binomische Formel; $49x^2-28xy+4y^2$

11 a) 2. binomische Formel; $d^2-30d+225$
b) 2. binomische Formel; $x^2-36x+324$
c) 2. binomische Formel; $144-72b+9b^2$
d) 3. binomische Formel; $64p^2-400$
e) 1. binomische Formel; $289x^2+323x+90,25$
f) 3. binomische Formel; $30,25-0,25y^2$
g) 2. binomische Formel; $\frac{9}{16}m^2-\frac{21}{2}m+49$
h) 1. binomische Formel; $12,25+17,5x+6,25x^2$
i) 1. binomische Formel; $\frac{4}{25}d^2+\frac{2}{25}d+\frac{1}{100}$
j) 3. binomische Formel; $\frac{1}{4}s^2t^2-\frac{9}{4}$

12 $(a+2)^2=a^2+4a+4$

12 $(a+3,5)2-a2=a2+7a+12,25-a2=7a+12,25$

Teste dich!

1 a) $3x + 2 - y$ **b)** $26{,}2x + 0{,}9y$
c) $3 + x - 8y + 5z$ **d)** $8x + 2$
e) $ab - b$ **f)** $12y + 10x$

2 a) $10 \cdot (x - 3y)$ **b)** $4x \cdot (3y - 7)$
c) $z \cdot (a - b)$ **d)** $b \cdot (2a - 7x)$
e) $7 \cdot (a + 2b + 5c)$ **f)** $3b \cdot (7ax - 2y + 5z)$

3 a) Ⓐ ①   Ⓑ ④   Ⓒ ②

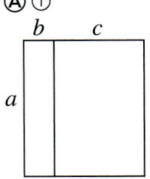 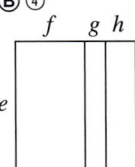 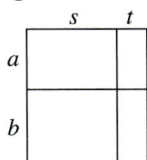

b) ③, z. B.

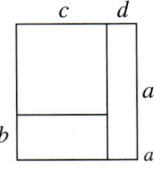

$a \cdot d + b \cdot c + (a - b) \cdot c = ad + ac$

4 a) $x^2 + 15x + 54$
b) $b^2 - 4b - 96$
c) $s^2 - 19s + 84$
d) $-3r + rs + 3s - s^2$
e) $-3c^2 + 44c + 64$
f) $x^2 + 2x - 1{,}25$

5 a) $2 \cdot (a + b) = 2a + 2b$
b) $\frac{1}{2} \cdot 2 \cdot (a + b) = a + b$
c) $4 \cdot (x + x + 1) = 8x + 4$
d) $x^2 - (x - 1)^2 = 2x - 1$

6 a) $4ab$
b) $x^2 + 2xy$
c) $a^2 - 81$
d) $49 - 14x^2 + x^4$
e) $a^4 - 2a^2b + b^2$
f) $-a^2 + 2ab - b^2 - a^4 + 2a^2b^2 - b^4$
g) $-43x^2 - 92xy - 90y^2$
h) $50x^2 - 98$

7 a) $(x + 3)^2 = x^2 + 6x + 9$
b) Das alte Schwimmbecken hatte eine Fläche von $A = 225\,\text{m}^2$, das neue hat eine Fläche von $A = 324\,\text{m}^2$.
Somit hat sich die Fläche um $99\,\text{m}^2$ vergrößert.

Zuordnungen und Funktionen

Noch fit?

1 a) 14   **b)** $-7{,}5$

2 $4{,}95 + 0{,}15 \cdot x$

3 a) $x = 23$ **b)** $x = 9$
c) $x = 4$ **d)** $x = -7$

1 a) $6; -30$ **b)** 234

2 $u = 2a + 2(a + 10) = 4a + 20$

3 a) $x = 4$ **b)** $x = -2$
c) $x = \frac{1}{12}$ **d)** $x = -24$

4 Der grüne Graph ist ein Strahl, der im Nullpunkt beginnt. Die Wertepaare sind quotientengleich. Der Graph beschreibt eine proportionale Zuordnung.
Der rote Graph beschreibt eine antiproportionale Zuordnung. Die Wertepaare sind produktgleich und liegen auf einer Hyperbel.
Der blaue Graph ist nicht proportional, da er nicht im Nullpunkt beginnt.
Der gelbe Graph ist nicht proportional, da er kein Strahl ist.

4 a) proportional **b)** antiproportional
c) antiproportional **d)** proportional
e) proportional **f)** antiproportional
g) antiproportional **h)** proportional

5 produktgleich: Das Produkt der einander zugeordneten Werte ist gleich, hier im Beispiel ist das Produkt jeweils 2.

Beispiel:

x	0,1	0,5	1	2	4
y	20	4	2	1	0,5

quotientengleich: Die einander zugeordneten Werte bilden einen gleichwertigen Quotienten, hier im Beispiel ist der Quotient jeweils $\frac{1}{8}$.

Beispiel:

x	0	0,5	1	2	3
y	0	4	8	16	24

6 nein

6 nein

7 a)

Anzahl	1	2	3	4	10	31
Preis in €	6,10	12,20	18,30	24,40	61,00	189,10

31 Karten kosten 189,10 €.

b) proportional
c) Grafik ② beschreibt die Zuordnung.

Klar so weit?

1 a) Funktion
b) keine Funktion
c) Funktion

1 a) keine Funktion (die Zuordnung *Höhe → Berg* ist nicht eindeutig)
b) Funktion
c) Funktion

2 a) Nur Graph ① beschreibt eine Funktion.
b) ① ist proportional; ② ist nicht proportional

2 a) Nur Graph ② beschreibt eine Funktion.
b) Beide sind weder proportional noch antiproportional.

3 a)

Lastwagen	1	3	5	8
Ladungen	12	4	2,4	1,5

b) Es liegt eine antiproportionale Funktion vor.

3 a) Die Zuordnung *Dauer der Radtour → Taschengeld pro Tag* ist eine Funktion:
$f(x) = \frac{132}{x}, x \neq 0$
b) Die Wertepaare sind produktgleich, daher ist die Funktion antiproportional.

4 a) Die Höhe des Ballons ist der Zeit nach dem Start zugeordnet: *Zeit → Flughöhe*
b) Es handelt sich um eine Funktion, da sich jeder Ballon zu einem Zeitpunkt in nur einer Höhe befinden kann.

4 a) Die Graphen ① und ③ sind Funktionen, da jedem x-Wert genau ein y-Wert zugeordnet wird.
Bei den Graphen ② und ④ gibt es x-Werte, denen mehrere y-Werte zugeordnet werden.
b) individuell

5 a)

x	−2	−1	0	1	2	3	4	5
f(x)	−1	−0,5	0	0,5	1	1,5	2	2,5

b) Es gibt unendlich viele Wertepaare.
c)

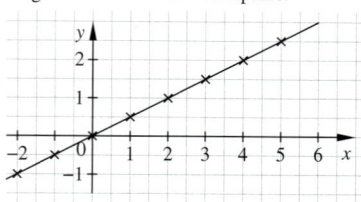

d) Es handelt sich um eine Funktion, da jedem x-Wert genau ein y-Wert zugeordnet ist.

5 a)

x	−3	−2	−1	0	1	2	3
f(x)	−7,5	−5	−2,5	0	2,5	5	7,5

b)

x	−3	−2	−1	0	1	2	3
f(x)	−15	−11	−7	−3	1	5	9

c)

x	−3	−2	−1	0	1	2	3
f(x)	9	4	1	0	1	4	9

d)

x	−3	−2	−1	0	1	2	3
y	−12	−18	−36	−	36	18	12

6 a) linear; $m = 9$; $b = 5$
b) nicht linear
c) linear; $m = -1$; $b = 0$
d) nicht linear

6 a) nicht linear
b) linear; $m = -0,1$; $b = 4$
c) nicht linear
d) linear; $m = -1$; $b = 1$

7 a) ja; es handelt sich um eine lineare Funktion.
b) ①
c) Die Kiste wiegt 5,4 kg.
d) Eine Kiste darf höchstens 31 Bücher enthalten.

7 a) ja; die Gesamtkosten lassen sich mithilfe einer linearen Funktion darstellen.
b) $f(x) = 0,6x + 59$
c) Herr Kunze muss 90,80 € bezahlen.
d) Er darf 68,3 km fahren.

8 a) fallend   **b)** steigend
c) steigend   **d)** fallend

8 a) fallend   **b)** steigend
c) konstant   **d)** steigend

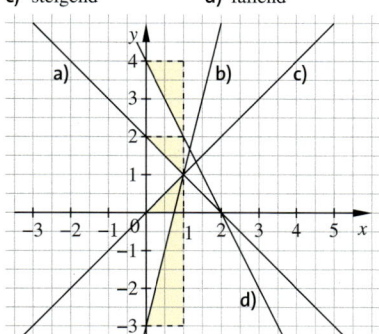

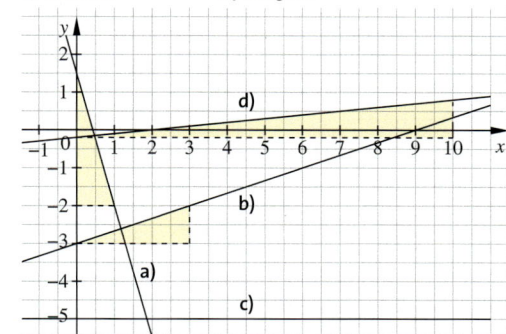

9 Beispiele
a) $f(x) = 4x$ **b)** $f(x) = -x + 1,5$ **c)** $f(x) = x - 2$ **d)** $f(x) = 3x + 2$

Teste dich!

1 Beispiele
a) *Name → Alter; Eltern → Anzahl der Kinder*
b) $f(x) = 2x^2$; $f(x) = \frac{100}{x}$ $(x \neq 0)$
c) $f(x) = 2x + 5$; $f(x) = -\frac{1}{2}x + 1,5$

2 a) $f(x) = 3x - 1$
b) $f(x) = 0,5x - 2$

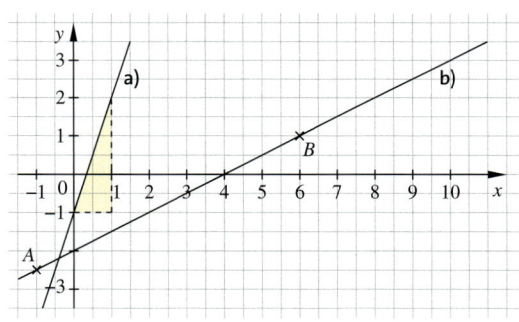

3 a) $f(x) = 0,11x + 9,99$ **b)** Er bezahlt 16,59 €.

4 a) $m = \frac{1}{2}$; $b = 1$; Schnittpunkt: $(-2|0)$ **b)** $f(x) = \frac{1}{2}x + 1$
c) -2; $-0,5$; 2; 3 **d)** Der Punkt $P(7|4)$ liegt nicht auf dem Graphen.

5 a)

Zeit (in Stunden)	0	1	2	3	4	5	6	7	8
Füllhöhe (in Metern)	2,2	1,9	1,6	1,3	1,0	0,7	0,4	0,1	0

b)

c) $f(x) = -0,3x + 2,2$
d) Das Wasser steht bei 1,15 m.

6 a)

①
Zeit (in h)	1	2	3	4	5
Fläche (in m²)	2500	5000	7500	10000	12500

②
Anzahl der Gärtner	1	2	3	4	5
Zeit (in h)	12	6	4	3	2,4

b) ① ist eine proportionale Zuordnung, ② ist eine antiproportionale Zuordnung.

c) Es handelt sich um Funktionen, da jedem x-Wert genau ein y-Wert zugeordnet wird.

7 a)
x	−3	−2	−1	0	1	2	3
$f(x)$	−22	−17	−12	−7	−2	3	8

b)
x	−3	−2	−1	0	1	2	3
$f(x)$	−6,8	−3,8	−0,8	2,2	5,2	8,2	11,2

c)
x	−3	−2	−1	0	1	2	3
$f(x)$	2	1	0	−1	−2	−3	−4

d)
x	−3	−2	−1	0	1	2	3
$f(x)$	−3	−1,5	0	1,5	3	4,5	6

e)
x	−3	−2	−1	0	1	2	3
$f(x)$	10	8	6	4	2	0	−2

f)
x	−3	−2	−1	0	1	2	3
$f(x)$	−9	−7	−5	−3	−1	1	3

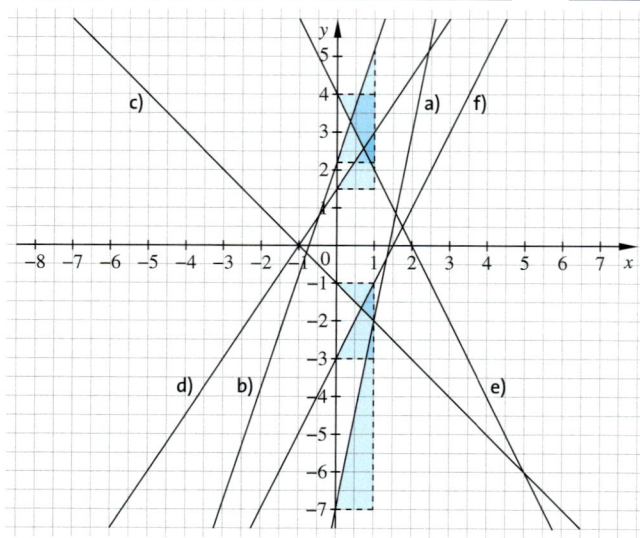

Zweistufige Zufallsexperimente

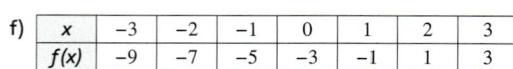

Noch fit?

1 a) Es haben 25 Schüler mitgeschrieben.

b) (1) $\frac{1}{25}$ = 4 %; (2) $\frac{8}{25}$ = 32 %; (3) $\frac{6}{25}$ = 24 %;

   (4) $\frac{1}{5}$ = 20 %; (5) $\frac{3}{25}$ = 12 %; (6) $\frac{2}{25}$ = 8 %

c) Die Note 3,5 gibt den Median an.

1 a) relative Häufigkeit:

   (1) $\frac{1}{12}$ ≈ 8,3 %; (2) $\frac{7}{24}$ ≈ 29,2 %; (3) $\frac{1}{4}$ = 25 %;

   (4) $\frac{1}{4}$ = 25 %; (5) $\frac{1}{8}$ = 12,5 %

   arithmetisches Mittel: ≈ 3,04; Median = 3

b) Ja.

2 a) $\frac{1}{8}$ = 12,5 %

b) $\frac{1}{2}$ = 50 %

c) $\frac{3}{8}$ = 37,5 %

d) $\frac{3}{8}$ = 37,5 %

e) $\frac{3}{4}$ = 75 %

2 a) Jede Zahl ist gleichwahrscheinlich.

b) $\frac{1}{8}$ = 12,5 %

c) $\frac{1}{2}$ = 50 %

d) „Eine Zahl kleiner gleich 5 wird gedreht"

e) sicher "Eine Zahl zwischen 1 und 8 wird gedreht", unsicher: z. B. "Eine 9 wird gedreht"

3 a) $\frac{5}{12}$ **b)** $\frac{1}{2}$

c) $\frac{29}{35}$ **d)** $\frac{9}{10}$

3 a) $\frac{1}{4}$ **b)** $\frac{5}{8}$

c) $\frac{35}{36}$ **d)** $\frac{7}{20}$

4
Bruch	$\frac{37}{100}$	$\frac{7}{100}$	$\frac{1}{4}$	$\frac{7}{25}$	$\frac{5}{8}$	$\frac{1}{20}$	$\frac{43}{125}$	$\frac{1}{3}$
Dezimalzahl	0,37	0,07	0,25	0,28	0,625	0,05	0,344	$0,\overline{3}$
Prozent	37 %	7 %	25 %	28 %	62,5 %	5 %	34,4 %	33,3 %

5 a) $\frac{1}{32} \approx 3,13\,\%$

b) $\frac{1}{16} = 6,25\,\%$

c) $\frac{1}{4} = 25\,\%$

d) $\frac{1}{4} = 25\,\%$

e) $\frac{1}{8} = 12,5\,\%$

5 a) nein

b) Es ist wahrscheinlicher eine „5" zu werfen, da die Fläche größer ist.

c) Man führt eine sehr hohe Zahl an Würfen aus und ermittelt die relativen Häufigkeiten der Ergebnisse, die dann als Maß für die Wahrscheinlichkeit angenommen werden können.

Seite 164

Klar so weit?

Seite 174/175

1 a)

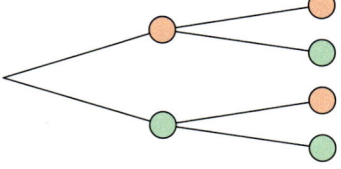

(Rot/Rot); (Rot/Grün); (Grün/Rot); (Grün/Grün)

b) (Rot/Rot);(Grün/Grün);

1 a)

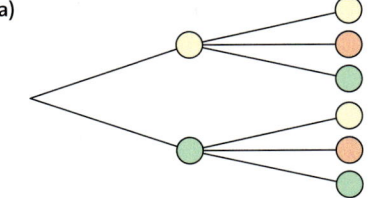

(Gelb/Gelb); (Gelb/Rot); (Gelb/Grün); (Grün/Gelb); (Grün/Rot); (Grün/Grün)

b) A: (Gelb/Gelb); (Grün/Grün) B: (Gelb/Rot); (Gelb/Grün); (Grün/Gelb); (Grün/Rot)

2 Es hat 21 Gänge.

2 Er kann zwischen 20 verschiedenen Kombinationsmöglichkeiten wählen.

3 a) Man kann 12 Zahlen bilden.

b) Man kann 16 Zahlen bilden.

3 a) Man kann 20 Zahlen bilden.

b) Man kann 25 Zahlen bilden.

c) Man kann 125 Zahlen bilden.

4 a)

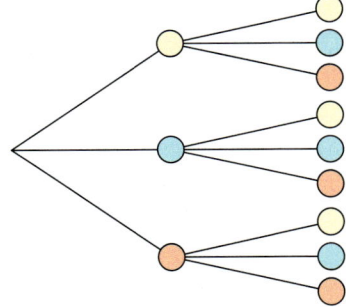

b) Die Wahrscheinlichkeit ist $\frac{1}{9} \approx 1,\overline{1}\,\%$.

c) Die Wahrscheinlichkeit ist $\frac{2}{9} = 2,\overline{2}\,\%$.

4 a) Die Wahrscheinlichkeit ist $\frac{1}{64} \approx 1,57\,\%$.

b) Die Wahrscheinlichkeit ist $\frac{1}{8} = 12,5\,\%$.

c) Die Wahrscheinlichkeit ist $\frac{1}{4} = 25\,\%$.

d) Die Wahrscheinlichkeit ist $\frac{1}{8} = 12,5\,\%$.

5 a) Bei der ersten Wahl ist die Wahrscheinlichkeit für einen Jungen $\frac{7}{13}$ und für ein Mädchen $\frac{6}{13}$. Die zweite Wahl hängt von der ersten ab. Da dort bereits eine Person gewählt wurde, verringert sich die Anzahl der zur Wahl stehenden Personen um 1 und die Wahrscheinlichkeiten ändern sich. Es ist ein Zufallsexperiment

b) Die Wahrscheinlichkeit ist $\frac{66}{325} \approx 20,3\,\%$.

c) Die Wahrscheinlichkeit ist $\frac{168}{325} \approx 51,7\,\%$.

6 a)

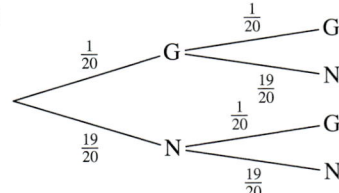

b) Die Wahrscheinlichkeit ist 90,25 %.

c) Die Wahrscheinlichkeit ist 9,75 %.

6 a)

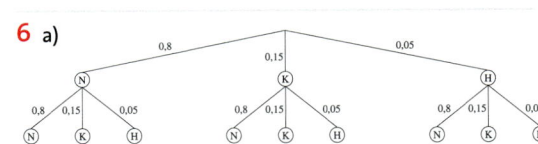

b) Die Wahrscheinlichkeit ist 0,25 %.

c) Die Wahrscheinlichkeit ist 64 %.

d) Die Wahrscheinlichkeit ist 36 %.

Seite 175

7 a) Die Wahrscheinlichkeit ist $\frac{1}{4} = 25\%$.

b) Die Wahrscheinlichkeit ist $\frac{21}{50} = 42\%$.

c) Die Wahrscheinlichkeit ist $\frac{9}{25} = 36\%$.

d) Die Wahrscheinlichkeit ist $\frac{16}{25} = 64\%$.

e) Die Wahrscheinlichkeit ist $\frac{3}{25} = 12\%$.

7 a)

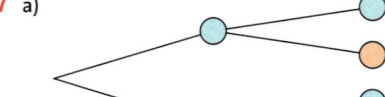

b) Die Wahrscheinlichkeit für

① ist $\frac{9}{25} = 36\%$.   ② ist $\frac{21}{25} = 84\%$.

③ ist $\frac{12}{25} = 48\%$.   ④ ist $\frac{16}{25} = 64\%$.

c) Die Wahrscheinlichkeit für

① ist $\frac{1}{3} \approx 33,\overline{3}\%$.   ② ist $\frac{13}{15} \approx 86,\overline{6}\%$.

③ ist $\frac{8}{15} \approx 53,\overline{3}\%$.   ④ ist $\frac{2}{3} \approx 66,\overline{6}\%$.

8 a) Die Wahrscheinlichkeit ist $\frac{1}{12} \approx 8,3\%$.

b) Die Wahrscheinlichkeit ist $\frac{1}{4} = 25\%$.

8 Die Wahrscheinlichkeit, dass keine CD defekt ist, ist $\frac{9}{16} = 56,25\%$, dass beide CDs defekt sind, ist $\frac{1}{16} = 6,25\%$ und das eine CD defekt ist, ist $\frac{3}{8} = 37,5\%$.

Seite 180

Teste dich!

1 Sie können zwischen 6 Kombinationen wählen.

2 a) Es gibt 25 Kombinationsmöglichkeiten.

b) Die Wahrscheinlichkeit ist $\frac{1}{25} = 4\%$.

c) Es müsste 11 Tiere geben.

3 a) Es gibt 9 Ergebnisse.

b) Die Wahrscheinlichkeit ist $\frac{1}{9} \approx 11,\overline{1}\%$.

c) Die Wahrscheinlichkeit ist $\frac{1}{3} \approx 33,\overline{3}\%$.

d) Die Wahrscheinlichkeit ist $\frac{4}{9} \approx 44,\overline{4}\%$.

4 Mit einer Wahrscheinlichkeit von $\frac{632}{6225} \approx 10,15\%$ zieht man zufällig nacheinander zwei Beutel Pfefferminztee.

5 a)

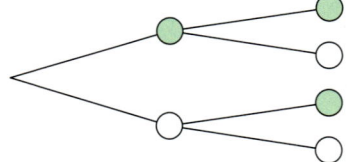

b) Die Wahrscheinlichkeit ist $\frac{9}{16} = 56,25\%$.

c) Die Wahrscheinlichkeit ist $\frac{3}{8} = 37,5\%$.

6 a)

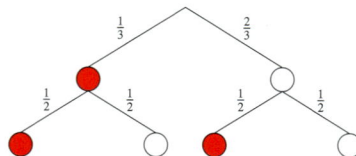

b) Die Wahrscheinlichkeit ist $\frac{1}{6} \approx 16,\overline{6}\%$.

c) Die Wahrscheinlichkeit ist $\frac{5}{6} \approx 83,\overline{3}\%$.

d) Die Winkelgröße muss 270° betragen.

Formelsammlung

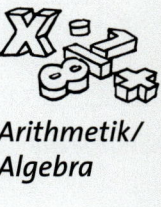

Arithmetik/ Algebra

Längeneinheiten

$1\,\text{km} = 1\,000\,\text{m}$
$1\,\text{m} = 10\,\text{dm}$
$1\,\text{dm} = 10\,\text{cm}$
$1\,\text{cm} = 10\,\text{mm}$

Flächeneinheiten

$1\,\text{m}^2 = 100\,\text{dm}^2$
$1\,\text{dm}^2 = 100\,\text{cm}^2$
$1\,\text{cm}^2 = 100\,\text{mm}^2$

$1\,\text{ha} = 100\,\text{a} = 10\,000\,\text{m}^2$
$1\,\text{a} = 100\,\text{m}^2$

Volumeneinheiten

$1\,\text{m}^3 = 1\,000\,\text{dm}^3$
$1\,\text{dm}^3 = 1\,000\,\text{cm}^3$
$1\,\text{cm}^3 = 1\,000\,\text{mm}^3$

Liter (l)

$1\,\text{l} = 1\,000\,\text{ml} = 1\,\text{dm}^3$
$1\,\text{ml} = 1\,\text{cm}^3$

Gewichtseinheiten (Masseeinheiten)

$1\,\text{t} = 1\,000\,\text{kg}$
$1\,\text{kg} = 1\,000\,\text{g}$
$1\,\text{g} = 1\,000\,\text{mg}$

Zahlen abrunden

Folgt der Rundungsstelle eine **0, 1, 2, 3** oder **4**, wird abgerundet: Die Rundungsstelle bleibt gleich.

auf Tausender gerundet: $63\underline{4}55 \approx 63\,000$

Zahlen aufrunden

Folgt der Rundungsstelle eine **5, 6, 7, 8** oder **9**, wird aufgerundet: Die Rundungsstelle wird um 1 erhöht.

auf Tausender gerundet: $63\underline{7}14 \approx 64\,000$

Brüche kürzen und erweitern

Man **kürzt** einen Bruch, indem man Zähler und Nenner durch dieselbe natürliche Zahl **dividiert**.

$$\frac{100}{160} = \frac{100 : 20}{160 : 20} = \frac{5}{8}$$

Man **erweitert** einen Bruch, indem man Zähler und Nenner mit derselben natürlichen Zahl **multipliziert**.

$$\frac{2}{5} = \frac{2 \cdot 4}{5 \cdot 4} = \frac{8}{20}$$

Brüche multiplizieren

Brüche werden multipliziert, indem man Zähler mit Zähler und Nenner mit Nenner multipliziert.

$$\frac{5}{6} \cdot \frac{9}{10} = \frac{5^1}{6_2} \cdot \frac{9^3}{10_2} = \frac{3}{4}$$

Division

Man dividiert durch einen Bruch, indem man mit seinem Kehrbruch multipliziert.

$$\frac{7}{3} : \frac{3}{4} = \frac{7}{3} \cdot \frac{4}{3} = \frac{7 \cdot 4}{3 \cdot 3} = \frac{28}{9} = 3\frac{1}{9}$$

Brüche addieren und subtrahieren

Gleichnamige Brüche können addiert bzw. subtrahiert werden.

$$\frac{5}{6} - \frac{5}{9} = \frac{15}{18} - \frac{10}{18} = \frac{15 - 10}{18} = \frac{5}{18}$$

Brüche in anderen Schreibweisen

$\frac{3}{4}$	=	0,75	=	75 %
Bruch		Dezimal-bruch		Prozent-schreibweise

Proportionale Zuordnungen

Proportionale Zuordnungen sind **quotientengleich**:

$\frac{1}{2} = \frac{2}{4} = \frac{3}{6} = \frac{4}{8} = 0,5$

Alle Punkte liegen auf einem **Strahl**, der im Nullpunkt $(0|0)$ beginnt.

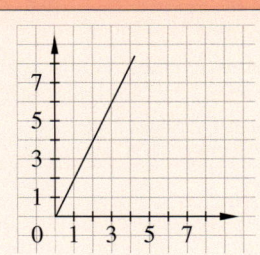

Funktionen

Prozentrechnung

G: Grundwert
W: Prozentwert
$p\,\%$: Prozentsatz

$$W = G \cdot p\,\% = \frac{G \cdot p}{100}$$

Zinsrechnung

K: Kapital
Z: Zinsen (pro Jahr)
$p\,\%$: Zinssatz
Z: Zinsen (für t Tage)

$$Z = K \cdot p\,\% = \frac{K \cdot p}{100}$$

$$Z = K \cdot p\,\% = \frac{t}{100} = \frac{K \cdot p \cdot t}{100}$$

Geometrie

Winkel benennen

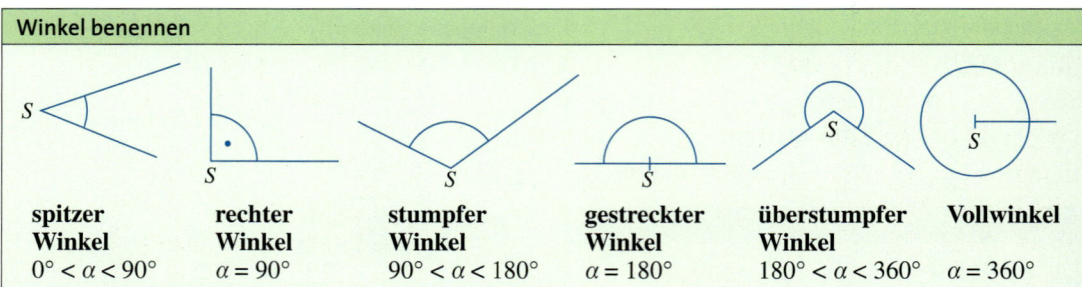

spitzer Winkel	rechter Winkel	stumpfer Winkel	gestreckter Winkel	überstumpfer Winkel	Vollwinkel
$0° < \alpha < 90°$	$\alpha = 90°$	$90° < \alpha < 180°$	$\alpha = 180°$	$180° < \alpha < 360°$	$\alpha = 360°$

Dreiecke benennen

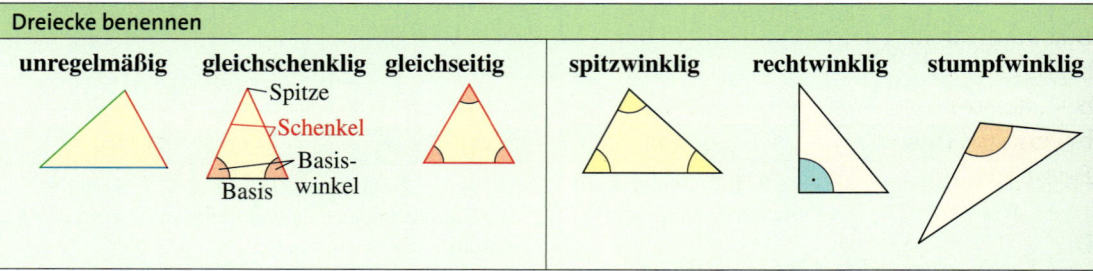

unregelmäßig gleichschenklig gleichseitig spitzwinklig rechtwinklig stumpfwinklig

Spitze
Schenkel
Basis-winkel
Basis

Achsensymmetrie

Achsensymmetrische Figuren haben mindestens eine **Spiegelachse**.
Jeder Originalpunkt hat denselben Abstand zur Spiegelachse wie der
Bildpunkt: $\overline{AS} = \overline{SA'}$
Die Verbindungsstrecke zwischen Original- und Bildpunkt steht
senkrecht zur Spiegelachse: z. B. $\overline{AA'} \perp s$.

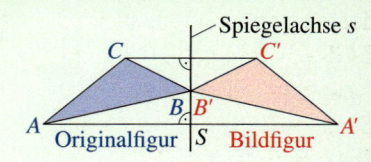

Spiegelachse s
Originalfigur Bildfigur

Daten und Zufall

Relative Häufigkeiten

Die **absolute Häufigkeit** gibt eine Anzahl an. Die **relative Häufigkeit** ist ein Anteil.

$$\text{Relative Häufigkeit} = \frac{\text{absolute Häufigkeit}}{\text{Gesamtzahl}}$$

Arithmetisches Mittel

$$\varnothing = \frac{\text{Summe aller Werte}}{\text{Anzahl der Werte}}$$

Median

Der Median ist der Wert in der Mitte aller, der
Größe nach geordneten Daten einer Datenreihe.
Bei einer geraden Anzahl von Daten liegen zwei
Werte in der Mitte. Dann ist der Median das
arithmetische Mittel aus diesen beiden Werten.

Wahrscheinlichkeiten berechnen

Sind alle Ergebnisse eines Zufallsexperiments gleich wahrscheinlich, so gilt für die **Wahrscheinlichkeit**
P für das Eintreten eines Ereignisses E:

$$P(E) = \frac{\text{Anzahl der günstigen Ergebnisse}}{\text{Anzahl der möglichen Ergebnisse}}$$

Stichwortverzeichnis

Bildverzeichnis

Titel Fotolia/katatonia; **3 o. li.** Fotolia/legalloudec; **3 o. re.** LOOK/Sabine Lubenow; **3 Mi. li.** Fotolia/Ramona Heim; **3 Mi. re.** Fotolia/shootingankauf; **3 u. re.** mauritius images/Novarc; **4 o. li.** Fotolia/2xSamara.com; **4 o. re.** Fotolia/tunedin; **4 Mi. li.** shutterstock/JingAiping; **4 Mi. re.** Fotolia/katatonia; **7** Fotolia/legalloudec; **10 o. li.** PantherMedia/ELINA; **13 u. re.** Röhl, Stephan, Berlin; **17 o. re., u. re.** Jens Schacht, Düsseldorf; **18 o. re.** Jens Schacht, Düsseldorf; **18 o. li.** Fotolia/Krawczyk-Foto; **20 Mi. li.** Herbert Strohmayer, Aachen; **20 Mi. re.** Fotolia/Ralf Gosch; **21 o. 1** Shutterstock/pogonici; **21 o. 2** shutterstock/Winai Tepsuttinun; **21 o. 3** picture-alliance/Eibner-Pressefoto; **21 Mi. re.** Fotolia/johnmerlin; **23 o. re.** shutterstock/ Lilac Mountain; **23 Mi. li.** Shutterstock/blue67sign; **23 u. re.** F1online/Thomas Frey Imagebroker RM; **24 Mi. li.** shutterstock/alexmillos; **24 u. li.** picture-alliance/Rainer Hackenberg; **25 Mi. li.** Fotolia/lunamarina; **26 o. re.** Fotolia/finecki; **29 u. li.** Shutterstock/Hot Photo Pie; **30 Mi. li.** Cornelsen; **32 o. li., o. Mi.** Cornelsen/Volker Döring; **32 o. re.** Shutterstock/adisak soifa; **32 Mi. re.** Fotolia/bercikns; **32 u. li.** Fotolia/Sebastiano Fancellu; **32 u. re.** Fotolia/Vidady; **35** Fotolia/Ramona Heim; **37 u. Mi.** Fotolia/auremar; **37 u. re.** Fotolia/Alexander Raths; **38 o. li.** Fotolia/Alexander Raths; **39 u. li., u. re.** Fotolia/Cpro; **40 Mi. re.** Fotolia/yetishooter; **41 Mi. re. 1** Fotolia/Arsgera; **41 Mi. re. 2** Shutterstock/Jojoo64; **45 o. re.** Sabine Storm, Berlin; **46 o.** Fotolia/sonya etchison; **47 Mi. re.** Fotolia/Andres Rodriguez; **48 u. li.** Fotolia/Deklofenak; **51 u.** Fotolia/biglama; **52 u. li.** Fotolia/Sergey Novikov; **53 o. re.** Fotolia/Werner-Hilpert; **55 u. re.** Fotolia/Gudellaphoto; **56 o. re.** Fotolia/westfotos.de; **56 Mi. li.** Fotolia/Anna Omelchenko; **56 u. re.** Fotolia/jelena jovanovic; **59** LOOK/Sabine Lubenow; **62 o. li.** Fotolia/johann35micronature; **62 o. re.** Bundesamt für Naturschutz (BfN), Bonn; **63 o. li.** Fotolia/Fatman73; **63 Mi. re.** Fotolia/Monkey Business; **66 o. re.** Fotolia/Lucky Dragon USA; **66 Mi. li.** Cornelsen/Marek Lange; **66 u.** Cornelsen/Kerstin Kälberer; **68 o. li.** Fotolia/Elvira Schäfer; **69 Mi. li.** Fotolia/Bjoern Wylezich; **72 o. re.** Fotolia/emeraldphoto; **73 Mi. re.** PantherMedia / Roman Samokhin; **74 o. li.** Fotolia/Robert Wilson; **74 o. Mi.** Fotolia/Dmitry Vereshchagin; **77 u. re.** Fotolia/jogyx; **80 o. re.** Shutterstock/Supertrooper; **81 o. re.** Fotolia/Kurt Kleemann; **85** Fotolia/shootingankauf; **87 Mi. re.** Fotolia/Sergey Karpov; **88 Mi. re.** Caro/Blume; **89 o.** Cornelsen/Volker Döring; **90 o. re.** Fotolia/Volker Witt; **90 Mi. li.** Fotolia/AllebaziB; **93** mauritius images/Novarc; **96 o. re.** Röhl, Stephan Berlin; **97 Mi. li.** Fotolia/Otto Durst; **97 u. li.** Fotolia/pifon; **98 o. li., u. Mi., o. re.** Röhl, Stephan, Berlin; **101 u. Mi.** Cornelsen/Heike Schulz; **101 u. re.** Röhl, Stephan Berlin; **104 Mi. re.** Herbert Strohmayer, Aachen; **105 Mi. li., Mi. re.** Cornelsen/Volker Döring; **105 u. re.** Cornelsen/Peter Hartmann; **107 u. re.** mauritius images/Reinhard Dirscherl; **108 o. li.** Fotolia/JPAaron; **108 Mi. li.** Lufthansa AG, Köln, Werner Krüger; **108 u. li.** Cornelsen; **109 o. 1** shutterstock/Odua Images; **109 o. 2–4** colourbox.de; **109 u. re.** Cornelsen/Moritz Vennemann/Fotolia/dikobrazik; **112 u. li.** F1online; **113 o. li.** Shutterstock/Rob kemp; **113 o. re.** Fotolia/Anterovium; **113 Mi. re.** BOHEMIA Behältertechnik GmbH; **117** Fotolia/2xSamara.com; **125 u. re.** colourbox.de; **131 o. re.** akg images; **136 o. li.** picture alliance/dpa; **136 Mi. li. 1** Fotolia/tashatuvango; **136 Mi. li. 2** Fotolia/Ben; **136 Mi. li. 3** Fotolia/DOC RABE Media; **136 Mi. li. 4** Fotolia/seen; **136 Mi. li. 5** Fotolia/xy; **136 Mi. li. 6** Fotolia/nikitamatataa; **136 Mi. li. 7** Fotolia/ankiro; **136 Mi. li. 8** Fotolia/ferkelraggae; **139** Shutterstock/JingAiping; **146 o. re.** iStockphoto.com/Vassiliy Vishnevskiy; **148 o. li.** Fotolia/Ingo Bartussek; **148 Mi. li.** Fotolia/lassedesignen; **149 Mi. re.** Fotolia/Hugo Félix; **151 Mi. re.** T. Feltes, Berlin; **152 o. li.** Fotolia/Martin Lehotkay; **160 Mi. li.** Shutterstock/Pavel Ilyukhin; **163** Fotolia/tunedin; **164 u. li.** Cornelsen/Heike Schulz; **164 u. Mi.** Fotolia/dipego; **168 o. li.** Shutterstock/EMprize; **168 Mi. re.** mauritius images/imagebroker; **168 u. li.** Shutterstock/Peter Bernik; **176 Mi. re.** Shutterstock/EMprize; **177 o. re.** Shutterstock/DUSAN ZIDAR; **178 u. li.** colourbox.de; **180 Mi. re.** F1online; **181** Fotolia/katatonia

Die Screenshots auf den Seiten 64, 65, 69, 74, 75, 80, 82, 84, 89, 123 und 187 wurden mit Microsoft ® Excel ® erstellt. Microsoft ® Excel ® ist ein eingetragenes Warenzeichen der Microsoft Corporation.